THE ZOOLOGIST'S GUIDE TO THE GALAXY

—WHAT ANIMALS ON EARTH REVEAL ABOUT ALIENS—AND OURSELVES

まじめにエイリアンの姿を想像してみた

アリク・カーシェンバウム
ARIK KERSHENBAUM

穴水由紀子 訳

柏書房

まじめにエイリアンの姿を想像してみた

The Zoologist's Guide to the Galaxy by Arik Kershenbaum
First published in Great Britain in the English language by Penguin Books Ltd.

Japanese translation rights arranged with Penguin Books Ltd, London
through Tuttle-Mori Agency, Inc., Tokyo

異種の動物の間に多くの共通点があることを教えてくれた愛犬ダーウィンへ

そして、相違点と共通点を探すことを教えてくれた父へ

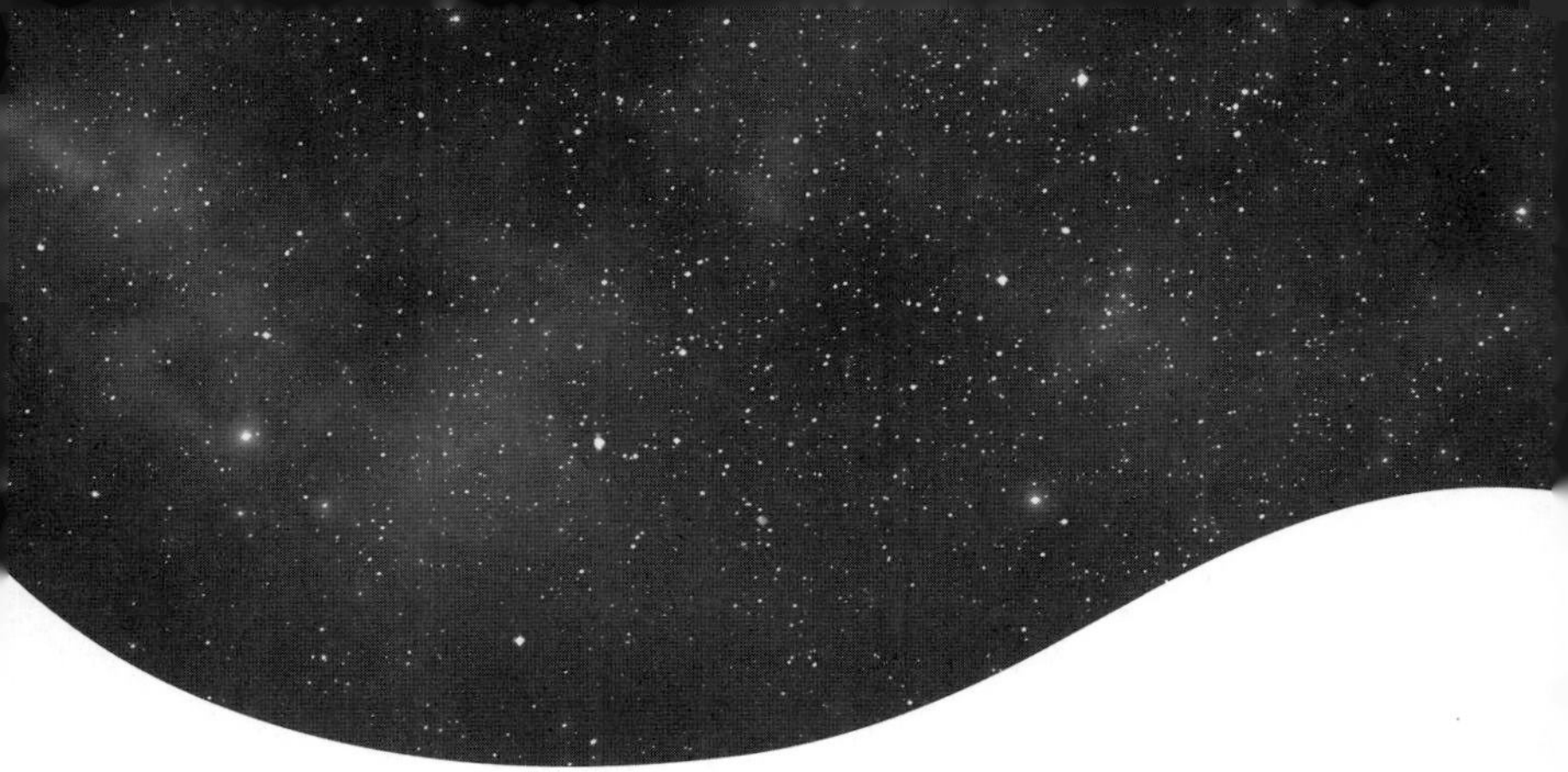

第1章

はじめに

宇宙のどこかに生命が存在していることは、ほぼ必然とみられる。それらについて、私たちが何かを知りうる可能性はほとんどないだろう。けれども私は、地球外生命体がどんな姿をしていて、どのように暮らし、どんなふうにふるまうのかについて、実際に多くを語れることを示したいのだ。

宇宙のどこかに生命が存在していることが、いよいよ確実になってきた。それどころか、地球外生命体を発見できる可能性さえある。二〇一五年にはNASAの主任科学者エレン・ストファンが、人類は今後二〇～三〇年以内に、ほかの惑星上に生命の証拠を見つけるだろうと予想している。もちろん、彼女が念頭に置いているのは微生物やそれに相当する地球外生命体のことであり、必ずしも知的生命体ではない。とはいえ、私たちの地球外生命体に対する基本的な態度は依然として定まっていない。二〇世紀初頭、人々は地球外生命体が存在するかもしれないという可能性に夢中になっていたが、一九七〇年代から八〇年代になると悲観論に安んじるようになり、現在は再び現実的で科学的な楽観論に戻ってきている。本書では、そうした現実的で科学的なアプローチを活かし、地球外生命体――特に、知的な生命体――について、ある程度の確信をもって結論を導き出す方法についてお話ししたい。

さて、ニューヨークにエイリアンがやってきてもいないのに、彼らがどんな姿をしているのか、どうやって知ればよいのだろう？　ハリウッド映画やSF作家の想像力に頼ればいいのだろうか？　いや、ひょっとすると異星の動物たちは、巨大な後ろ足で跳ねまわるカンガルーや、皮膚を虹色に光らせながら海水を勢いよく噴射して泳ぐイカほどには、へんてこではないのかもしれない。私たち――地球上のすべての生物――とほかの惑星上の生物を縛る生物学の普遍的な法則を信頼するなら、地球上の動物たちがこれらの適応を採り入れてきた理由は、ほかの惑星上の動物たちが適応する理由にもなっている可能性が高い。跳躍や液体の噴射による移動は、地球上だけでなくほかの多くの惑星上でも、完全に理にかなっていることだろう。

生命は宇宙のなかでどれほど珍しい存在なのだろうか？　一九九〇年代までは、太陽以外の恒星を周回する惑星（系外惑星）の有無は、推測や数学的計算の域を出なかった。銀河系内の惑星の数も、それらがどんな惑星なのかも——温度や重力、大気や化学物質がどうなっているのかも——よくわからなかったのだ。科学技術が進歩して、実際に系外惑星を検出できる水準に達すると、人々は興奮し始めた。ひょっとすると、地球外生命体がいそうな惑星が実際に見つかるのではないか、と。

最初は期待外れに終わった。発見されたわずかな数の系外惑星はいずれも高温の巨大ガス惑星で、私たちの知る生命にとっても、そうでない生命にとっても、およそ快適な環境ではなかったのだ。ところが系外惑星が初めて発見されてから二〇年もしないうちに、大きなブレイクスルーが起きた。二〇〇九年に、ケプラー宇宙望遠鏡が打ち上げられたのだ。候補となる惑星を探すために、空のちっぽけな一区画にある恒星を観測し始めたケプラー望遠鏡は、最初のわずか六週間で五個の系外惑星を発見した。そして二〇一八年に運用を終えるまでの間に、あなたが腕を思い切り前に伸ばしたときに拳で隠れるくらいの空の片隅に、なんと二六六二個もの系外惑星を見つけ出したのである。

その意味合いは途方もなく大きい。銀河系にはかつて予想されていたよりも、はるかに多くの惑星が存在するということだ。今では測定技術の向上によって、これらの惑星について多くの情報が得られるようになっている。木星サイズの高温のガス惑星から驚くほど地球によく似た惑星に至るまで、ありとあらゆる条件の惑星が見つかっているのだ。[*]今や宇宙は、二〇〇九年当時に考えられていたよりもはるかに混み合っており、私たちの孫の世代は「昔は地球に似た惑星などめったに存在しない、といわれていた」とは、信じられないだろう。宇宙には地球外生命体が棲めそうな場所はないと、もはや言い逃れることはできないのだ。

今では系外惑星の物理的環境条件についてかなり正確に把握できるようになり、直接測定できることも増えた。惑星の大気中を通過してくる主星の光の変化を調べることで、大気中の化学物質を検出できる新しい観測装置も開発中だ。酸素を探すのはもちろんだが、産業の発達をうかがわせる複雑な化学物質も探していくことになるだろう。皮肉なことだが、大気汚染は知的生命体の存在をほのめかすサインなのだ。

どういうわけか、宇宙では少なくとも一度は生命が誕生した。私たちがその証拠だ。しかしどのように誕生したのかはわかっていない。確かに、地球上に生命が誕生したメカニズムについては多くの仮説がある。最も可能性が高いのは、生命の基礎となる化学物質がランダムに形成され、これらが幸運にもたまたま結合して、みずからのコピーを作れる特殊な分子ができたとするものだ。全体的に見て、これだけの偶然が重なる可能性は非常に小さい。ほかの惑星上でも同じようにして生命が誕生したのだろうか？　とてもそうは思えない。私たちは地球で起きたとされているプロセスが、どのくらいほかの惑星にも当てはまるのか、まるでわかっていない。地球外生命体は私たちと同じような炭素の化学反応にもとづいているのかもしれないし、私たちとは異なった炭素の化学反応にもとづいているかもしれない。

あるいはまったく違うものからできているのかもしれない。

　化学の原理はほぼ解明されているので、どの化学物質が安定していて、どれが不安定かを確認することによって、こうした仮説の多くは実験室で検証できる。私たちは、自分の体を構成しているような化学物質は「生きているもの」の成分としてうってつけだと考えるが、地球外生命体の生化学的性質については、ごく基本的な概念以外は濃い霧に包まれている。ほかの惑星の植物や動物を調べようにもそんなものは手に入らないし、そもそもほかの惑星で「植物」とか「動物」といった言葉が意味をもつのかさえわからない。ＮＡＳＡはいずれ地球外生命体の兆候を発見できると楽観的だが、恒星間の距離はあまりにも遠く、人類が系外惑星を訪れるには途方もない技術的飛躍が必要だ。異星に存在する化学物質を地球の研究室で混ぜ合わせてみることはできるが、双眼鏡で異星にいる鳥を観察するのははるかに困難である。

　地球外生命体を理解するうえでひとつ問題となるのは、比較の出発点になるものがたった一タイプの生命——地球上の生命——しかないことだ。ほかの惑星の生命についての結論を導き出すために、わずか一タイプの生命の例をどれだけ活かせるだろうか？　地球外生命体とはどういうものか、あれこれ考えたところで無駄だという人もいる。私たちの想像力はみずからの経験に縛られすぎていて、ほかの天体では現実となっているかもしれない圧倒的に多様で未知な可能性にまで考えが及ばないというのだ。

＊　エリザベス・タスカー著『惑星工場　系外惑星と第二の地球探し（The Planet Factory: Exoplanets and the Search for a Second Earth)』を参照。

『二〇〇一年宇宙の旅』（伊藤典夫訳、ハヤカワ文庫ＳＦ）で知られるＳＦ作家のアーサー・Ｃ・クラークも、「宇宙のどこに目をやっても、見慣れた形の草木はないし、地球にいるような動物はいないだろう」と語っている。地球外生命体はあまりにも異質なので、想像することなどできないという人は多い。私はそうは思わない。科学のおかげで人類はそうした悲観論を乗り越えてきたし、今では地球外生命体に関する手がかりも、どうやらいくつか特定できるようになっている。本書では、生命の仕組み、とりわけ進化の仕組みに関する知識を活用して、ほかの惑星で暮らしているであろう生命について考察していきたい。

ところで、ロッキー山脈の雪の上でオオカミを追いかけたり、ガリラヤの丘でふわふわの毛のハイラックス（イワダヌキ）を追跡したりするほうが慣れている動物学者の私が、なぜ地球外生命体の探求にかかわることになったのだろうか？　それは私が動物たちのコミュニケーションや、動物が音を発する理由についても研究しているからである。二〇一四年、私はハーバード大学ラドクリフ研究所で「鳥が話せるとしたら、われわれはそれに気づくだろうか？」と題した講演をおこなった。私たちは、人間には言語があって、ほかの動物にはないのが当たり前だと思っているかもしれないが、どうしてそうだと確信できるのだろうか？　私はそのころ、動物のコミュニケーションのなかに「言語」の数学的な指紋――「これは言語である」、「これは言語ではない」と判断する明確な測定値――を探している最中だった。そして少しばかりエキセントリックなよき同僚たちに促され、次の段階として、宇宙からのシグナルについて同じことを考えるようになったのだ。それは言語なのだろうか？　だとしたらどんな生物が発信したのだろう？　と。そこから、地球上の生物がもつ言語以外の側面――食料を探したり、繁殖したり、他者と競争したり協力したりすること——に関する理解を、ほかの惑星にも広げられることがはっきりしてきた。

とはいえ、まだ誰も地球外生命体を見たこともなく、実在するかどうかさえわからないのに、なぜ動物学の観点から地球外生命体を研究するのだろうか？　膨大な量の事実を暗記する能力を厳しく審査された新入生が大学に入学してきたとき、私たちが教育者として最初にする仕事は、事実は大いに結構だが、概念を理解する必要がある、と彼らを納得させることだ。すなわち自然界で「何が」起こるかではなく、「なぜ」起こるのかを理解するということだ。プロセスを理解することは地球の動物学研究の鍵であるが、それはほかの惑星の動物たちを理解するうえでも役立つ。私がこの文章を書いている今、ケンブリッジ大学の二年生たちはボルネオ島への野外研究旅行に出かける準備の真っ最中で、そのなかには生まれて初めて国外に出る学生もいる。私たちは彼らに、ボルネオ島に生息する数百種の鳥と数千種の昆虫を網羅した野外観察図鑑を丸暗記してほしいと思うだろうか？　もちろんそんなことはない。何より彼らは、これから遭遇する多種多様な生命を生じさせた進化の原理を理解しておかなければならない——系外惑星の探査に赴く、未来の探検家と同じように。概念さえ明確になっていれば、現地で見つけた動物を自分なりに解釈することができるはずだ。

ほとんどの人は、物理学と化学の法則は絶対的で普遍的なものだと確信している。こうした法則は、地球でも系外惑星でも同じようにはたらく。だから、地球上のさまざまな環境に置かれた物理的・化学的な物質のふるまいを予測すれば、同じ物質が宇宙のどこかで同じ環境に置かれたときのふるまいもうまく予測できるだろう。私たちはそういう科学を頼りにしている。ところが一部の人々は、生物学は例外だと考えている。地球上で導き出された生物学の法則が系外惑星にも当てはまる、とは信じがたいのだ。二〇世紀を代表する天文学者のひとりで、地球外知的生命体の存在を熱烈に信じていたカール・セーガンでさえ、「われわれが知るかぎり、生物学は俗っぽくて偏狭な学問だ。われわれの生物学は、宇宙に存在する多様な生物相のなかのたったひとつの特殊な事例にしか通用しないかもしれない」と書いている。*

未知のものを扱うときに慎重になるのはもっともだが、楽観的になってよい理由もある。生物学の法則のなかから、物理学の法則のように、真に普遍的なものを選ぶように気をつけさえすればいいのだ。なぜ生物学は普遍的ではなく「俗っぽくて偏狭な学問」とされてしまうのだろう？　自然法則——物理学も、化学も、生物学であっても——はどこでも共通であるはずだ。地球が特殊すぎて、地球の自然法則がほかの惑星には当てはまらない、とは考えにくい。ローマの哲学者ルクレティウス（〜前五五年ごろ）は、「自然は目に見える世界だけにあるのではない」と述べた。私たちが見たことがなくても、系外惑星にも「自然」はあるのだ。

私のような動物学者は、動物の同定や分類ばかりしていると思っている人もいるかもしれないが、そんなことはない。あらゆる分野の科学者と同じく、私たちは周囲の世界で目にするものを説明しようとしている。動物学とは、進化生物学全般にいえることだが、生命の本質を説明するためのメカニズムを提唱する学問だ。なぜライオンは群れで暮らし、トラは単独で狩りをするのだろう？　なぜ鳥には翼がふたつしかないのだろう？　さらにいえば、なぜほとんどの動物に左側と右側があるのだろう？　観察だけでは不十分だ。物理学者が惑星や恒星を観測して法則を導き出すのと同じように、私たちも生命の法則を導き出したい。もしこうした生物学の法則が普遍的であるなら、重力の法則と同じようにほかの惑星にも当てはまるはずだ。

そうはいっても、生物学の世界が気まぐれで予測不能に見えるのは確かである。物理学者はボールがどのように坂を転がり落ちるか厳密に理解しており、宇宙のあらゆる場所の坂の上に置いたボールの動きを予測する方程式を与えてくれる。物理学の実験は、生物学の世界で見られるものとはまったく違う、高度に制御され、単純化された条件を必要とする。物理学と生物学の違いについては有名なジョークがある。ニワトリの行動を方程式で予測できるかと聞かれた物理学者が、それは可能だが、球形のニワトリが真空中にいる場合に限られる、と答えるというものだ。現実のニワトリは「物理学」が扱う領域の外にいるため、その行動は物理学者には予測できないというわけだ。しかしなぜ私たちは、ボールの運動は予測できるのに、ニワトリの行動は予測できないのだろうか？

生物のシステムが厳格な法則に従っていないように見えるのは、限りなく複雑であるからだ。数学用語でいえば、複数の部分系が相互に依存している複雑系なのだ。比較的単純な部分系どうしが相互に軽く依存しているだけで、全体のふるまいは完全に複雑で予測不能なもの――専門用語でいえば「カオス」――になる。想像してみてほしい。あなたの体内で相互作用する、すべての臓器のふるまいを予測することを。いっそのこと、すべての臓器のすべての細胞、さらには、すべての細胞のすべてのタンパク質のふるまいを想像してみてほしい。ひとつの要素のわずかな変化が、次々に連鎖して、予測不可能

＊ヨシフ・シクロフスキー、カール・セーガン著『宇宙の知的生命体（Intelligent Life in the Universe）』を参照。

な影響を及ぼす。生物はごく単純なものであっても、明らかに複雑だ。そして複雑系のふるまいを予測するのは非常に困難なのだ。

予測不能な複雑系あるいはカオス系の特性のなかで、なんとももどかしいもののひとつは、どんなにがんばって研究しても、すべての秘密を解き明かすことはできないということだ。私たちは、何かをじゅうぶんに注意深く調べれば、それについてすべてを理解できるようになる、と考えることに慣れている。おそらく科学はこの考え方の上に成り立っている。しかしカオス理論からわかるのは、ある系を一〇〇倍注意深く調べても、その系がどうなるか予測する能力は一〇倍しか向上しないこともある、ということだ。複雑系を理解するためにどれだけ資源を投入しても、ごくわずかな見返りしか得られないこともある。明らかに無駄骨だ。幸い、複雑系には創発特性と呼ばれるものもある。つまり、たとえ系がどうなるのか厳密に予測することはできなくても、おおまかなところはつかめるのだ。ニワトリは地面をつついて種《たね》を探すだろう。それが何の種かはわからなくても、生物学者である私にとって、「ニワトリは種を探すだろう」といえることは、「ニワトリはあの種を探すだろう」といえることよりも有益だ。私たちは、地球外生命体の生化学的な仕組みがどのように機能するのかや、彼らの目が何からできているのかは予測できなくても、彼らの生化学的な仕組みがエネルギーを供給していることや、目のようなものがあるかどうかといった、一般的な予測を立てることはできる。

それでは、ほかの惑星上の生命について確信をもって予測するために利用できる、生物学の普遍的な法則とは何なのだろうか？　最も重要な法則は、「複雑な生命は自然選択によって進化する」というものだ。自然選択は、チャールズ・ダーウィンの独創的な研究以降、すべての生物学の土台をなしており、その重要性はどれだけ強調してもしすぎることはない。自然選択は、（神の力が複雑な生命体を生じさせたという説明を拒否するのであれば）単純な生命体から複雑な生命体を作り出す、私たちが知る唯一のメカニズムであるだけでなく、必然的なメカニズムでもある。そして地球にも、「私たちがよく知る生命」にも限定されるものではない。宇宙に複雑さ――「生命」と呼べるような種類の複雑さ――があるとすれば、それはそこに自然選択がはたらいているからである。

数々の優れた書籍が自然選択の普遍性について明らかにしてきたが[*1]、私の主張は通常とはかなり毛色が異なるので、私が「地球外生命体は自然選択によって進化した」というときの意味については、次章でさらに詳しく説明したい。哲学者のダニエル・デネットが指摘したように、自然選択とインテリジェント・デザイン〔訳注：宇宙や生命は何らかの知的な存在によって意図的に作り出されたとする考え方〕は、よい特徴を蓄積して悪い特徴を除去するという意味では、ほぼ同じものだ。[*2] 飛行機であれ、ペーパークリップであれ、私たちはデザインする際には前のデザインのよい点を残す。自然選択とインテリジェント・デザインが異なるのは、インテリジェント・デザインがひとつのゴールを見据えているのに対し、自然選択は一度にひとつのステップしか見ていない点だ。キリンは、首が長いとよさそうだと「知って」いたわけではなく、たまたまそのように進化したのである。

自然選択が目先のことしか見ていないおかげで、地球外生命体に関する私たちの予測は格段に容易に

*1 代表的なものにリチャード・ドーキンス著『盲目の時計職人　自然淘汰は偶然か？』（日高敏隆監修、中嶋康裕ほか訳、早川書房）がある。
*2 ダニエル・C・デネット著『ダーウィンの危険な思想　生命の意味と進化』（山口泰司ほか訳、青土社）を参照。

なる。地球外生命体はどのようなものである「べき」か、といった大仰な予想を立てる必要がなくなり、特定の惑星の特定の時期の条件を考慮するだけで、どのような特徴が現れてきそうかわかるからだ。惑星に高い木（あるいはそれに類するもの）が生えているなら、そこにいる動物には長い首や脚（あるいはそれに類するもの）があるだろうと推測できる。

自然選択による進化には、もうひとつ好都合な特徴がある。繁殖や選択のメカニズムからほぼ独立しているということだ。有名なのは、リチャード・ドーキンスが提唱した「ミーム」である。ミームとは、社会的なコミュニケーションによって複製され、進化の仕組みに似た方法でほかのアイデアと競争する、社会的な概念やアイデア（たとえば宗教）のことだ。* 自然選択は、いかなる特定の生物システムや繁殖の有機的形態に関係なく、厳密な数学用語によって定義できる。だからこそ、自然選択は信じられないほど強力な概念であり、その簡潔さと普遍性ゆえに、宇宙の複雑な生命につながりうるどんな道筋にも当てはまるのである。自然選択は、DNAにも、地球に縛られたいかなる種類の生化学的性質にも依存しない。だから私たちは、地球外生命体の生化学的仕組みを厳密にわかっている必要はないのだ。それがどのようにはたらくにせよ、その背景には自然選択があることだろう。

地球外生命体について研究する宇宙生物学という学問分野は、これまでもっぱら少数の明確な領域だけを扱ってきた。宇宙生物学者が主に研究するのは、生命の起源についてである。つまり、地球上で生命はどのように生じ、それはほかの惑星に生命が存在する可能性にとって何を意味するのか、ということだ。生命は地球上で一度だけ誕生したのだろうか、それとも何度も誕生したのだろうか？　この奇跡的な出来事は、ダーウィンが推測したように温かく浅い水たまりで起きたのだろうか？　それとも、奇妙で驚異的な細菌にとって最適な環境である、熱水と豊富な鉱物が噴き出す海底火山で起きたのだろうか？　といったことだ。

もうひとつ重要な問題がある。地球上の生物とは異なる生化学的仕組みはありうるか、ということだ。ひょっとすると、地球外生命体はＤＮＡを遺伝物質としていないかもしれないし、彼らの体内の生化学的性質は、たとえば水以外の液体が溶媒になっているなど、私たちとはまったく違っているかもしれない。この問題がとりわけ重要なのは、太陽系の惑星を含め、多くの惑星は液体の水が存在するには温度が低すぎたり高すぎたりするからだ。しかし、この分野に関しては本書では扱わない。私たちは、複雑な地球外生命体がどのような姿をしているかという、宇宙生物学者がほとんど考えない問題について掘り下げていきたい。地球上で入手できる手段や手がかりを活用することによって、地球外生命体の生態や行動に関する何らかの具体的な結論を導き出すことはできるだろうか？

新たに発見された大陸を遠くから観察する動物学者は、そこにどんな生物が棲んでいそうか、あれこれ考えてみることだろう。これらのアイデアは突拍子もない憶測などではなく、既知の動物たちの途方もない多様性や、それぞれの動物たちの生き方——食べ方、眠り方、繁殖相手の見つけ方、巣の作り方——にふさわしい見事な適応方法にもとづいて、注意深く組み立てられた仮説となるはずだ。動物たちが古い世界にどのようにして適応してきたのかを知れば知るほど、新しい世界に生息する動物たちについて推測しやすくなるのだ。

＊ リチャード・ドーキンス著『利己的な遺伝子』（日高敏隆ほか訳、紀伊國屋書店）を参照。

私はこのアプローチを用いて、地球外生命体について語るつもりだ。彼らがどんなに違っていたとしても、地球の生物の生き方からわかることはある。地球上で見られる進化のプロセスは、さまざまな圧力とメカニズムの産物であり、ほかの惑星上でもじゅうぶんに起こりうる。たとえば、運動とコミュニケーションと協力は、普遍的な問題を解決するために進化が編み出した結論なのだ。

私たちが地球外文明――微生物やクラゲのような単純なものではない知的生命体――と接触することがあれば、いくつかはっきりすることがある。ひとつは、彼らが何らかのテクノロジーをもっているということだ（そうでなければ、いったいどうやって接触できるだろう？）。つまり、彼らは協力的で、社会性があり、社会生活を営んでいるということだ。そして彼らが社会生活を営んでいるとわかるだけでも、私たちは進化の観点から膨大な意味を汲み取ることができる。彼らは私たちのように残忍で、好戦的かもしれないのだ。しかし私は、社会生活を営むためには利他的でもなければならない、と主張したい。宇宙船がロンドンのど真ん中に着陸でもすれば、その乗組員が何らかの言語を使って「会話」をしたという確かな証拠が得られるだろうが、その会話が音声によるものか、視覚によるものか、はたまた電気的なものなのかはわからない。彼らの足は二本かもしれないし、それより多いかもしれないし、まったくないかもしれないが、どのような地球外文明と遭遇するにせよ、私たちと彼らが共有する最大の特徴となるのは言語だろうと私は信じている。

地球外生命体が存在する可能性について論じた厳密な科学的考察の数は多くはないが、まったくないわけでもない。私たちは『スター・トレック』の現代的なSFにも、H・G・ウェルズの『宇宙戦争』（雨沢泰訳、偕成社ほか）のような浅薄な推論にも慣れ親しんでいる。夜空に輝く惑星が、地球と同じような固体の天体であることがわかってからというもの、人々はそこに生命が存在するのかどうか解き明かそうとしてきた。一九一三年にはイギリスの天文学者エドワード・ウォルター・モーンダーが、『惑星に生命はいるのか？（Are the Planets Inhabited?）』という短い本を出版している。* 彼はこの本のなかで、太陽系の天体に生命がいる可能性について非常に科学的な視点から厳密に論じている。彼の考察は、個々の惑星だけでなく、月や太陽にまで及んでいた（天王星を発見したことで知られるウィリアム・ハーシェルのような著名な科学者も、太陽に生命が存在できると考えていた）。モーンダーは、当時の観測記録や測定結果にもとづいた明快な推論を用いて、水星、火星、月、太陽に生命が存在する可能性を、ひとつひとつ否定していった。彼の推論は今日の基準で見ても遜色のないものだった。

けれども、彼の結論は間違っていることも多かった。私たちは宇宙のすべてを理解しているわけではない。それは私たちの論理的推論能力だけでなく測定能力にも限界があるからであり、また、森羅万象に影響を及ぼす生物学的・物理学的プロセスを駆動するメカニズムもじゅうぶんに解明できていないからだ。知識のちょっとした欠落のせいで、ひどい計算間違いにつながることもある。モーンダーは地球以外の太陽系天体のなかで、生命が存在する可能性が最も高いのは金星だろうと考えていた。当時の天文学者が、金星の表面温度は摂氏九五度ほどで、金星を包む厚い雲は水蒸気だと推定していたからだ。しかし、今では格段に向上した観測技術（金星に着陸した探査機はいうまでもない）によって、金星の表

* モーンダーは、この一般読者向けの読みやすい本を執筆しただけでなく、天文学を市民に広めようと尽力したことでも知られる。妻のアニー・ラッセルも、女性が学位を取得できなかった時代にケンブリッジ大学ガートン・カレッジを卒業した天文学者だった。夫妻は、女性を会員として認めなかった王立天文学会への抗議として、英国天文学協会を設立した。

面温度が摂氏四五〇度近いことや、白く輝く美しい雲は実際には硫酸でできていることがわかっている。適切なデータの欠落はものごとを解明するうえで常に妨げとなるが、私たちはモーンダーと同じく、ただデータが不十分だからといって、地球外生命体について探り始めずにはいられないのだ。

地球外生命体がどんな見た目をしているのか、誰もが知りたがっている。しかし、ハリウッドのプロデューサーの想像力に頼るのは、あまり現実的なやり方ではないだろう。人々に悪夢を見させるためにデザインされたエイリアンは、昔からずっと、人間の身体的特徴を誇張したものか、クモやイモムシなど地球の生物を巨大化させたものだった。電灯が発明されるまでの先祖たちと同じく、私たち現代人も未知のものや暗がりを恐れる。「すぐそこ」に動物や悪魔が潜んでいて、待ち伏せしているかのように感じるからだ。しかし、「未知のもの」を「怖いもの」と一緒くたにするのは、映画館のスクリーンで観賞するには魅力的だが、研究を進めるには正しいやり方ではない。地球外生命体の姿形をもっと科学的に思い描くことはできないのだろうか？　残念ながら、どんなに真剣に推測しても、いまだにやや滑稽な見てくれに――あるいは完全な当てずっぽうに――なってしまう。

しかし、地球外生命体の行動について予想するのは、外見を予想するよりはるかに簡単だ。外見は進化の偶然や発生学的な気まぐれに左右されるが、行動は環境に対するもっと基本的な反応だからである。私たちは二本の腕と二本の足をもっているが、それはちょっとした進化の偶然によるところが大きい。四億年前、シーラカンスに似た私たちの祖先は、四枚のひれを使って浅い海を泳ぎ回っていた。これら四枚のひれは、この古代魚の子孫である現生の両生類、爬虫類《はちゅうるい》、鳥類、哺乳類の四肢として、今でも見ることができる。祖先が別の動物――たとえば甲殻類のようなもの――だったら、私たちの足は六本や八本になっていたかもしれない。私たちの足の本数が奇数になる可能性があったかどうかについては、第4章を読んだあとでみなさんが決めてほしい。また、そもそも地球外生命体に足のようなものがあってしかるべきなのかどうかについても、考えてみてほしい。

行動には一般的な目的がある。たとえば社会性（これについては第7章で論じる）は、あらゆる世界に存在する問題――たとえば、自分より大きい動物を仕留めるとか、城壁を建設してその内側に住むといった、独力では解決できない問題――を解決してくれる。地球外生命体も独力では解決できない問題に直面すれば、社会性を発揮するものが出てくるだろう。確かに私たちの社会的な行動はたいてい風変わりで、地球外生命体が必ずしも私たちのような宗教や資本主義経済をもつとは思えないが、社会性にはいくつか普遍的な特徴があるはずだ。社会性が存在するためには、互恵（助け合い）、利他行動、競争などがなければならない。それらは社会的行動の進化を促すものであり、社会性のあるどんな種にも見られるだろう。

本書のほかの章では、行動にとって同様に必要なものと、それらの進化的起源や意味合いについて取り組む。コミュニケーション、知能、そして言語や文化でさえも、私たちが「人間性」として知るものを形作るうえで一定の役割を果たしているが、こうした人間の本質に「特異なもの」は、じつはそれほど特異ではない。それどころか、人間のこうした特徴は、私たちと地球外生命体とを結びつける類似点である可能性すらある。地球外生命体が私たちと同じように家庭をもち、ペットを飼い、本を読んだり書いたりし、子どもや親族の世話をしているとしたら、彼らの皮膚が緑色だろうが青かろうが、どうでもいいではないか？

以下の各章では、地球上の動物の行動に見られる特徴のうち、地球に固有ではないもの——固有であるはずがないもの——について考察していく。私たちは奇妙な外見の地球外生命体を思い描きがちだが、奇妙な行動をとる地球外生命体をわざわざ考え出す必要はない。ほかの惑星で見られる行動は、この地球上の多様性のなかにすでに含まれているからだ。第2章では、私がこのように考える理由を、つまり、地球の生命を実例にしてほかの惑星の生命を理解するというやり方が真っ当である理由を説明したい。第3章では、「動物」であるとはどういうことなのかについて探る。動物というのは地球の生物だけに当てはまる定義なのだろうか、それとも地球とはまったく関係のない生物にも当てはまるのだろうか？第4章と第5章では、動物と地球外生命体の運動とコミュニケーションについて論じる。運動もコミュニケーションも、おそらくどの惑星の生物にも見られる行動であり、またどちらも物理法則による制約を強く受けるため、それらのはたらきについてはじゅうぶんに推測が可能だ。第6章は、つかみどころのない（そしてこの上なく大切な）知能についてである。動物たちはどのように周囲の世界を理解し、みずからが直面した問題を解決しているのだろうか？　私たちはみな、地球外知的生命体の存在を信じたい。私はこの章で、彼らの実在はおそらく必然であるということを示そうと思う。第7章では、地球外生命体に備わっていてほしい、もうひとつの特性について取り上げる。それは協力と社会性だ。地球上では多くの動物が群れで生活している。集団を作ることにはもっともな理由があり、その理由が当てはまるのは地球だけではない。そして第8章では情報のやりとりを、第9章では人間の特徴である言語そのものを扱う。地球上では今のところ人間しか言語をもっていないようだ。第10章では人工生命体という少々扱いにくい問題を考える。ほかの惑星に棲んでいるのがいわゆる動物ではなく、ロボットやコンピューターだったら、惑星の見た目は大きく違っているのだろうか？　最後に第11章では、難しい哲学的問題に挑戦する。もし知的でおしゃべりで社会性のある地球外生命体が存在するとしたら、それは「人間」の本質と独自性について、何を物語るのだろうか？

地球外生命体の本質を理解しようとする私たちの試みはおそらくまだ萌芽期にあるが、このような試みは、ひとつの学問分野としての宇宙生物学の発展や生命科学全般の理解において重要であるとともに、私たちが宇宙で唯一無二の存在ではないという事実を受け入れざるを得なくなったときの備えとしても、重大な意義がある。ほかの惑星に存在する生命が初めて発見されたときに、私たちがヒトという生物種としてどのような反応を示すことになるのかという問題は、まだ熟慮されるに至っていない。[*] 集団ヒステリーや略奪が起きるだろうか？　宗教的原理主義に走るだろうか？　それとも信仰を捨てるだろうか？　一九六〇年代のヒット曲『輝く星座』の歌詞のように、「平和が惑星を導き、愛が星々の舵をとる」ことになるのだろうか？　準備をしておいて損はない。

科学の歴史とは、人類が万物の頂点の座から引きずり落とされる歴史である。地球外生命体の存在が明らかになれば、私たちが唯一無二の存在ではないことが、いっそう強調されることになるだろう。それとも私たちは、宇宙で唯一無二の存在であり続けるのだろうか？　私のような進化生物学者が正しいとすれば、私たちは宇宙のすべての生命と同じ遺産を受け継いでいる。確かに私たちの起源は異なって

＊ スティーヴン・J・ディック編『地球外生命体発見の衝撃（The Impact of Discovering Life Beyond Earth）』を参照。

いるかもしれない。生化学的仕組みもまるで違っているかもしれない。ほかのどんな惑星の生物との間にも共通の祖先はいないかもしれない。けれども私たちは、プロセスを共有している。私たちの進化史は、ほかの惑星の生物の進化史とまったく同じではないかもしれないが、少なくとも私たちは、異星の動物学者には知的生命体として認識されることだろう。

　私たちが協力して社会生活を営み、彼らもそのように暮らしているなら、両者の社会性には共通の進化的起源があるとみてよい。これはなかなかの発見だ。もしかすると、本当にもしかすると、私たちは「人間」という言葉に、少しだけ広くて重要な意味をもたせることができるのかもしれない——無数に存在する銀河のなかの一銀河の片隅に位置する、ちっぽけな惑星の一大陸の上にある、小さな草原を放浪していた、類人猿の一集団の子孫である、という意味だけではなく。

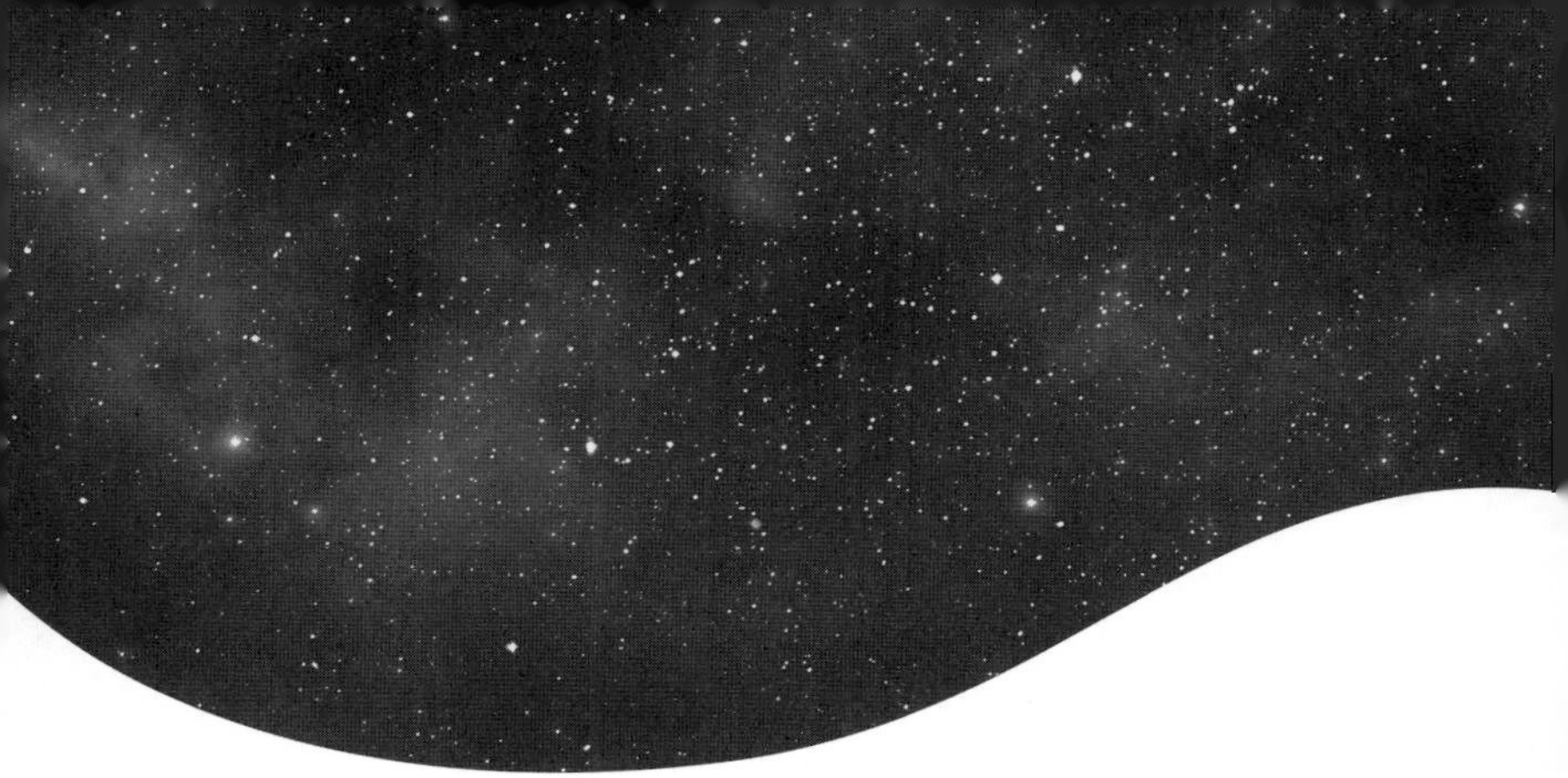

第 2 章

形態 vs 機能

――すべての惑星に共通するものとは?

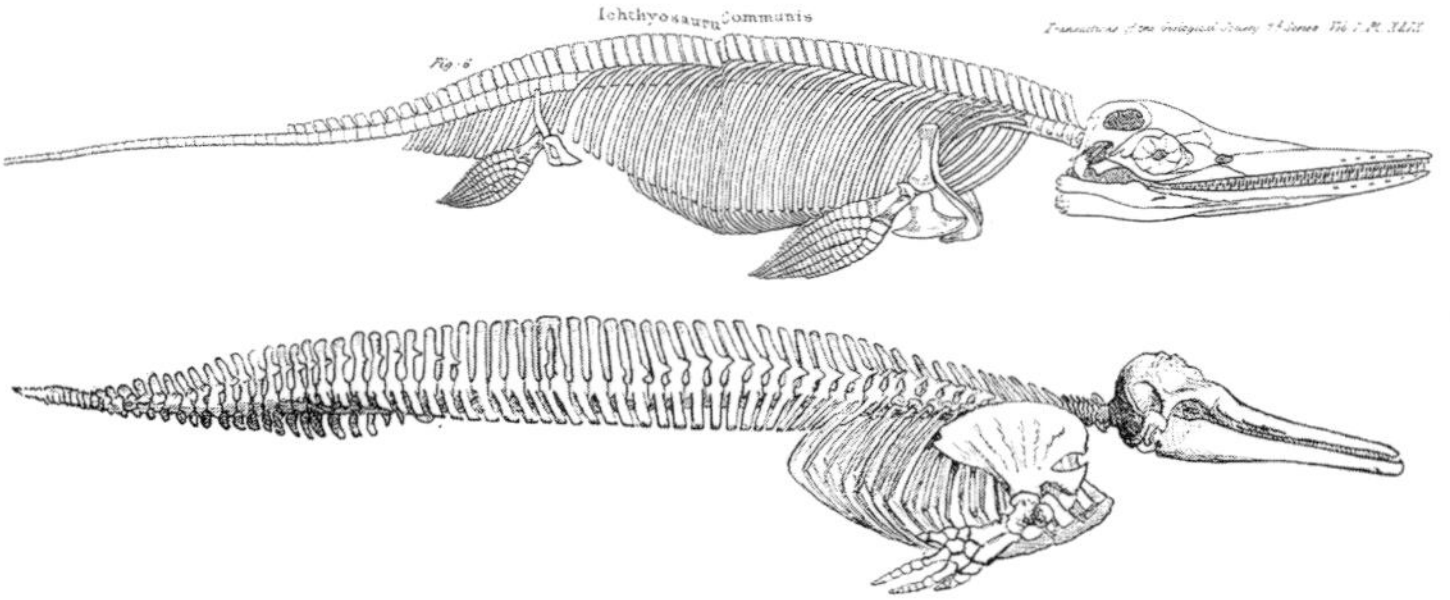

図１と２　上：イクチオサウルスの骨格。下：イルカの骨格。どちらも水中を高速で泳ぐ捕食者として似たような生活様式（機能）をもっていたと思われる。そのため似たような身体構造（形態）に進化した。

一八〇〇年代初頭、のちに伝説的な化石ハンターとなる少女メアリー・アニングと兄のジョセフは、イギリス南部のライム・リージス村の海岸で異様な骨格を発見した。化石を調べた科学者たちは当惑した。魚の骨にも爬虫類《はちゅうるい》の骨にも見え、どちらに分類すればよいかわからなかったからだ。この化石は長い口吻《こうふん》とよく発達した目をもち、水中で高速で泳げるよう見事に適応した海生爬虫類（魚竜）、イクチオサウルスのものだった。今日のイルカに似ていると思われる読者も多いだろう。確かにイルカとイクチオサウルスの見た目は非常によく似ているが、両者はヒトとイモリくらい遠く隔たっている。動物の「形態」――どのような外見で、どのような行動をとるか――は、「機能」――どのように暮らし、エネルギーを摂取し、繁殖するか――と分かちがたく結びついている。地球外生命体とはいったいどのような生物なのか、憶測に陥ることなく明らかにするためには、この結びつきが鍵となる。

　根本的で普遍的な真理にもとづいて考察するために物理学や化学の法則を用いるように、私は生物学の法則を用いることをお約束した。宇宙の性質がどこでも同じならば、生命はあらゆる場所で同じ法則に従う。ではそのような生物学の法則とはいったい何だろうか？　ここは慎重に掘り下げる必要がある。地球上で観察したものをほかの惑星に不適切に当てはめて、空想上の生き物だらけの偽物の世界を構築しないようにしなければならない。頭のなかで考えることは、しょせん頭のなかにしか存在しないのであって、それを本当だと信じることにはリスクが伴う。* 代わりに私たちが探しているのは、生命を束縛し、その本質を規定する絶対的な基礎となる普遍的な法則だ。疑うことを忘れないでほしい。私は間違えるかもしれない。けれども生命の生物学的本質、特に生命の進化に関する私たちの理解は、ほかの惑星にも一般化し始めてよい水準に達しているはずだ。

SFの世界に踏み込むことなく現実に根差した議論をおこなうための鍵は、形態と機能を峻別することだ。あらゆる生命には特定の形態があり、そのとてつもない多様性には目を見張るものがある。鳥たちや花々のさまざまな色彩、ゾウの鼻やイッカクの角（牙）の奇妙で不思議な形、オオカミの遠吠えやザトウクジラの歌は、私たちを魅了してやまない。動物の形態の多様性は、外見と行動の両面から見ることができる。外見とは、体つき、大きさ、色、毛皮をもつか羽毛をもつか、その動物を特異な存在にしている付属器（長い鼻、牙、殻、触手など無数にある）があるかどうかだ。行動とは、食べ物や繁殖相手の見つけ方、同種のほかの個体や異種の動物との相互作用のしかたである。外見であれ行動であれ、

＊ J・B・S・ホールデンは随筆『ありうる世界（Possible World）』で、「一般に、おかしな世界を構築する哲学者は、それが本当の世界だと信じ込むようになる」と書いている。

こうした形態のそれぞれが、何らかの目的に役立ち、進化において一定の役割を担っている。ときおり進化の過程で「事故」が起きて、機能を失った形態が存続することもある。ひょっとするとその形態は、ダチョウの翼のように、かつては有用だったけれども今では何の役にも立っておらず、進化のうえでも変化する理由がないものかもしれない。しかし、ほとんどの形態には機能がある。鳥が色彩豊かなのは繁殖相手を惹きつけるためだし、ゾウの鼻が長いのは食べ物などの重要なものを扱うためだ。私たちが目にする形態には、一見、何のメリットがあるのかわからないものも多いが、そのほとんどすべてに、動物たちが生息し、繁栄し、生き残るために必要な能力を高める機能がある。

シマウマの体にはなぜ縞模様があるのだろうか？　科学者たちは長年その理由を議論してきた。有名なのは縞模様がカモフラージュに役立つからというものだが、チャールズ・ダーウィンはこれを疑っていた。ほかにも、自分の優秀さを異性にアピールするためとか、動く縞がサイケデリックな模様になって捕食者を惑わすためとか、体にとまろうとするサシバエを迷わせるためといった説がある。さらには、黒い部分と白い部分の間に温度差を生じさせて微風を起こし、体を涼しく保つためという説まである。ここで重要なのは、どれが正しくて、どれが間違っているかではない。どのように説明するにしても、何らかのメリット、何らかの機能を示さなければならないということだ。身のまわりで見られる生物のありふれた形態は、具体的なメリットが得られるからこそ進化してきたのである。

それにもかかわらず、ときにはランダムな出来事が、生物に特定の機能をもたらすことなく彼らの将来の運命を決めることがある。これが特に重要となるのは、集団を構成する個体数が極端に少ないケースだ。未来の人類がほかの惑星に入植したときや、鳥の群れが絶海の孤島に初めてやってきたときなど、すべての個体が遺伝的に非常によく似ている場合、その多様性の欠如は彼らの子孫に反映されていく。隔離された集団では、有益でも有害でもないランダムな変化が蓄積して、それぞれの種が独特の外見をもつようになるのだ。そういうわけで、ほかの惑星上であれ、長らく忘れ去られていた地球上の孤島であれ、新種を観察する際にはすべての形態に直接的な特定の機能があるのだと決めつけないよう注意しなければならない。これは中立選択と呼ばれるもので、中立選択が進化にとってどの程度重要なのかについてはかなりの議論がある。いずれにしても、このような偶発的な形態はたいてい平凡でささやかなものであり、劇的にはほど遠く、最終的には高くつく。おそらくシマウマが縞模様のせいで捕食者に見つかりやすくなっているように。

想像上の地球外生命体《エイリアン》と私たち自身を切り離すうえで最も重要なステップは、形態と機能を区別することだ。私たちが想像するエイリアンの姿は、たいていハリウッドで映画やテレビ用に作られたものに似ている。フィクションのエイリアンは、人間の抽象的な特徴（たとえば貪欲さや知能）をきわだたせるために、特定の身体的特徴（たとえば歯や目）を強調した、誇張された人間にすぎない。しかし本書では、地球外生命体の外見だけでなく、行動についても扱う。私たちが地球外生命体と共有する生物学の法則は、食べ物を探す、捕食されないようにする、繁殖するといった、生物が直面する困難な課題の解決策を制約する傾向がある。

地球上の生物について私たちが最初に強く感動を覚えるのは、鳥や花やヤドクガエルの鮮やかな色や、シロナガスクジラの巨体や、アフリカスイギュウを倒すライオンの執拗さなど、機能ではなく形態である。しかしふと立ち止まって考えてみると、こうした形態の多様性は、機能の多様性を反映しているにすぎない。動物たちが多様であるのは、多様な課題を解決しなければならないからだ。たとえば、色鮮やかなのは異性を惹きつけたり捕食者に警告を与えたりするためであり、巨大なのは捕食者から物理的に身を守るためであり、執拗なのは食べ物を得るためだ。私たちが知る非常に一般的で普遍的な生物学の法則では、ほかの惑星に棲む動物の形態について具体的な予測はできないかもしれないが、こうした動物たちが発揮する機能についてはおおまかな予測が立てられるだろう。そしてこれらの一般的な機能のなかには、地球上の動物に負けず劣らず多様な形態があるはずだ。ほかの惑星に鳥に相当する動物が生息しているとしたら、その鳥たちも地球の鳥たちと同じように多彩な色をもつだろう。ただ、それがどんな色なのか、あるいは、私たちが知覚する「色」と同じものなのかがわからないだけだ。

この本を読んでもエイリアンが緑色かどうか知ることができず、がっかりした人のためにいっておくと、形態よりも機能について考えることには大きな利点がある。地球外生命体が環境に適応する方法や、環境がもたらす困難に対処する方法は、彼らの見た目より断然興味深いのだ。少なくともこうした行動適応は彼らと私たちとで似ている可能性が高く、知的な地球外生命体と私たちの間には外見よりも行動における共通点のほうが多いことだろう。本章では形態と機能の区別についてみなさんに理解していただくとともに、なぜ機能のほうがよほど重要なのかを示したい。そのためには、自然選択と進化の原理に立ち返り、これらの原理がなぜ地球とほかの惑星で等しく適用されることになるのかについて説明しなければならない。

自然選択——普遍的なメカニズム

そもそも複雑な生命体がどのようにして存在しているのかを説明するのは、意外なほど難しい。複雑な生命体は、容赦のない物理法則*に耐えて存在している。秩序あるものは無秩序になり、複雑なものは単純になり、情報は無意味になる。一滴のインクはコップの水全体に広がり、建物は崩壊し、肉は腐敗する。人類の誕生以来、哲学者は生命の定義に頭を悩ませてきたが、生命をどのように定義するにしても、無秩序に向かう普遍的な傾向に抗《あらが》う性質、すなわち崩壊に抗い、腐敗に抗い、死に抗う性質は、必ず含めなくてはならない。坂の上に置かれた石は常に転がり落ちていく傾向があるというのに、どうすれば石を頂上へ向かわせることができるだろうか？　宇宙には生命が存在しにくいようなのに、いったいどのようにして存在しているのだろうか？　生命が存在するだけでなく、どのようにして複雑になっていくのか——容赦のない物理法則に抗いながら！——を、段階を追って教えてくれる機械論的な説明が必要だ。

最初に、複雑な生命体が完成した形でいきなり誕生した、という説を否定しておく。それを創り出す、より複雑な生命体の存在がなければ、そんなことは起こり得ないからだ。ひょっとしたら神が完全な形で宇宙を創造したのかもしれないが、もしそうなら地球外生命体について私たちにいえることは何もな

＊特に、外界とのやりとりなしにエネルギーが生じたり失われたりすることはないという熱力学の第一法則と、有用なエネルギーは常に減少するという熱力学の第二法則。

い。地球外生命体の形も色も行動も、創造主の気まぐれにすぎないのだから。かつてスティーヴン・ホーキングは、私たちは神の心を知ることができるが、それは物理法則を完全に理解することによってのみ可能になると語った。[*1] 私たちはそれにはほど遠いところにいる。

生命は単純なものから始まる。単純な生命体は、どのようにして複雑になるのだろうか？　生命体は、自分がどんな複雑さを獲得したいか知っているのだろうか？　人間ならば、超人的な力を獲得するには腕に電子工学装置を組み込むのがよさそうだと考えるかもしれないが、原始的な細胞や分子にそのような先見の明があるとは考えにくい（これについては第10章で詳しく述べる）。私たちは生命の複雑さに関する「優れた」説明を探している。優れた説明は、それ自体で完結していなければならず、外部の定義されていないプロセス（神など）や、あるとは思えないプロセス（自分が何になりたいかを「知っている」分子など）に訴えてはならない。また、複雑さはひとりでに蓄積されていかなければならないので、いかなる先見の明も必要としてはならない。そうでないと、最初に誕生したきわめて単純な生命体に当てはめることができない。

たとえ最初の生命体がどのようにして誕生したのかわからないことを受け入れたとしても、それがどうやって複雑になっていくのかを説明しなければならない。私を含め現代のほぼすべての科学者が、自然選択はどうやら普遍的な現象であり、生命が三五億年前に誕生したときよりも今のほうが複雑になっているという事実をあまねく説明できる方法だ、と主張している。ところで「自然選択」とは何だろう？　なぜそれは生命が複雑になっていくことを普遍的に説明できるのだろうか？

自然選択はごく単純化すると理解しやすい。それは有益な形質が蓄積していくということだ。いくつかの新しい特徴は残り、そのほかは残らないが、前の世代が編み出したよいアイデアが忘れ去られることはない。リチャード・ドーキンスは著書『盲目の時計職人』のなかで、このプロセスをすばらしくシンプルに説明している。二六文字のアルファベットキーとスペースキーをランダムに打って、二〇文字からなる文字列を作ることを想像してみるのだ。たとえばSDFLKJFGOSDIFHGSOFGHといった文字列ができるだろう。この方法で「THE BLIND WATCHMAKER（盲目の時計職人）」という文字列ができる確率は、四二の一〇億倍の一〇億倍の一〇億倍分の一というとんでもない小ささになる。[*2] 混沌のなかからランダムに秩序が生まれると信じる人はいない。ところが最初の文字列SDFLKJFGOSDIFHGSOFGHにランダムな変更を加え、めざす文字列「THE BLIND WATCHMAKER」と一致する箇所ができて、そこは変更しないようにしたら、結果はまるで違ってくる。よい革新——たとえば、冒頭の「S」を「T」にする変更——を残すことで、「正しい」文字列が徐々にできあがってくるのだ。驚くべきことに、この「選択」のアプローチを用いると、わずか五四〇回の試行で正しい文字列ができる。やみくもな試行を繰り返すよりも、およそ八〇〇〇万の一〇億倍の一〇億倍も効率がよいのだ！[*3]

＊1 スティーヴン・W・ホーキング著『ホーキング、宇宙を語る　ビッグバンからブラックホールまで』（林一訳、早川書房）を参照。

＊2 二七の文字（空白《スペース》も一文字と数える）をランダムに二〇個組み合わせてできる文字列は 27^{20} ＝ 42,391,158,275,216,203,514,294,433,201通りになる。

＊3 正しい文字は二七文字のなかのひとつなので、一文字を「修正」するのに必要な試行は平均二七回ということになり、そのため二〇文字を修正するのに必要な試行は、二七×二〇＝五四〇回となる。

もちろん、自然に先見の明はない。「正しい」配列など存在しない。しかし、よりよい配列と、より悪い配列ならある。よい変化が蓄積されていくかぎり、配列はどんどんよくなっていく。坂が階段状になっていれば、石を押し上げて一段上がるたびに休憩をとり、坂を上っていくことができる。一段上がったら、しばらく立ち止まって、次の一段を上がる方法が偶然見つかるまで待つのだ。これが自然選択の核心である。すばらしくシンプルで明白だ。

ところで、自然選択以外の方法で進化を説明することはできるのだろうか？

自然選択説には、科学者が現実的な代案を提案しようとしてもできない、という卓越した特徴がある。ある自然現象の説明に疑義がある場合、通常はいくつもの代案を比較検討し、そのなかで最も説得力のあるものを（さらなる証拠が出てきて考えが変わるまでは）暫定的に受け入れる。私たちにものが見えるのは、ものから光が出ているからなのかもしれないし、あるいは（古代ギリシャの哲学者たちが信じていたように）目から出た光線がものを照らしているからなのかもしれない。しかるべき実験がおこなわれるまでは、どちらも合理的な仮説だ。また、古代ギリシャ時代には、地球は平らだとする説と球体だとする説が長年にわたり共存していて、それぞれに賛成派と反対派がいた。やがて球体説が優勢になったのは、紀元前二四〇年にエラトステネスが巧妙な実験をおこない、（ほぼ球体の）地球の半径を測定したからである。

ところが驚くことに、自然選択説の場合、いくつかの非常に不完全で非科学的な説明を除けば、複雑な生命の存在を説明するまともな代案は存在しないのだ。

ひょっとすると、私たちの知恵が足りないだけで、もっと真剣に考える必要があるのかもしれない。

「これしか思いつきません」では、とても厳密な説明とはいえないからだ。しかし、自然選択説に代案がないということは、それが正しいという証明にはならなくても、少なくともこの説が有力な候補であることを示している。複雑な生命体の起源を説明するためにこれまで提案されてきた競合する説は、いずれも説明というより記述と呼ぶべきものだ。

たとえば、全知全能の神が生物の形態や行動の変化をひとつひとつ「指図」して、進化の道筋に沿って誘導しているのかもしれない。あるいは種の変化の原動力となる、まだ発見されていない「生命力」のようなものがあるのかもしれない。ひょっとすると、生命は最初から将来のすべての進化のひな型を内に秘めて創造されたのかもしれない。つまり、細菌の内部にヒトの青写真が眠っているというわけだ。必要なのは青写真を一枚ずつめくっていくことで、そうすれば、ほら、最後に私たちが出現することになる。しかし、これらの説は複雑な生命体が生まれる仕組みを説明するものではなく、単なる記述である。人類のあらゆる文化には何らかの創造神話があり、ほかと比べてこれが重要だと客観的な方法でいうことはできない。物語は説明を与えてくれない。私たちが求めているのは物語ではなくメカニズムである。

数理解析からは、地球外生命体について説明できるのはおそらく自然選択しかないことが強くうかがえる。生命を進化させるメカニズムとして自然選択が必然であるという私たちの理解の大半は、本質的に数学にもとづいたものだ。方程式なんて無味乾燥だと思われるかもしれないが、その背後にあるアイデアはそうではない。進化がなぜ、どのようにして起こるのかを見事に記述する数式のひとつは、ジョージ・プライスという、二〇世紀の科学界におけるひときわ非凡な、無名の人物によって作られた。プライスは化学者であって、生物学者でも数学者でもなかったが、進化論の二大巨頭であるジョン・メイナード＝スミス[*1]とビル・ハミルトンと協同し、進化が起こる理由を表す最も完全に近い数式を導き出したのだ。彼はもともと無神論者だったが、進化を促す力の必然性に心を奪われてキリスト教に改宗し、財産を手放し、ホームレスの支援に残りの人生を捧げ、重い鬱《うつ》病になり、最期は荒れ果てた陋屋《ろうおく》でみずから命を絶った。[*2]

プライスの方程式の最も重要な要素のひとつは、動物の形質の測定値（たとえば歯の長さ）も、それがもたらす利益も、変動するということだ。同種の動物であっても、歯が長めのものもいれば、短めのものもいる。歯が長いほうが有利になるかもしれないが、歯の長さが二倍の動物が二倍有利になるとはかぎらず、歯が長いほうが有利になる傾向があるというだけだ。プライスは、集団内で特定の形質が時間とともに変化するペース――たとえば、動物の子孫たちの歯が長くなっていくペース――は、形質とそれがもたらす利益の「共分散」に依存していること、つまり、形質と利益がどれだけ密接に結びついているかによって決まる、ということを数学的に示した。歯の長さが二倍になれば必ず二倍の利益が得られるというのであれば、長い歯は集団内で野火のように広がるだろう。結びつきがもっと弱く、たとえば、歯の長さが二倍になると、一〇パーセントの利益が五〇パーセントの確率でしか得られない場合は、進化のペースはもっと遅くなる。

現代の科学者たちが、進化の進み方を予測するモデルを手にしたことの重要性は、どんなに強調してもしすぎることはない。そしてこのモデルは、地球だけに当てはまるものではない。プライスの方程式は、銀河系のどの系外惑星でも同じように機能する。イギリスの哲学者バートランド・ラッセルは、

「私が数学を好むのは、数学が人間ではなく、この惑星とも、偶然の産物であるこの宇宙とも関係なく、スピノザの神のように、見返りとして私たちを愛することもないからだ」と述べている。

進化論に関係する数学のなかには、視覚的に理解しやすくできるものもある。濃霧が立ち込める山中に放り出されて、頂上まで歩いていけといわれたと想像してみてほしい。あなたのまわりには「適応度地形（フィットネス・ランドスケープ）」と呼ばれるものが広がっている。「フィットネス（適応度）」は、自分の遺伝子を未来の世代にどれだけ効率よく残せるかという尺度である。あなた自身がどれだけ生き残れるかだけでなく、何人の子をもてるか、その子たちがどれだけ生き残って何人の子をもてるか……ということだ。適応度地形では、高いところにいる人ほど環境によく適応していて、進化的適応度が高い、つまり多くの子どもを育て上げることができる。さて、この山の頂上にたどり着く方法をいくつ考えられるだろうか？　地図を持っているか、山頂が見えているなら、それを頼りに進めばよい。でもそうでなかったら、周囲を見渡してどちらの方向が上り坂かを確認し、常に上り坂を進むようにするしかない。では、上り坂をたどらずに山頂まで行く方法を考えるようにいわれたら、どうだろうか？　そんな方法はない。当てずっぽうにぴょんぴょんジャンプしてみる人もいるかもしれないが、この方法は無駄であることが数学的に証明されている。小さな一歩、局所的な改良を重ねることが、残

＊1　ジョン・メイナード＝スミス著『進化の理論（The Theory of Evolution）』を参照。
＊2　オレン・ハーマン著『親切な進化生物学者　ジョージ・プライスと利他行動の対価』（垂水雄二訳、みすず書房）参照。

された唯一の方法だ。それが自然選択である。

もちろん科学は常に、新しい発見や、盤石だと思われていた土台を打ち壊す革新的なアイデアに対して開かれている。自然選択に代わる理論が見つかっても、誰も文句をいわないだろう。けれどもそれは、代替の理論がある「かもしれない」ということと同じではない。物理学に対する私たちの理解が不完全だと認めることは、「幽霊や妖精がいるかもしれないから、量子物理学を否定できる」ということとは違うのだ。中身のない「かもしれない」を提案するのは自由だが、それはとりたてて役には立たない。

イギリスの有名な天文学者フレッド・ホイルは二〇世紀の天文学の発展を語るうえで欠かせない人物だが、優れたSF小説も残している。一九五七年の小説『暗黒星雲』(鈴木敬信訳、法政大学出版局)は、説得力ある筆致で地球外生命体が描かれているだけでなく、科学者が未知の存在に遭遇した際の対処法を的確に教えてくれる。彼が考え出した地球外生命体は意識と高度な知能を備えた、直径およそ一億五〇〇〇万キロメートルの巨大なガス雲だった。そんな生命体がどんなふうに存在し、機能しているのか、ホイルはなかなか上手に書いているのだが、生物学的な洞察に欠けているという批判もされてきた。そのような生命体の進化の過程を説明していなかったのだ！　超越的な知能をもつガス雲は、どのような段階を経て誕生したのだろう？　雲のようになる前はどんなもので、それがどのように変化して今の姿になったのだろうか？

地球外生命体について想像するとき、こうした見落としはよく起こる。彼らは知的で、テレパシーや、テレキネシスや、指を鳴らすだけで現実を変える力など、途方もない能力をもっているかもしれない。けれどもそれはなぜなのか？　なぜ、そんなありえそうもないことが起きるのだろうか？　唯一の答えは「以前の状態に改良を重ねた」からだ。坂の上に向かって一段ずつ石を押し上げていくこと。つまり自然選択である。

たまたまホイルは、小説への批判に対してシンプルな答えをもっていた。一九五〇年代当時はまだ、宇宙のすべての銀河が地球から遠ざかっているように見える理由をめぐって激しい論争が繰り広げられていた。提案されていた説はふたつあった。ひとつは、宇宙は最初はごく小さかったが、以来ずっと膨張し続けているという説で、もうひとつは、宇宙には始まりがなく、絶えず中心で新しい物質が生成し、膨張し続けているという説だ。ホイルは前者の説はナンセンスだと考え、嘲りを込めて「ビッグバン（大爆発）」と呼んだ。このあだ名が定着し、正しい説明として広く受け入れられるようになったのは、みなさんもご存知のとおりである。けれどもホイルたちは当時の観測結果にもとづいて、宇宙には始まりはないと大まじめに主張していた。彼の小説に登場する科学者たちが暗黒星雲に「あなたの最初のお仲間はどのようにして生まれたのですか？」と尋ね、暗黒星雲から「最初があったという考えには同意できない」と返事をされると、「ビッグバン派の奴らが悔しがるぞ！」と大喜びしたのはそのためだ。

もし時間に限りがないなら、私たちは生命の起源の本質を考え直さなければならない。しかし現在の科学界は、宇宙には始まりがあったと確信している。だから生命にも有限の始まりがあったはずで、そこから発達し、多様化していったに違いない。自然選択はこの過程に対する普遍的な説明なのだ。

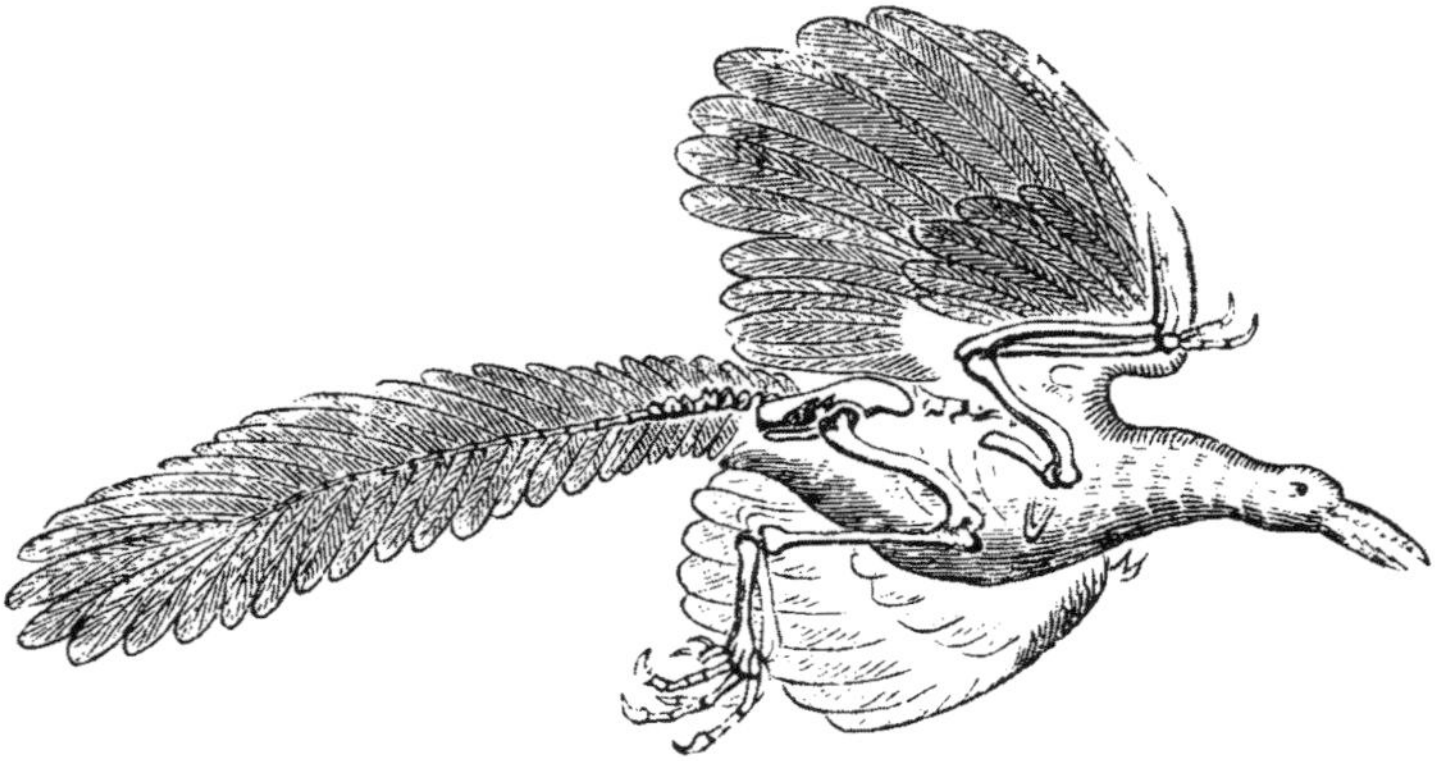

図3　ダーウィンの文通相手だった生物学者セントジョージ・ジャクソン・マイバートによる1871年の著書『種の起源について（On the Genesis of Species）』の挿絵として描かれた始祖鳥の想像図。現生鳥類と同じく、始祖鳥の翼は前縁だけに骨があり、そこから羽毛が生えている。

収斂——地球外生命体への鍵

地球上の生物の研究から得られた知見は地球外生命体にも応用できる、という私の大胆な主張は、シンプルな観察からきている。進化は同じような環境では同じようにはたらくように見えるのだ。鳥もコウモリも空を飛ぶが、鳥とコウモリの共通祖先は三億二〇〇〇万年も前の生物である。三億二〇〇〇万年前といえば、恐竜の時代のはるか前、爬虫類が世界を支配し始めたばかりのころだ。共通祖先である爬虫類が飛べなかったのは確実である。彼らの子孫は鳥とコウモリだけでなく、ヘビやカメや恐竜のほか、ゾウやヒトなどの哺乳類も含まれているからだ。鳥とコウモリの飛翔能力は、明らかにもっとあとの段階で別々に進化したのだ。

実際、地球上では少なくとも四回、羽ばたき飛行が進化したことがわかっている。鳥類が飛翔能力を進化させたのは、恐竜が地球上をのし歩いていたお

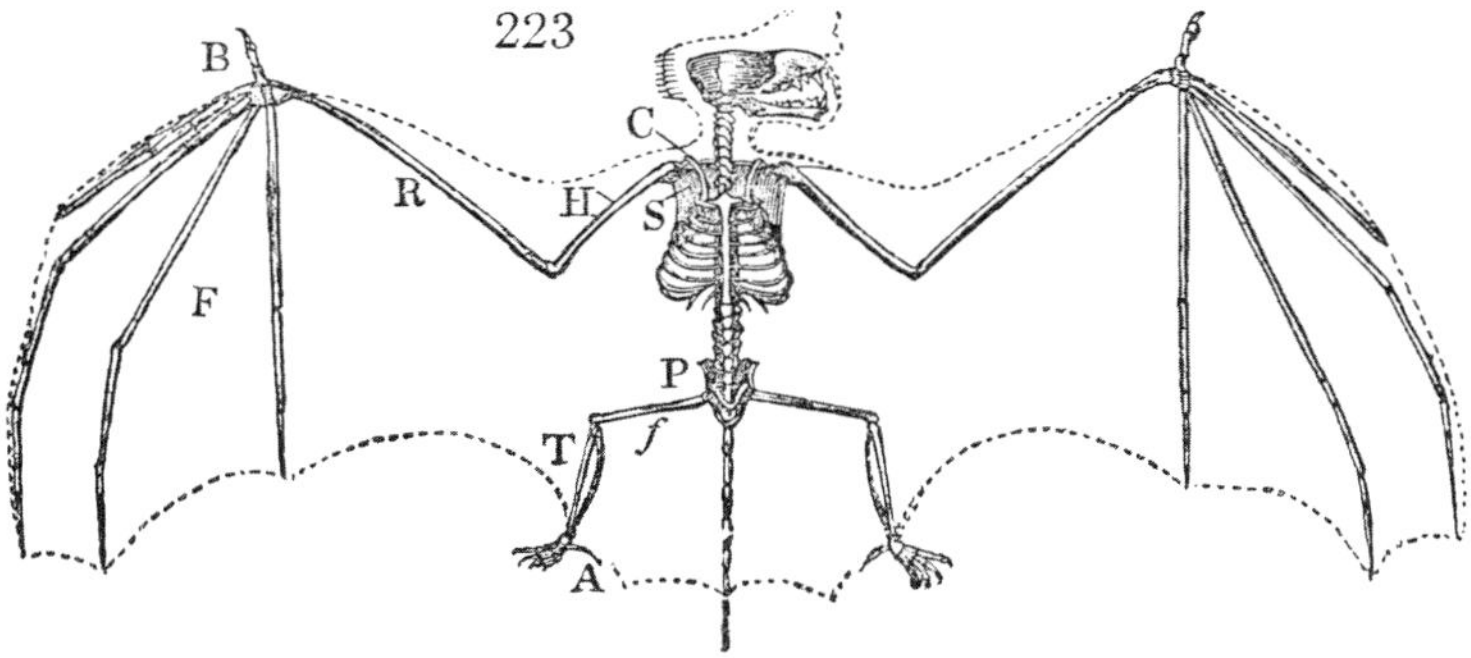

図4　ピーター・マーク・ロジェの1834年の著書『自然神学から見た動植物の生理学（Animal and Vegetable Physiology, Considered with Reference to Natural Theology）』で描かれたコウモリの骨格図。長い指骨が翼の後縁まで伸び、飛膜を支えている。

よそ一億五〇〇〇万年前のことだった。この時代の有名な「始祖鳥」の化石は恐竜と鳥の中間のように見え、チャールズ・ダーウィンを始めとする一九世紀の科学者たちを仰天させるとともに、大いに悩ませた。これに対してコウモリが飛ぶように進化したのはほんの五〇〇〇万年ほど前のことで、恐竜の絶滅後であることはほぼ確実である。鳥の翼とコウモリの翼は、同様の機能を担っているとは思えないほど大きく異なっている。コウモリの翼は長い指の間を覆う膜〔訳注：特殊化した皮膚〕であり、飛膜と呼ばれる。アヒルの足の水かきに似ているが、コウモリの飛膜は腕全体と体側も覆っている。一方、鳥の翼はもちろん皮膚ではなく、羽毛に覆われている。コウモリは飛膜を支える指骨が飛膜の後縁まで伸びているのに対し、鳥の翼の骨は翼の前縁沿いにしかない。

　鳥類とコウモリの飛翔はまったく別々に進化したにもかかわらず、その用途は非常によく似ている。日中に虫を追いかけて飛びまわるツバメの様子は、数時間後の夕暮れ時に虫を追いかけて飛びまわるコウモリの様子にそっくりだ。

ナトゥージウスアブラコウモリという体重わずか一〇グラムほどの小さなコウモリは、数百〜数千キロメートルという、多くの鳥類の渡りに匹敵する長距離を移動する。[*1] 飛翔というのはその起源が何であれ、信じられないほど有益な機能であり、進化のなかで繰り返し登場したとしても不思議ではない。

もちろん、空を飛ぶ動物は鳥やコウモリだけではない。空飛ぶ巨大な爬虫類である翼竜は、最初の鳥が出現するはるか前、おそらく二億二〇〇〇万年前には空を飛んでいた。なかには巨大な翼を使ってハゲワシのように滑空していた種もあり（彼らは原始時代を舞台にした、生物学的な正確さを無視した多くのホラー映画で不滅の存在となっている）、彼らがどのようにして空を飛ぶようになったかについては熱心な研究が続けられている。[*2] 確実にいえるのは、翼竜が鳥類とはまったく別々に進化してきたということだ。翼竜が恐竜ではないのに対して、鳥類は足の速い恐竜（獣脚類）の直接の子孫であり、ティラノサウルス・レックスとより近い関係にある。

飛翔の進化の第四の例は、地球上で最も広範囲に見られるもので、三億五〇〇〇万年前の昆虫時代の夜明けにまで遡《さかのぼ》る。陸上の動物として本当の意味で初めて成功を収めたのは昆虫であり、彼らは新たな環境で生きていくために独特な適応をするなどして急速な進化を遂《と》げ、多様な形態を生み出した。海中では落下するにしてもゆっくりと沈んでいってソフトに着地するが、陸上では木から落ちたら猛スピードで地面に激突してしまう！　おそらく初期の昆虫の羽は、落下速度を遅くしたり、落下経路を変えて木の幹に着地し、地面から登り直す労力を節約したりするのに役立ったのだろう（ムササビやモモンガは今日でもこのテクニックを使い、前肢と後肢の間の飛膜を広げて木から木へと滑空する）。

新たに陸上で暮らすようになった小さな生物たちにとって、飛翔の有用性はすさまじく、プーンと不快な音をたてて飛ぶ蚊、優雅にすいすい飛ぶトンボ、まさかと思うような飛び方をする甲虫、そしてもちろん、理論的には飛べないはずとまでいわれるマルハナバチなど、さまざまな昆虫が多様な飛び方を編み出した。昆虫の飛翔とコウモリの飛翔が別々に進化した別々のメカニズムであることは確かだろうが、飛翔自体が信じられないほど有用であることは明らかだ。

　類縁関係の遠い種がよく似た解決策——この場合は飛翔——を別々に進化させる現象は、収斂進化《しゅうれんしんか》の一種である。[*3] 似たような環境の課題に直面すると、似たような解決策が有利になるようだ。実際、ある特定の問題が発生したときに、実現可能な解決策はおそらく限られた数しかない。だとすると、鳥類、コウモリ、翼竜、昆虫などが、形態は異なっていてもよく似た機能を獲得するに至ったのも当然のことだ。

　ここで紹介した飛翔の収斂進化の例は、とてつもなく広範に及ぶ現象の表面をさっとなでたにすぎない。収斂進化は至るところにある。私たちの目のような、大きなレンズをもつ眼は、少なくとも六回は進化した。獲物を気絶させたり周囲の環境を感知したりするために体から電場を発生させる能力も、少

＊1 イギリスのコウモリ保全トラスト（https://www.bats.org.uk）ではアブラコウモリの追跡調査をおこなっている。

＊2 マット・ウィルキンソン著『脚・ひれ・翼はなぜ進化したのか　生き物の「動き」と「形」の40億年』（神奈川夏子訳、草思社）を参照。

＊3 厳密にいえば、私たちが関心を寄せているのは「収斂」進化ではなく「平行」進化だ。収斂進化では、種の間に何らかの類縁関係があることが前提となる。地球外生命体が地球上の生命と類縁関係があるとは思えないので、厳密にはより一般的な「平行進化」という用語を使うべきだろう。けれども私は「収斂」のほうがイメージしやすいと思っているので、この詩的な表現を用いることをお許し願いたい。

図5　アメリカのワシントンD.C. にあるスミソニアン国立動物園で展示されていた2頭のフクロオオカミの写真。1904年の『スミソニアン・レポート』より。

なくとも同じくらいの回数進化してきている。卵を母体内で孵化させて幼生の形で産む卵胎生に至っては、一〇〇回以上も（まったく独立に）進化を繰り返したといわれている。地球上のすべての生命の基礎である光合成でさえ、少なくとも三一の系統で別々に進化してきたと考えられている[*]。

収斂進化の最も有名な例は、近年絶滅した肉食の有袋類でタスマニアオオカミとも呼ばれるフクロオオカミだろう。確認されている最後のフクロオオカミは一九三六年に動物園で死亡したが、数千年前に人間とディンゴが入ってくるまではオーストラリアとニューギニアに広く分布していた。フクロオオカミは、オオカミやコヨーテなどのイヌ科の動物と薄気味悪いほどよく似ているため、珍しい犬種と勘違いしてしまいそうだが、実際にはカンガルーやコアラのような育児嚢をもつ有袋類であり、コウモリと関係がないのと同じくらいオオカミとも関係がない。無関係な種の間で、こうした身体的な類似性がどのようにして進化したのだろうか？　みなさんはもうおわかりだろう。彼らは似たような生態的地位（ニッチ）を占めるべく進化してきたのだ。

フクロオオカミが永遠に失われてしまった今となっては、彼らがどのように狩りをしていたかを正確に知ることは難しい。現代のオオカミがカリブーを狩るときと同じように、跳ねまわるカンガルーを群れになって追いかけていたのだろうか？　それとも、イヌの祖先とされている動物のように、背中の特徴的な縞模様をカモフラージュとして利用し、油断している獲物に突然襲いかかっていたのだろうか？このように問いかけることで、収斂進化への確信を固めていく。フクロオオカミの骨格を調べれば、顎の嚙む力がどのくらい強かったのかがわかり（じつはあまり強くなかった）、肘関節を調べれば、長距離の追跡にどのくらい適していたかがわかる（こちらも、たいして適していなかった）。ここから、フクロオオカミはオオカミのような追跡型の捕食者ではなく、待ち伏せ型の捕食者だった可能性が高いと結論づけられる。こうした分析は、よく似た生態環境はよく似た特徴を生み出すという収斂進化による仮定がいかに強力であるかを示している。

＊サイモン・コンウェイ゠モリス著『進化の運命　孤独な宇宙の必然としての人間』（遠藤一佳ほか訳、講談社）では、多くの収斂進化の例が詳細に紹介されている。

さて、ここからが本題だ。収斂進化は地球上の生物だけに限られた現象ではない。地球の鳥とコウモリを似たような解決策に至らしめた原理は、異星で暮らす鳥とコウモリをも飛翔させることになるだろう。地球は特別な惑星ではないし、鳥とコウモリの（非常に遠い）類縁関係も特別なことではない。棲む惑星が違っても、似たようなニッチを占める生物種の間で収斂進化が起こるのはほぼ必然である。

みなさんは私が、地球以外の惑星（あるいは少なくとも地球と物理的に似た惑星）には、オオカミやコウモリ、カンガルーやシロナガスクジラなど、地球上の生物にそっくりな生命体がうようよしているといおうとしているように思われるかもしれない。地理的に完全に隔離されたオオカミとフクロオオカミが別々に、けれども平行に進化したのだとしたら、同じことがすべての生命に当てはまるはずではないか、と。地球の最初の生命がどのようなものであれ（たとえば脂質の泡に包まれたタンパク質とRNAのボールであれ）、ほかの惑星で誕生した生命が偶然にも地球で誕生した生命と同じものだとしたら、どうなるのだろうか？　その惑星でも地球と同じように、四本足のオオカミ、六本足のカブトムシ、二本足のヒトが進化するのだろうか？

しかし、収斂進化は私たちが思っているほど広く起こらないかもしれない、と考える理由もある。生態学者のスティーヴン・J・グールドは、「生命のテープのリプレイ」という思考実験をおこなったことで知られる。[*1] 巻き戻しボタンを押して実際に起こったことを完全に消去してから、過去の適当な時点まで戻り、もう一度テープを走らせるのだ。地球の歴史を数十億年にわたって再生《リプレイ》したとき、現在とまったく同じ種がまったく同じ進化史をたどった、現在の私たちがいる場所に戻れるだろうか？　おそらくそうはならないだろう。地球上の生命の長い物語は、絶え間ない進化の物語であっただけでなく、度重なる災害と幸運な回避の物語でもあったからだ。たとえば複雑な生命体が誕生して間もなく、地球は北極から南極までが完全に凍りつく「全球凍結《スノーボール・アース》」と呼ばれる状態になったが、幸いにも一部の生物は分厚い氷の下に残った海水のなかで生き延びることができた。また、六六〇〇万年前にイギリスのケンブリッジの街ほどの大きさの小惑星が地球に衝突したときには、陸上のすべての大型動物が絶滅してしまったが、恐竜がそのニッチからいなくなると、小型の哺乳類が急速にそこを占めるようになり、今日のウマやトラやアルマジロになった。あの小惑星がほんの数百キロメートルでも軌道を外れていたら、地球に衝突することはなく、過去六〇〇〇万年の進化はまったく違ったものになっていただろう。ランダムに起きるように見える天文現象に多くのことが左右されるというのに、ひとつの惑星の上でどんな生物が進化するか、確実に予想することなどできるだろうか？

しかし小惑星の衝突による恐竜の絶滅ですら、二億五〇〇〇万年前に想像を絶するほどの規模で起きたペルム紀—三畳紀境界の大量絶滅に比べれば、たいしたことではない。理由は定かではないが、この時代に大気と海の化学的バランスが突然変化して、地球上から生物がほぼ消えるほどの大量絶滅が起きたのだ。[*2] おそらく全生物種の九〇パーセントが絶滅した。収斂進化の力があったにせよ、地球上の生物がこうした予測不可能な災害によって大きく形作られてきたことは疑いようがなく、ほかの惑星の生物

＊1 スティーヴン・ジェイ・グールド著『ワンダフル・ライフ　バージェス頁岩と生物進化の物語』（渡辺政隆訳、早川書房）を参照。
＊2 マイケル・J・ベントン著『生命がほぼ消えたとき　史上最大の大量絶滅（When Life Nearly Died: The Greatest Mass Extinction of All Time）』を参照。

も同じように彼らに降りかかった災害を幸運にも生き延びてきたと思われる（あるいはひょっとすると、私たちほど幸運ではなく、誰も生き残れなかったかもしれない）。巻き戻した生命のテープを、この地球上で確実に再生することさえできないのに、ほかの惑星の生命がどのようにふるまうかがわかるなどと、どうしていえるだろうか？

ペルム紀末の大量絶滅は、この疑問に対する答えの手がかりを与えてくれる。かろうじて生き延びた生物は、それから一〇〇〇万年もしないうちに復活し、活動を再開した（ただし、地球上の生物がペルム紀のような多様性を取り戻すまでには、その何倍もの時間を要したことだろう）。確かに、現在のカニのように海底を這《は》いまわっていた三葉虫など、それまでの時代を象徴する優占種はほとんどすべて絶滅してしまった。しかしニッチは残っていた。海底に食べ物があるかぎり、誰かが海底を這いまわり、それを食べることができる。まさにそれが起こったのだ。哺乳類や恐竜の台頭は、大量絶滅から生命が回復するこの空白の時代に始まった。数百万年もの間、そのような過酷な環境で生きられる丈夫な種はほんのわずかしかいなかった。廃墟となった工業団地で、急速に増える雑草やネズミを思い浮かべてほしい。それでも太陽の光はあったので、植物は生え、それゆえに餌となる動物もいた。世界から競争相手がほとんどいなくなった途端、無限のチャンスが開けてくるのだ。

生命は突如として、多種多様な新たな形態を生み出し始めた。進化が爆発的に進んだのは、単純にあまりにも多くのニッチが空いていたからだ。高度に専門化し、自分のニッチや特定の条件、特定の食料源と密接に結びついていた種は、最も絶滅しやすかった。もう少し柔軟性があり、もう少し新しい機会を活用できた種は生き残り、そうした機会を捉えて繁栄できたのかもしれない。進化生物学者が「適応

図6と7　博物画家チャールズ・R・ナイト（1874～1953年）が描いたディメトロドン（左）とアガタウマス（右）の想像図。両者はよく似ているが、アガタウマスは恐竜で、脚が胴体の真下にくるタイプの爬虫類であるのに対し〔訳注：恐竜以外の爬虫類は、肘や膝が胴体の横に突き出している〕、ディメトロドンは恐竜どころか爬虫類ですらなく、哺乳類の古い祖先である。

放散」と呼ぶ現象のなかで、生き残った集団は空いていたニッチを利用し、そのために必要な専門的な適応を独自に進化させていった。イメージはこうだ。ひとつの種が新しい生息地や生態系のなかで放射状に広がっていき、行く先々で適応し、新しい機能と形態を獲得して、多様化していく。童話『三匹の子ブタ』のように、異なる材料を使って家を建てるチャンスが突如訪れ、あらゆる機会を利用していくのだ。適応放散は今日のような豊かで多様性に富む生物圏を作り出すうえで、絶対に必要なものだと考えられている。それゆえに大災害（ペルム紀の大量絶滅ほど悲惨ではないことを願うが）も、生命の多様性にとって欠くことができないのである。

　そういうわけで、大量絶滅後に生命が回復してきたとき、古いニッチの多くはまだ残っており、新しい生物がそこを占めるようになった。三葉虫がいなくなると、代わりに甲殻類が海底で食べ物を探すようになった。三葉虫とカニの形態は大きく異なっていたが、食べ物を見つける方法や捕食者から身を守る方法など、多くの機能は存続した。ペルム紀の大量絶滅以前、陸上には植物だけでなく、植物を食べる草食動物や、草食動物を食べる肉食動物も広く分布していた。草食動物やディメトロドンのような肉食動物の多くは巨大な爬虫類のように見えるが、実際には哺乳類の祖先だった。大量絶滅によってこうした動物の多くが姿を消すと、巨大な爬虫類が登場し、恐竜として世界を支配するようになった。しかし、ペルム紀の大量絶滅で姿を消したディメトロドンと、その二億年後に登場したアガタウマスのような恐竜を比較すると、生命のテープは、過去の形態を再生することはなくても、少なくとも機能の多くをコピーしているように思えてならない。

性の法則

形態と機能を区別することと、進化によってさまざまな機会（機能的ニッチ）が多様な形態で占められていく仕組みを理解することは、普遍的な「生物学の法則」を適用するための第一歩だ。では、法則そのものについてはどうだろうか？　自然選択に関する私たちの知識は、どのくらい普遍的に適用できるのだろうか？　それは地球上で観察される特殊な条件に、どのくらい依存しているのだろうか？　最も基本的な形の自然選択は、普遍的で確実だ。自然選択は「適者生存」という表現で広く知られるようになったが、その核心は（もう少しだけ）洗練されている。

親から受け継がれる形質があり、その形質に集団内でばらつきがあり、それによって個体の「適応度」に差が生じるときはいつでも、自然選択が起きる。「適応度」とは、自分の子孫を将来の世代にどれだけ多く残せるかという尺度である。だから「生き延びる」ことは、ふつうはよいこととされている。

生き延びれば、多くの子孫を残せるからだ。短い生涯にたくさんの子をもつのもよいことだ。また、子の世話をすることも適応度を高くする。あなたが世話をした子が生き延び、より多くの子孫をもてるからだ。そう考えると、遺伝的変異が適応度の差を生むシステムなら、どんなものでも自然選択が起こるという仮説が（万人には受け入れられないかもしれないが）成り立ちそうだ。生物学的システムはもとより、コンピュータープログラム、インターネット上のミーム、信仰などの非生物学的システムでさえも自然選択から逃れることはできない。地球外惑星の生物も、広義の自然選択は受けるはずだ。なぜなら私たちが生命と呼ぶ種類の複雑さを、自律的に生み出して維持するメカニズムは、私たちが知るかぎり自然選択以外にないからである。

しかし、ダーウィンの『種の起源』の出版から一五〇年の間に進化の科学は前進し、今では地球上の生命の複雑さを生み出してきたメカニズムについて、以前より多くの——はるかに多くの——ことがわかっている。これらのメカニズムについては後述するが、本質的には自然選択の原理の変形《バリエーション》である。とはいえ、その普遍性を請け合うのははるかに困難だ。進化の仕組みに関する複雑で見事な数理モデルが複数存在するのは、地球の動植物の多様性を説明するには、適者生存だけではうまくいかないからだ。*
プライスの方程式が非常に重要であった理由のひとつは、動物どうしの関連など、自然選択の重要な要素が組み込まれているからである。これらのモデルは科学研究の勝利ともいうべきものだが、どうしても疑義が残る。私たちはみずからの経験と、生命とは自分の周囲に見られるようなものだという暗黙の

＊ リチャード・ドーキンス著『盲目の時計職人』は、地球上の生物進化の原動力となるプロセスをわかりやすく紹介している。

前提をもとに、モデルを構築している。ひょっとするとこうした前提には、私たちの研究と経験から導き出された、地球上の生命にしか当てはまらない、特殊なものが入り込んでいるのではないだろうか？自然選択が宇宙の生命進化の原動力となっているにしても、細部については地球上の進化の仕組みとどこか——もしかすると大きく——違っているのではないだろうか？

　自然選択説を補足するメカニズムのなかでとりわけ重要なのは、性と家族に関するものだ。鳥の色やさえずり、シカの角、コモリグモの雄の複雑な求愛ダンス（脚を叩き鳴らし、体を地面に叩きつける）、ビッグホーン（オオツノヒツジ）の雄どうしが角をぶつけ合う闘争など、地球上の動物たちの最も印象的な形態や行動の多くは、繁殖相手を惹きつけることと何らかの関係がある。もちろん、クジャクの尾の飾り羽もそうだ。これらの形質はいずれも、生き残りの観点からは（控えめにいっても）大いに問題がありそうだが、繁殖の機会を増やすために進化してきた。クジャクは長い飾り羽を捕えられてしまうことがあるし、ビッグホーンはしばしば衝突の衝撃で頭蓋骨を骨折するし、カラフルな雄の鳥は繁殖相手の雌に比べて身を隠しにくい。縄張りの上空をあらんかぎりの声を張り上げてホバリングするヒバリを見ると、多大なエネルギーを消耗する一見無駄な動物たちの行動には驚かされる。こうした動物たちにももちろん自然選択は起きているが、そこでは生き残るための競争よりも子孫を残すための競争のほうが重視されており、このプロセスは「性選択」と呼ばれている。

　もうひとつのメカニズムは自然選択の変形で、動物が自分と血縁関係のあるほかの個体を援助する「血縁選択」と呼ばれるものだ。血縁選択には、親が子の世話をするという単純なものから、最上位の雌の子育てを下位の雌が手伝うミーアキャットの群れのような複雑なものまである。ミーアキャットの群れの雌は姉妹であることが多いので、下位の雌は、姪や甥の世話をするために、自分の労力と自分の子をもつ機会の両方を犠牲にしていることになる。血縁選択が非常に重要であるのは、それによって社会的行動の進化についておおむね説明がつくからである（第7章で詳述する）。そして社会的行動は、私たちが出会うことを願っている地球外生命体が、宇宙探査ミッションを計画するためにはおそらく必要となるものだ。

みなさんは、血縁選択も性選択も地球上の生物がもつある特性に依存していることに気づかれたかもしれない。それは性である。性がなければ、クジャクの美しい飾り羽も、複雑な社会的行動も進化することはないだろう。では、地球外生命体に性はあるのだろうか？

この疑問に簡単に答えられるとよいのだが、残念ながら私たちは地球上の性の起源どころか、性が存在する理由についても驚くほどわかっていない。そのため、ほかの惑星で何が起こりうるのかを推測するのは非常に難しい。[*] 性は生殖にかかわる。無性生殖とは、自分とまったく同じ子、つまりクローンを作ることだ。ときどき遺伝機構にエラーが起きて何らかの多様性が生じることがあるが、基本的には家族全員がほぼ同一になる。これに対して、有性生殖では自分の遺伝子を配偶者の遺伝子とシャッフルするので、子ははるかに多様になる。つまり自分に似ていたり、あまり似ていなかったりする。なので多くの時間と労力を要するだけでなく、自分の遺伝子を半分しか子に伝えられない有性生殖は、非常に非

＊ マット・リドレー著『赤の女王　性とヒトの進化』（長谷川眞理子訳、早川書房）はヒトの性と進化について包括的に論じている。

効率に思える。それにもかかわらず、有性生殖をおこなう動物（と植物）は地球上の至るところに生息しており、無性生殖の単純な細菌と比べると形態も機能も多様だ。親株から匍匐茎《ほふくけい》を伸ばしてクローンである子株を作るイチゴは、ほぼ無性生殖で増えるが、イチゴのおいしい果実（厳密にいうとイチゴの赤い部分は花托《かたく》が肥大したもので、表面の種子のようなものが果実）は有性生殖の産物である。

有性生殖の起源や存続している理由を説明する理論は多い。たとえば、集団内に寄生者が無制限に広がらないように、有性生殖によってじゅうぶんな遺伝的革新を確保し、各世代が寄生者の一歩先をいけるようにしている、といったものだ。しかしその起源が何であれ、振り返って考えるとふたつのポイントがあるようだ。第一に、理由はわからないが、有性生殖は地球上の生命の進化にとって、絶対に必要なものであったらしいということだ。おそらく性があったほうが、進化はより速く、より確実に起きるのだろう。とはいえ、現代進化生物学のなかで、性の進化ほど論争の的になっているテーマはほとんどない。数理モデルのなかには、有性生殖をおこなう生物のほうが進化が速いとするものもあれば、遅いとするものもある。環境が急変しているときには、性があるほうが明らかに有利だとするモデルもある。なぜなら、生態系に思いがけない災害が降りかかった場合、親から受け継ぐ情報をシャッフルしておけば、いずれかの個体がどこかに解決策をもっている可能性が高いからだ。園芸植物に群がる緑色の小さなアブラムシは、夏の間は無性生殖により自分と同一のクローンを効率よく作り出すが、秋になると有性生殖をおこなって、親よりも多様な形質をもつ卵を生む。おそらくこのようにして、冬の予想外の環境でも全滅を免れるようにしているのだ。

性の進化を説明する理論のなかで、万人に受け入れられているものはない。しかし理由はどうであれ、有性生殖が地球上の生命の多様性にとって不可欠であったことに異を唱える科学者はほとんどいないだろう。それどころではない。有性生殖がなければ、地球上の生命がこれほど複雑なものになることもなかったと思われる。動物も植物も、おそらくアメーバもだ。かつてアメーバには性別がないと考えられていたが、そうでもないことがわかってきた。性別のない細菌でさえ、公園のベンチに暗号メッセージを落としていくスパイのように、互いに遺伝子を交換して有用な遺伝情報をやりとりしている。だから私たちは、地球外惑星に有性生殖をおこなう生物がいるかどうかはわからなくても、複雑な生命体がいるのなら、それは何らかの「加速された」自然選択によって生じた可能性が高く、そのプロセスは私たちが地球上で性と呼ぶものにおそらく似ているだろう、ということはできる。

進化に関するこの種の逆推論には注意が必要だ。有性生殖は進化にとって「よい」ことだから、地球外惑星でもおこなわれているのではないか、ということはできない。私たちにいえるのは、何らかの類似のプロセスがなければ、進化が複雑な動物を生み出すことはないかもしれないということだ。カール・セーガンを始めとする天文学者たちは数十年にわたり、金星の大気中にある謎の黒っぽい部分は、空中に浮遊する微生物のコロニーではないかと推測してきた。そうかもしれない。もし太陽系の少なくともふたつの惑星に生命がいるのだとしたら、きっと系外惑星にも単純な生命体はうようよしている。ただしそれらは、細菌よりも複雑なものに進化することのない、ごく単純な生命だ。

第二のポイントは、複雑な行動の進化においては、性が非常に——おそらく思いがけないほど——重要になるということだ。無性生殖をおこなう細菌のような生物は、興味深い行動も社会的行動もほとんどしない。それは単に彼らが物理的に単純であるせいかもしれない（あるいは、私たちがまだ彼らの秘められた社会生活を解明できていないのかもしれない。細菌どうしの協力については第7章で詳述する）が、理由はほかにもある。無性生殖による子は親と同一の遺伝子をもつクローンだ。こうしたクローンからなる社会は、全員がほかの全員と同じだけ血縁関係があるため、血縁選択のはたらきによって複雑な行動が有利になる機会がないのだ。

有性生殖がおこなわれるときには、血縁度の対立が生じる。私は姪たちよりも自分の子どもたちとの血縁度が高いため、（きょうだいには申し訳ないが）姪ではなく自分の子をサポートする傾向がある。もちろん人間の社会や関係はもっと複雑だが、こうした非対称性は、家族単位、より大きな社会構造、そしてほとんどの動物に見られるありとあらゆる複雑な行動に直結している。父が自身のクローンとして私ときょうだいを作り、私ときょうだいがそれぞれのクローンとして子を作ったら、私と姪との血縁度は私と子との血縁度と同じになり、私と私自身との血縁度まで同じになる！　そのような社会では構造も差別もなく、誰もが喜んで他者を助けるだろう。利害の対立が複雑に絡み合うネットワークから、個々の役割が生まれ、いわゆる社会性が現れてくるのは皮肉なことだ。この特異な事実については第7章でお話しししたい。

そういうわけで、地球で見られるような途方もなく多様な生命が進化するには、おそらく性のようなものが必要となる。だが性とは何だろう？　地球の特異な進化史から、特に私たちの生化学的性質から偶然決まったにすぎないDNAのような特定の概念に縛られないように、性の概念を一般化することはできるだろうか？

進化の観点から見ると、性の最も重要な特徴は、あなたの子があなた以外の人から受け継いだ形質をもっているということだ。これは性別が二種類しかないことも、親がふたりしかいないことも意味しない。多くの菌類には多数の（もしかすると数千種類の）性別があるが、誰と出会おうが必ず繁殖できるようにしたいなら、これは明らかに都合がいい。同性の相手と出会う可能性はほとんどないからだ。地球上では三人以上の親をもつことは一般的ではないが、近年マスコミによく取り上げられている「三人の生物学的な親をもつ子」の事例は、有性生殖による単純な遺伝という私たちの観念が、それほど必然ではないことを示している。実際、私たちは両親からそれぞれ受け継いだ二セットのDNAをもっているが、三人の親をもつ子の場合は、両親から組み合わせて受け継いだDNAと、別の母親から受け継いだDNAをもつ。だから、三人以上の親から三セット以上の遺伝情報を受け継ぐ地球外生命体を想像するのは、それほど難しくない。地球上で見られる性は、個人間での遺伝形質のシャッフルという、ごく一般的な機能の一形態にすぎないように思える。進化を加速させ、寄生者を排除し、生態学的な災害を免れるようにするとみられるこの機能は、地球と異なる世界では異なる方法ではたらく可能性がある。けれども地球外惑星で性や性に似たものが生じるなら、進化の過程は、地球でも地球外惑星でもきわめて似たものになるに違いない。

■

本章では、私たちの大胆なアプローチについて説明してきた。これでようやく、地球外生命体がどのようなものかを語ることができる。なぜなら、進化の法則はどの惑星でも似ているからだ。それに加え、地球上では類縁関係が非常に遠い生物どうしの間にさえ、収斂進化が至るところで見られることから、彼らがほかの惑星に棲んでいたとしても、機能の収斂が起こるだろうと結論づけられる。

収斂の原理はきわめて強力かつシンプルなので、「同じような課題が生じたからといって、同じような解決策に至るわけではない」と主張するのは困難だ。私たちが暮らす宇宙ではあらゆることが可能なわけではないのだから、類似の解決策は何度も現れることだろう。[*1] 生命が棲む惑星の物理的・化学的性質が地球と大きく異なり、もっと暑かったり寒かったりすれば、地球上の生命に似た「形態」を期待することはできない。羽毛は地球の空気のなかを飛ぶためのものであり、木星のアンモニアの雲のなかを飛ぶためのものではないからだ。しかし、地球上で見られるのと同じ「機能」（すなわち飛翔）を木星で見つけたとしても驚きはしない。

もちろんこの収斂が、地球上のあらゆる生命が生化学的に類似していることによる副次効果にすぎないのではないか、という懸念はつきまとう。私たちは細菌とさえＤＮＡにもとづく遺伝暗号《コード》を共有しているのだ。しかし、収斂の原因がＤＮＡの性質そのものにあると考えるのはいきすぎだ。進化のなかではたらく基本的な力は、どの分子がどの分子とどのように相互作用するかといった細部とは無関係である。私はここまで生化学的現象にはほとんど触れてこなかったし、そのことに驚かれた読者もいるかもしれない。宇宙生物学に関する書籍の多くが、生命を構成しうるさまざまな分子のことや、こうした分子がどのようにして出現するに至ったかについて扱っているからだ。生命はＤＮＡを基礎にしなければならないのだろうか？　炭素の化学反応にもとづいていなければならないのだろうか？　生命には液体の水がなくてはならないのだろうか？

これらは簡単に答えることができない魅力的な問題であるし、最先端の研究を詳しく紹介する書籍もたくさんある。[*2] しかし、生命がどのように存在するに至ったのかという重大な問題から少し距離を置いてみると、生命がどのように発展していくのかについては、進化が教えてくれることがわかる。驚くべきことに、代謝が液体の水を溶媒にしていようが、液体メタンを溶媒にしていようが、これらの疑問に対する答えは非常によく似ているのだ。

地球上の多様な動物、とりわけ彼らの多様な機能を少しだけ違った目で見てみれば、そこに多種多様な地球外生命体の姿を想像するのは難しいことではない。アニング兄妹がイクチオサウルスの化石を発見したとき、この生物の生きている姿を見たことがある人間などいなかったにもかかわらず、彼らの生活様式や行動について多くのことを推測することができた。イクチオサウルスはほぼあらゆる点で「異質《エイリアン》」な動物だった。それでもイクチオサウルスは、そしてほかの惑星にいるそれに相当する動物も、自然選択の容赦のない、たいてい予測可能なはたらきによって、その特徴的な形質を獲得したのだ。地球上の動物たちの外見の奥に隠された彼らの生き方や相互作用のしかたに注目してみれば、宇宙のあちらこちらで生息する彼らに相当する動物たちとたいして変わらないはずだ。以降の章では、こうした動物たちを具体的に予想するにはどうすればよいか、考えていこう。

＊1 サイモン・コンウェイ＝モリス著『進化の運命』を参照。

＊2 チャールズ・S・コッケル著『宇宙生物学　宇宙の生命を理解する（Astrobiology: Understanding Life in the Universe）』などの専門書もあるが、ルーカス・ジョン・ミックス著『宇宙の生命　みんなの宇宙生物学（Life in Space: Astrobiology for Everyone）』などの一般向けの本も充実している。

第 3 章

動物とは何か、
地球外生命体とは何か

私は浴槽内のクモたちに語りかける。頼むから安全なところに逃げてくれ。でも彼らは私の懇願など聞いてくれない。つるつるした断崖絶壁に囲まれたのっぺらぼうの白い谷間でにっちもさっちもいかなくなっているというのに、そんな彼らを私が助け出そうとしているのは明らかなのに、私が味方だとはまったくわかっていない。紙を近づけてやっても上に乗り移ろうとはしないし、たとえ上に乗っても、紙を持ち上げて外に出そうとするとすぐに飛び降りてしまう。君たちを助けたいんだ、と私は説得を続ける。なぜだろう？　浴槽内のクモを傷つけずに脱出させるには、浴槽の縁にタオルをたらしておいて、クモが自力で這《は》い出せるようにするのがいちばんだということは本で読んで知っている。けれども私がこれをやることはめったにない。タオルのなかに隠れてしまうと困るからではない。そんなやり方はよそよそしい感じがするからだ。私は彼らと話したい。善意を説明したいのだ。

私の行動は奇妙だが、きっとみなさんにも身に覚えがあるだろう。たとえ動物たちに理解されなくても、私たちは彼らに話しかけたいという強い衝動をもっている。私たちにとって、「動物」というのは特別な存在なのだ。ところで私たちは、動物とは何だと思っているのだろうか？　どうやら私たちは人間との間にも、あらゆる動物との間にも、絆があると認識しているらしい。しかし、動物を動物たらしめているものを、どうやって知ればよいのだろう？　クモには語りかけようとするのに、キノコにはそうしないのはなぜなのだろうか？　確かに私たちは、自分とは根本的に異なる動物にさえ語りかけようとし、ある程度は理解されているとみなしているようだ。ミミズだって、（会話は一方的だが）じゅうぶんに話し相手になる。私たちは地球外生命体に対しても同じように感じるのだろうか？　実際のところ、彼らは私たちが「動物」として認識するような存在なのだろうか？

私たちは本能的に、すべての動物と何かを共有していると思っている。それが何かはよくわからないし、外見のような単純なものではないことは確かだけれども、あなたも私も、クモもミミズも、みんな「動物」と呼ばれる同じグループの一員だとわかっている。私たちは――科学者も一般市民も――動物とは何かについて、同じ意見をもつことはできるのだろうか？　仮に地球上の動物について意見の一致をみたとして、その定義はほかの世界に棲む動物にも当てはまるのだろうか？　人間は遅かれ早かれ、動物の定義について折り合いをつけなければならない。私たちはどんな動物との間にもアイデンティティの結びつきを感じており、そのことが動物に対する私たちの倫理的・社会的態度に影響を及ぼしている。「動物とは何か」がいまだに定まっていないことに驚いたという方は、ケンタッキー州議会が現在も「動物」を「人間以外のあらゆる温血動物」と定義していることについて考えてみてほしい。* つまりケンタッキー州では、爬虫類《はちゅうるい》や魚は動物ではないのだ！　そのため哺乳類とは異なり、爬虫類や魚は虐待から法的に守られていない。

「動物」を定義するのは、形態や機能なのか？

何が動物で何が動物でないかを定義するという問題は、大昔から存在する。アリストテレスもカイメンの分類に頭を悩ませた（たまたまだが、彼は正しく動物だと判断した）。時の流れとともに、私たちは生

＊ケンタッキー州修正法［KRS446.010 (2)］を参照。

物の分類法を洗練させ、顕微鏡、化学分析、DNA塩基配列決定といった技術の向上とともに、ある種の「真の」分類に近づきつつあると信じている。しかし、地球の自然科学者にとっては見事に機能するこうした原理も、いつの日かほかの惑星の生命体に適用せざるを得なくなったら、必要な成果は得られないかもしれない。

これまでに科学者たちは、ふたつの方法で生物の分類を試みてきた。古代ギリシャのアリストテレスから始まり、ルネサンスや啓蒙時代の勤勉できちょうめんな自然観察者に引き継がれていったのは、生物を形態や機能で、つまりどんな外見で、どのように暮らし、どのような部分からできているかなどによって分類しようとする方法だ。しばしば学校でも教えられるこの単純明快なアプローチに説得力があるのは、私たちは「ビールの栓を開けるものなら、栓抜きである」というふうに、この世界の大半の無生物を分類する際に、同様の構造的・機能的アプローチを用いるからだ。幼い子どもは「あれはワンワンで、これはあれと同じワンワンじゃないけれど、やっぱりワンワンだ」というように、ものどうしの類似性を認識することで、ものを一般化できるようになる。科学者たちは昔から、このようにして生物を厳密に分類する明確なルールを考え出そうとしてきた。「それがイヌであれば、ネコではない」というふうに。

これは明らかに宇宙生物学者にとって地雷原となりうる。地球外生命体は地球の動物とは大きく異なっているかもしれないが、類似点も多くあるかもしれないからだ。幼子が地球外生命体を指差して「ワンワンだ！」といったからといって、イヌの定義を広げてほかの惑星のイヌに似た生物まで含める必要はない。分類を確たるものにするには、形態だけでは不十分だ。私たちが目にする多種多様な生物についてあらゆる角度から考察し、個体どうしの関係だけでなく、グループどうしの関係も考慮に入れるようにしなければならない。

スウェーデンの生物学者カール・リンネは、動植物の類似点や相違点を徹底的に研究し、階層にもとづく洗練された分類体系を提案するに至った。あらゆる生物を形態の類似性にもとづいてグループ分けし、階層的に分類したのだ――たとえばイヌであれば、クマやトラやアライグマと同じく食肉目に含まれ、食肉目であるなら哺乳類に含まれ、哺乳類ならば動物に含まれる、といった具合に。このリンネの階層分類体系は非常に説得力があるため、基本的な構造は今日でも用いられている。それにもかかわらず、生命を構造的・機能的に分類するこのアプローチは興味深いジレンマを引き起こす。たとえば、科学者たちは二〇〇〇年近くの間、アリストテレスに倣《なら》い、動物のことを、運動、感覚、消化、生殖、生理機能（すなわち、動物を「機能させる」何らかの内部機構）という五つの主要な特徴をもつものと定義してきた。しかしカキのように、明らかに動物だと思われるのに、これらの特徴のひとつ以上を欠いているように見える生物が多くいたのだ。特に海洋動物の生殖を観察するのは容易でないことが多く、貝が交尾や出産する姿を目にすることがなかった人々は、貝は本当に動物なのだろうかと疑っていた。

これは地球外生命体の研究に対する警告だ。たとえば生殖が、地球の哺乳類や鳥類でおなじみの形、すなわち、雄が雌の体内に精子を送り込み、雌が発育中の子を（少なくとも一時期は）体内に宿すはずだと決めつけてはならない。受精が両親の体外でおこなわれる可能性もあることを考えないと、私たちはそれを生殖とは認識しないかもしれない。

どの特徴が最も重要なのかわからない場合や、特に、どの特徴を重視するかで矛盾した結論になってしまう場合は、共通の特徴の有無によって種を比較することも一筋縄ではいかない。鳥は飛ぶし、コウモリも飛ぶ。ではコウモリは鳥類なのだろうか？　第2章で述べたように、私たちはそうは考えていない。コウモリは羽毛ではなく体毛があるので鳥には見えないし、卵ではなく親とほぼ同じ形の子を産むからだ。ここでの問題は、単に動物を私たちが納得できるやり方でうまく分類できるルールが見つからない、ということにとどまらない、もっと根本的なものだ。コウモリが本当に鳥ではないと、なぜ確信できるのだろうか？　分類を決定するうえでより重要なのは、翼があることと体毛があることのどちらなのだろうか？

イルカとクジラの分類をめぐっても、同様のさらに激しい論争が数百年にわたって繰り広げられた。私たち現代人が「クジラは魚である」というアリストテレスの主張を笑うのは簡単だ。クジラは、ほかの哺乳類と同じように空気を呼吸し、親とほぼ同じ形の子を産むのだから。とはいえ、アリストテレスの観察も厳密で体系的だったのだ。彼は、肺と噴気孔を用いた空気呼吸の習性、温血、乳腺から乳を分泌して子に栄養を与える方法など、イルカとクジラに関するあらゆる事実を丹念に記録していた。イルカがヒトやウマに非常に似ていることにも気づいていたが、私たちと違って進化の視点がなかったために、脚のないイルカとクジラをほかの哺乳類と一緒にすることに強い抵抗を感じたのだ。[*1] そういうわけで「魚類」に分類するほうが、より自然だと考えたのである。博物学者たちもこの判断に同意し、それはリンネが哺乳類と魚類の類似点と相違点を包括的に再評価し、一七五八年にイルカとクジラは哺乳類だと決定する直前まで続いた。構造的・機能的な分類は説得力はあるものの、厳密な境界線は小さな差異の相対的な重要性によって左右されてしまう。クジラが空気呼吸すること（哺乳類に当てはまる特徴）

と、海中に棲んでいること（魚類に当てはまる特徴）では、どちらが重要なのだろうか？　それから一〇〇年が経過しても論争はまだ続いていた。ハーマン・メルヴィルは一八五一年の小説『白鯨』（八木敏雄訳、岩波書店）のなかでこのように書いている。

ある方面においては、クジラは魚なのか否かという問題はいまだに解決していない……議論はさておき、私自身としては、聖なるヨナの後ろ盾もいただいて、クジラは魚であるという古きよき根拠に則ることとしたい。この根本的な問題にけりがつけば、次に問題となるのは、クジラは内的に見てほかの魚とどのように違うのか、ということである。リンネは上記の諸点を挙げているが、要するに、クジラは肺をもち、温血であるのに対し、ほかのあらゆる魚は肺がなく、冷血であるということだ。

聖書には「大きな魚」としか書かれていないのだが、多くの現代人と同様、メルヴィルも、ヨナを飲み込んだのはクジラだと勘違いしていた。[*2] 今から二五〇〇年前に『ヨナ書』が書かれたときには、人々はクジラと魚の違いなど知る由もなかっただろうし、そもそも違いなど気にしていなかっただろう。実際、クジラは大きな魚に見えるではないか！　しかし、メルヴィルがいっているのは、クジラは肺をも

＊1 スザンナ・ギブソン著『動物、植物、鉱物？　18世紀の科学はいかにして自然の秩序を混乱させたか（Animal, Vegetable, Mineral? How Eighteen-Century Science Disrupted the Natural Order）』を参照。
＊2『旧約聖書』ヨナ書二章一節「主は大きな魚を用意して、ヨナを飲み込ませられた。ヨナは三日三晩魚の腹のなかにいた」

つ温血の魚にすぎないと考えることもできるということなのだ。ここに論理的矛盾はない。外見にもとづく分類を受け入れるなら、クジラは魚だと考えたってよいはずだ。すべては、どの特徴がほかの特徴より重要だと考えるかによって決まる。この場合は、生理的特徴と行動的特徴のどちらを重要だと考えるか、である。

このように、動物をその形態——外見や構造——によって整理しようとしても、その境界線はどうやら期待したほど明確にはならない。私たちが思いつくどんなルールにも、あまりにも多くの例外がある。「鳥は飛ぶ」——ただし、ダチョウ、ペンギン、エミュー、フクロウオウムなどを除く、とか、「哺乳類は卵を産まない」——ただし、カモノハシとハリモグラを除く、といった具合に。外見にもとづくルールに例外が多いのは、進化の進み方を考えれば当然だ。鳥は飛ぶが、一部の鳥は泳いだり走ったりするほうが便利だったので、飛ばない方向に進化した。多くの哺乳類は卵を産まないが、哺乳類はもともと卵を産む動物から進化してきたので、子孫のなかには今でも卵を産むものがいる。鳥類を「鳥類」たらしめ、哺乳類を「哺乳類」たらしめているのは、その進化的遺産である。鳥類は鳥類の祖先に、哺乳類は哺乳類の祖先に由来しているのだ。しかし、これだけ大きな洞察の飛躍ができる人物が現れるには、一八〇〇年代まで待たなければならなかった。

新しい定義——系統

今から一五〇年前、生物の分類法のみならずその理論的根拠までもが、ほぼ一夜にしてひっくり返った。すべての現生生物は過去の生物の子孫であるとダーウィンが宣言し、生物の分類（生物分類学）で新たな点が強調されるようになったのだ。つまり、外見や形態や機能ではなく、進化的遺産、要するに、系統にもとづくべきだということだ。クジラの分類を例にとれば、「クジラは魚のようにふるまうか」ではなく、「クジラは魚と近縁か」と問わなければならないのである。私たち現代人にとっては当たり前のアプローチだが、アリストテレスが生きていたなら、クジラはカエルと、それどころかキノコとも（どれほど遠縁だとしても）関係があるかもしれないなどという原理自体がばかげたものに思えたことだろう。しかし、この新たな分類法のなんとエレガントなことか。動物界、植物界、原生生物界といった生物を分類する「界」という言葉は、古い定義はそのままに、新たな意味をもつようになった。今では別々の系統樹の根元を示す言葉となったのだ。人の血統を表す家系図で考えるとわかりやすい。シェイクスピアの『ロミオとジュリエット』のように、あなたがモンタギュー家の人間なら、モンタギュー家の親戚一同とともにモンタギュー家の家系図を構成している。キャピュレット家はこれとは別の家系図を構成している。こうしたすべての家系図がつながって、より大きな「生命の樹」を構成しているのだ。モンタギュー家とキャピュレット家がどんなにいがみ合っていても、どこかの時点で共通の祖先をもつことは認めなければならない。

この原理を拡張すると、私たちは地球上のすべての生物とたったひとつの共通の祖先をもっていることになり、生物のどのグループの間にも厳然たる区別はもはや存在しないことになる。どのくらい時間を遡《さかのぼ》れば、ほかの生物との共通祖先に到達するのかさえも計算できる。図8の系統樹は、ヒトと同じみの生物との共通祖先がどのくらい昔に生きていたかを、ざっくりと示したものだ。たとえば、ヒトとオ

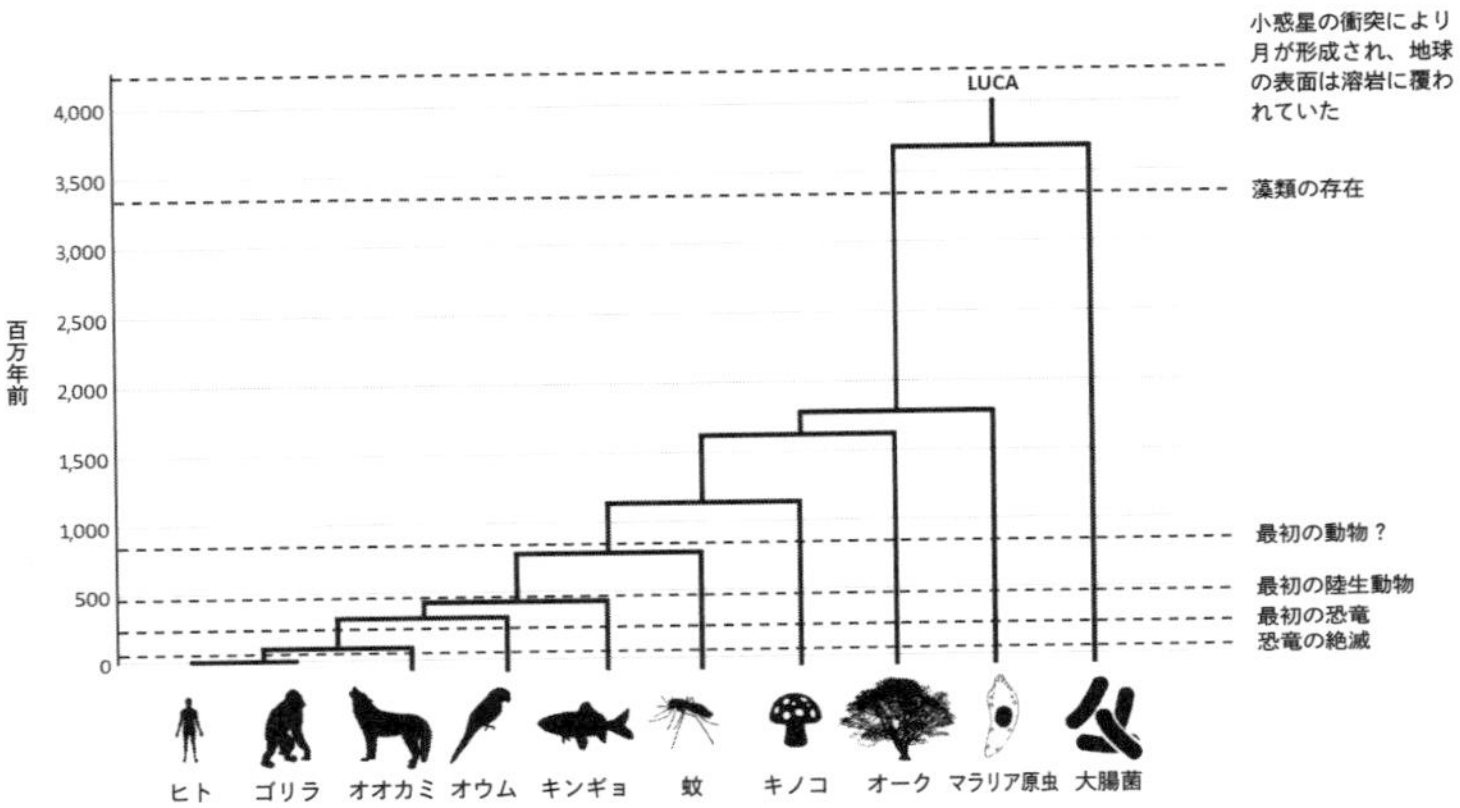

図８　おなじみの生物とヒトの共通祖先がどのくらい前に生きていたのかを示す系統樹。最上部の40億年前には、すべての生命の祖先であるLUCAがいる。枝分かれしている箇所は、各グループの生物が独自の進化の道を歩み始めた時期を示す。これらの数字はウェブサイト（http://www.timetree.org/）から引用したものだが、新たな研究が出るたびに更新されている。一部の数字の不確実性は非常に大きく、初期の枝ほど不確実性が大きいことに注意してほしい（たとえば大腸菌が枝分かれした時期の推定には±25億年の幅がある）。

オカミの共通祖先である毛皮をもつ小さな哺乳類は、ティラノサウルスと同じ時代に生きていた。この動物についてはほとんど解明されていないが、一部がオオカミなどの食肉目へと進化し、一部はヒトなどの霊長類へと進化した。私たちとキンギョの共通祖先を見つけるには、もっと昔、恐竜時代のはるか前の時代まで遡らなければならない。さらにもっと古いところでは、ヒトと植物や菌類（キノコなど）の共通祖先は、これまでに見つかった最古の化石よりも前の時代に生きており、その歴史は悠久の時の流れにかき消されている。昆虫でさえ、最初の動物がみずからのニッチを見つけて、ありとあらゆる形態へと多様化していったように、私たちと同じ祖先から枝分かれしていった。

　系統樹については、多種多様な現生生物

の遺伝的特徴の類似点と相違点を徹底的に調べれば推定できるが、年代についてはまだかなりの不確実性が残っている。私たちの祖先に、いつ、何が起きたかを厳密に解明するには、さらなる科学研究が必要となるだろう。私たちが大腸菌のような細菌と共有している系統は生命の夜明けの時期、つまり地球が徐々に冷え、最初の複雑な化学物質が形成されるようになって間もないころにまで遡ることができる。そしてこの系統樹の根元にいるとされるのがLUCA《ルカ》、すなわち「全生物の最終共通祖先（Last Universal Common Ancestor）」である（スザンヌ・ベガの一九八七年のヒット曲『ルカ』とは関係ないが、「それが何だったのかは聞かないで」という歌詞はぴったりだ）。

LUCAが単純な生物だったにせよ、もう少し複雑な（たとえば、ある種の遺伝的共同体のなかでDNAを共有する、多数の細菌が集まったような）生物だったにせよ、ここでの「universal（全生物の）」という言葉の使い方は間違いなく誤解を招くものだ〔訳注：universalには「宇宙の」という意味がある〕。地球上の生命の祖先は地球で生まれた可能性がきわめて高いので、銀河系のほかの場所にいる生命との共通祖先について何かを教えてくれるとは思えない。一部の科学者が主張するように、仮に生命が火星で誕生し、隕石よって初期の地球に運ばれてきたとしても、それはやはり太陽系内の生命であり、銀河系内の数十億個の惑星とは何の関係もない。

とはいえ、根元がどうなっているか正確にはわからないからといって、エレガントで妥当性のある生物分類法としての系統樹の魅力が損なわれることはない。系統樹の説得力は圧倒的で、ひとたび受け入れられてからこれまで一度も異議を唱えられたことがないのだ。しかし私たちは、これに挑まなければならない。ある惑星から別の惑星へ生体物質がとっぴに移動でもしないかぎり、ほかの惑星の生命が私たち地球上の生物と共通祖先をもつことはないと確信できるからだ。形態や機能ではなく、系統にのみもとづいた分類では、すべての地球外生命体は、私たちとどれほど似ていようとも「動物」の範疇から除外されることになる。

それは重要なことなのだろうか？　おそらくそうだ。地球上の動物によく似た地球外生命体は、数え切れないほどのSF作品で描かれている。たとえば『デューン　砂の惑星』の巨大なサンドワーム、『メン・イン・ブラック』の農夫エドガーになりすましたバグ、『スター・ウォーズ』のほとんどすべてのエイリアン、特にチューバッカとイウォークなどだ。どんなにリアルであろうとなかろうと、動物に似た地球外生命体に対する私たちの感情的な反応は、共通祖先がいようがいまいが、おそらく地球上の動物に対する反応と似たものになる。私たちは地球外生命体を動物として扱うべきか、という倫理的・感情的な問題に比べれば、地球外生命体を動物として分類すべきか、というテクニカルな問題など些末《さまつ》なものだ。彼らの分類を検討する際には、宇宙生物学の目的を考えれば、生物の進化的遺産と特徴の両方を考慮するほうがより論理的かつ有用かもしれない。

系統がすべてなのか？

私たちはすでに、ヒトと地球上のほかの動物との関係を判断する基準が類縁関係の遠近だけではないことを認識している。この一〇年ほどの間に、ヒト以外の動物に「人権」を付与しようとする訴訟が急増した。なかでも有名なのは、ニューヨーク州の裁判所が、ストーニーブルック大学で研究に利用されていた二頭のチンパンジー「ヘラクレス」と「レオ」について人身保護令状を出すよう求められた事例である。[*] 社会（と裁判所）はまだ動物に完全な人権を認める準備はできていないようだが（このテーマについては第11章で詳述する）、動物を動物として保護する法律（つまり、動物を虐待から守る法律）はますます強化されている。そんな今、私たちは新たなジレンマに直面している。それは、どの動物なら保護に値し、どの動物なら意のままに殺してよいかということだ。ストーニーブルック大学の裁判事例は、私たちが最も近縁の動物に対してどれだけ強い感情をもつかをよく示している。チンパンジーが苦しんでいるところを見せられたら、ほとんどの人が苦痛に感じるだろう。チンパンジーはヒトと近縁であるだけでなく（ほんの六〇〇万年前に共通祖先から分かれたばかりだ）、その行動、表情、そしておそらく感情もヒトによく似ているからだ。

しかし、見かけ上はヒトによく似た行動をすることで万人に愛されているイルカはどうだろう。二〇一三年にインド政府は、「さまざまな科学者」がイルカは「ヒトではないが人」であると考えるべきだと示唆しているとして、以後、娯楽目的でのイルカやクジラの飼育を禁止すると決定した。しかし、類縁関係でいえばイルカよりもヒトに近いネズミは、日常的に駆除されている。イルカはヒトとあれほど似た行動をとるにもかかわらず、ほぼ好意的に伝えられることがないチスイコウモリよりもヒトとは遠縁だ。じつはチスイコウモリは非常に社交的で利他的な動物で、食料にありつけなかった空腹の仲間に食料を分け与えてやるほどなのだ（第7章参照）。表面的な行動よりもっと深いところに目を向けると、

＊ https://www.nonhumanrights.org/blog/hercules-leo-project-chimps-sanctuary/ を参照。

イルカの脳は多くの点でヒトの脳よりもコウモリの脳に似ていることがわかる。イルカに知能があるならヒトに似た脳をもっているはずだと考える人にとっては意外かもしれないが、もちろんこれは、「私たちのような」地球外生命体が私たちのような脳をもっているかどうかを考える際に、重要な注意喚起となる。

イルカの脳とコウモリの脳が似ているのは、どちらの動物も独自の形式のソナー情報を処理するために、信じられないほど複雑な神経器官が必要だからだ。イルカもコウモリも、複雑な音を発し、その反響音を処理することによって、視力に頼らずとも周囲の世界を認識できる。このような感覚情報を処理する彼らの小脳は、そのぶん大きくなっていて、通常は知能と関連づけられている大脳皮質は、小脳に比べてはるかに小さい。このことは、物理的な類似性——特に脳の物理的な類似性——は、特定の生物と私たちとの類似性を示す適切な指標にはならないことを強く示唆している。

EUは二〇一〇年に、実験動物の使用を制限する一連の厳しい法律を制定した。このEU指令は、ヒト以外のすべての脊椎動物(哺乳類、鳥類、爬虫類、魚類、両生類)に適用される。昆虫やミミズのような無脊椎動物には適用されないが、それはこうした動物が、私たちが理解しているような「苦しみ」を感じるほど認知機能が発達していないと考えられているからだ。ただし、タコとその仲間の無脊椎動物については、知能や意識の存在が感じられるとして例外扱いになっている。タコが自分の水槽の蓋を外し、床の上を這って別の水槽のなかに入り、そこにいる魚を食べてから自分の水槽に戻り、蓋を元に戻したという報告はしばしば聞かれる。EU指令は、タコには痛みだけでなく退屈、嫌悪、恐怖などを感じる能力がありそうだということを根拠にしているが、私たちが勝手に自分の意識をタコに重ね合わせているようにも思える。ヒトとタコの最後の共通祖先が生きていたのは八億年も前であるにもかかわらず、私たちはタコとその仲間（頭足類と総称される）に強い共感と関心を抱いているのだ。私たちとタコの類縁関係は、ほかの動物に負けず劣らず遠いというのに！　動物を「私たちと同じような」生物として定義するとき、系統の近さが唯一の要素ではないことは明らかだ。では、系統樹に頼らずに動物を定義する方法はあるのだろうか？

生き生きとした動物

科学は私たちの周囲の世界を分類する必要があるため、動物についても、すべての動物に共通する単純明快な基準を示している。学校や大学で習うものだ。何よりもまず、動物は多種多様な細胞からできていて、ほとんどの動物では異なる細胞は異なる機能を担っている。たとえば皮膚細胞と血液細胞は、外見もふるまいも異なる。この定義だけで、動物を細菌やアメーバのような微生物から区別することができる。もちろん、植物も多種多様な細胞からできているが、動物とはひとつ決定的に違う点がある。光合成だ。植物は太陽光を利用して、水や二酸化炭素などの単純な分子を、生きるために必要な化学物質へと変換することができる。これに対して動物は、自力で栄養を作り出すことができず、食べ物を探しにいかなければならない。この「探しにいく」という点が、動物を真の意味で異なった存在にしている。菌類というきわめて多様な生物（菌類の種の数は植物のおよそ二倍にもなる）も自分で栄養を作ることができないが、動物が食べ物を摂取して体内で分解処理するのとは異なり、菌類は化学物質を外部に分泌してほかの生物を分解し、自分が必要とする栄養分にして吸収する。菌類が移動するのは、胞子として風に乗って飛んでゆくときだけだ。ひとたびどこかに落ち着けば、どんな場所であろうとも、そこにあるものを消費するほかない。

動物と地球上のほかのあらゆる生物とをこのように区別するのは、私たちの直観的な理解と一致しているので、うまいやり方である。つまり、動物は動くのだ。じつは「animal（動物）」という英単語は、生きているものや息があるものを意味する「*animus*」というラテン語に由来していて、動くものという意味はない（だから「re（再び）」と「animation（生気）」を合わせて「reanimation（蘇生）」という単語になった）のだが、私たちは何かが「animated（生き生きとしている）」と聞けば、それが動きまわったり、活動したり、状況をコントロールしたりしているのを思い浮かべる。動物を科学的に定義するなら、「自分で栄養を作ることはできないが、食べ物を摂取して体内で分解する多細胞生物」となるのかもしれないが、私たちはそういう諸々はすっ飛ばして、アリストテレスのように単純に「動くものが動物である」といいがちである。

現実の世界には多くの例外があり、動物のなかにも生殖の際にしか動かないものがいる。たとえばサンゴは、卵と精子の受精によって生まれた幼生が海を漂って新たな場所に定着し、そこで一生を過ごす。その意味では、動物であるサンゴの「動き」は、菌類の胞子や植物の種子が撒き散らされるのと似ている。だが例外を恐れてはならない。生物の分類は決して単純明快にはならないからだ。生物にはほぼ無限のグラデーションがあり、どちらか一方にすっきり分類できるほうが例外的である。それよりも、私はもっと難しい問題に焦点を当てたい。それは、私たちの考える動物の定義が、本当に明確なひとつのカテゴリーを表していると確信をもっていえるのか、ということだ。それは地球上で四〇億年にわたり繰り広げられてきた特殊で具体的な歴史をたまたま反映したものにすぎない、ということはないだろうか？　要するに、ほかの惑星の動物も動くのだろうか？

動物は動き、植物は動かない。そんなに単純でよいのだろうか？　地球には当てはまるかもしれないが、宇宙全体には当てはまらない、無邪気でたわいもない定義のような気がしてくる。ひょっとすると、私は「動物」という言葉をあまりにも大雑把に使っているのかもしれないし、私がいいたいのは、浴槽のなかのクモのように、「感情移入できるもの」ということなのかもしれない。そうした地球外の動物は、映画『ガーディアンズ・オブ・ギャラクシー』に登場するグルートのように、体から葉が生えていて光合成をする可能性だってある。けれども私は、動く能力というのは、これから説明するさまざまな発達――協力、社会性、そして何より知能――の基礎となっていると信じている。

動くか動かないかという区別は、意外に根本的なものだと考えてよいじゅうぶんな理由がある。この問題を論じるにはまず、今から五億年から一〇億年前の、動物が最初に出現した時代、すなわち、私たちとタコや蚊との共通祖先が生きていた時代まで遡らなければならない。

エディアカラの庭

一九五〇年代まで、古生物学者たちはおおむね、複雑な生物は五億四〇〇〇万年前ごろの「カンブリア爆発」と呼ばれる時期に誕生したと考えていた。この時期より前の化石はほとんどないのに、それ以降には多様で複雑な形をした化石が爆発的に出現しているからだ。こうした動物の多くが、左右相称な体、付属器、目など、現生生物と共通する基本的な特徴をもっていた。軟体動物や甲殻類、蠕虫《ぜんちゅう》、さらには原始的な脊椎動物に至るまで、現在生きている動物の基本的なカテゴリーのほとんどすべてが、五億四〇〇〇万年前から四億九〇〇〇万年前までの化石で確認できる。では、カンブリア爆発の前にはどのような生物がいたのだろうか？

カンブリア紀以前の繊細な生物が保存された化石（なかには顕微鏡で見ないとわからないものもある）が発見されたことで、私たちは動物の起源を理解するためのきわめて重要な窓を――まだそのガラスは曇っているとはいえ――手に入れた。六億三〇〇〇万年前から五億四〇〇〇万年前にかけてのこの時代は、これらの化石が最初に発見されたオーストラリアの丘陵地にちなみ、エディアカラ紀と呼ばれている。この時代の生物に関するいくつかの仮説は革命的だ。どうやらエディアカラ生物群には硬い殻のたぐいは一切なく（これが、化石がめったに見つからない理由のひとつ）、また彼らの構造は、カンブリア紀から今日に至るまでのほぼすべての生物とも大きく異なっているようだ。エイリアンのような異形の生物たちが、五億四〇〇〇万年前に、私たちが研究できるような子孫を残すことなく、どのようにして突然姿を消したのかは謎に包まれている。

ひとつの説明として考えられるのは、この古代世界には捕食者がほぼまったくいなかったというものだ。自然は「牙と爪を真っ赤に染める」と詠ったのは詩人のテニスンだが、エディアカラ紀の生物たちはそんな弱肉強食とは無縁の、競争のない、平和で静かな時代に生きていた。ひたすら太陽のエネルギーを集めて暮らしていたのだ。彼らは自分で光合成をしていたのかもしれないし、体内に棲む微細な藻類と共生関係にある今日のサンゴのように、動物ではないほかの生物の力を借りて太陽エネルギーを取り込んでいたのかもしれない。いずれにせよ、彼らの採餌戦略は狩ったり狩られたりではなく、すばらしく調和のとれたものであったらしい。捕食者のいない平和な世界を想像したアメリカの古生物学者マーク・マクメナミンは、この時代を「エディアカラの庭」と呼んだ。[*1]

ここに至るまでの生命の歴史をたどってみよう。[*2] どういうわけか、どこかの時点で、生命は始まった。その出来事が何だったのか、どのように発生したのか、あるいは、ひとつの場所で発生して広がっていったのか、それとも多くの場所で同時に発生したのかさえわからない。しかし最も可能性が高いのは、現在のRNAに似た複製能力をもつ小さな分子が、地表を覆う温かな海のなかで広がり始めたことだ。間もなく、遺伝物質は脂質の泡に包まれるようになり、そのため環境の変化から身を守れるようになった。これが最初の細胞と呼べるかもしれない。原始的な細胞には多くの種類があったのかもしれないし、一種類しかなかったのかもしれないが、ひとつの生命体（あるいは一種類の生命体）がほかの生命体との競争に打ち勝ち、のちに地球上に現れるすべての生物の唯一の祖先となった。それが私たちの最終共通祖先、LUCAである。

＊1　マーク・マクメナミン著『エディアカラの庭　最初の複雑な生命の発見（The Garden of Ediacara: Discovering the First Complex Life）』を参照。

＊2　リチャード・フォーティ著『生命40億年全史』（渡辺政隆訳、草思社）は地球の生命史を多様な観点からわかりやすく解説しているが、生命の起源を明確には扱っていない。これに比べると、ジョン・メイナード＝スミスとエオルシュ・サトマーリの共著『生命進化8つの謎』（長野敬訳、朝日新聞社）ははるかに詳しく専門的だ。

ＬＵＣＡの子孫たちは、拡散し、多様化していくなかで、どれも似たような問題に直面した。いちばんの問題はどこからエネルギーを手に入れるかだ。エネルギーが手に入らなければ、生命は衰え、生き物ではいられなくなる。この時代に彼らのエネルギー源となるのは、海底火山活動による地熱か、太陽光のふたつしかなかった。海底火山は特定の場所にしか存在しないが、太陽光は地球上のあらゆる場所に降り注ぐ。そこで生物たちは、太陽光を捉え、そのエネルギーを利用して生きていくための化学物質や器官を進化させた。ビーチに自分ひとりしかいなければ、場所とりなどしなくても、思う存分日光浴をしてリラックスした休日を過ごすことができる。しかし、競争がないことは進化にとっては好ましいことではない。競争のない環境では、革新的な進化を成し遂《と》げたところで利益はないし、解決しなければならない真の問題も存在しないからだ。生物のなかにはほかの生物よりもうまくやり、より多くの子孫をもつものもいたが、基本的に誰もが気楽な暮らしをし、ごく単純な形をしていた。生命はおよそ三八億年前に誕生したが、最初の三二億年間は太陽光以外のものを摂取する生物はいなかった。進化は遅かったが、それなりに起きており、エディアカラの庭には非常に多様な生物が暮らしていた。そしておそらく、それぞれがわずかに異なる方法で、平和で豊かな環境を享受していた。

エディアカラ紀の生物の化石が動物のものなのか、そうでないのかはわからない。主な理由は系統樹上の位置づけにある。遠い昔、すべての現生動物（と奇妙なことに菌類）の共通祖先がいた。この生物は、精子のように鞭毛《べんもう》をくねらせて泳ぐ単細胞生物で、オピストコンタ（後方鞭毛生物）と呼ばれている。すべての動物の祖先として基礎的な役割を担う生物にふさわしい、すてきな名前だ。誕生したのは今からおよそ一三億年前、エディアカラ紀よりもはるか前のことである。はたしてオピストコンタは、

図９　「エディアカラの庭」の生物たちの想像図。これらの生物のなかに動物がいるのかはわからない。いずれにせよ、身を守るための棘や殻、逃げるための脚がなかったことから、のんびりとした満ち足りた時代だったようだ。

エディアカラ生物群の祖先でもあったのだろうか？　もしそうだとすれば、系統樹が定めるところにより、エディアカラ生物群は動物ということになる。オピストコンタがエディアカラ生物群とは別の枝にいた場合には、系統樹の枝をさらに遡ったところにいる生物が、動物とエディアカラ生物群の共通祖先ということになる。

系統樹がどうであれ、エディアカラ紀の生物たちはその特性からして、おそらくあまり動物らしくはなかった。動くことはできたようだが、切羽詰まって動きまわることはなかったらしく、のんびりと日光浴を楽しんでいた。エディアカラの庭以降の化石には、砂に穴を掘って隠れたり、海底をちょこまか走りまわったりしていた痕跡が多数残っているが、エディアカラ紀の化石にはそうした必死の活動の痕跡がまったくない。理由は寒かったからだ。私たちは動物なら当然動くものと思っているが、あまりにも寒くて、これらの動物の祖先は動けなかったのである。

地球外惑星でも、初期の生命がこの一連の出来事と同じような過程をたどるとは断言できない。とはいえ、ここまでの話には、特に地球にしか当てはまらないと思われるものもない。太陽（ほかの惑星の場合は主星）の光は、生命維持のためのエネルギー源のなかで最も手に入りやすく、最も強力なものである可能性が高い。ならば、そのエネルギーを利用するさまざまな方法が進化することだろう。多くの惑星が、少なくとも最初のうちは、多種多様な生物が主星から降り注ぐ光だけを頼りに生きる段階を経るとみられる。

エデンの園を追われて

突然、世界が一変した。日光浴をする生物たちでついにビーチが埋め尽くされてしまったのかもしれない。もっと可能性が高いのは、気候変動による日照の激減だ。一部の生物は、太陽光や熱水ではなく、ほかの生物をエネルギー源とするようになった。聖書によると、アダムもイブも、そしてエデンの園に暮らすほかのすべての生き物も、そこから追われるまではベジタリアンとして安穏と暮らしていたというが、古代の地球もそうだったのだ。* ひとたび捕食が始まると、進化が急速に進み、適応しなかったものは、文字どおり、食い物にされた。身を守るための棘《とげ》や殻や、捕食するための歯、捕食する相手や自分を捕食しようとする相手を見分ける目など、防御と攻撃のためのありとあらゆる形質が現れた。エディアカラ紀の平和な庭は数千万年のうちに失われ、自然はまだ血で真っ赤に染まりはしなかったが、牙と爪がものをいう弱肉強食の世界となった。彼らは本物の動物で、生きるために走り、泳ぎ、穴を掘って身を隠した。それは、捕食者からの容赦ない攻撃に懸命に耐えながら、かたくなに同じ場所にとどまって日光を吸収し続けた植物とは対照的な生き方だった。

この生命の物語は、ある意味では地球特有のものだが、ある意味ではごく一般的な物語でもある。もちろん、地球のカンブリア爆発につながる一連の出来事が、ほかの惑星でも完全に同じ順序やタイミングで起こるとは考えにくい。それでもいくつかの特徴は同じだ。進化には圧力と競争と欠乏が必要である。今日のような複雑な生命体が、のどかな庭から進化してくる可能性は低い。エネルギーが必要なのは、少なくともエネルギーと空間のふたつを必要とすると思って間違いない。エネルギーが必要なのは、物理学の法則により、系はエネルギーが絶えず入ってこないと崩壊して無秩序になってしまう――生命とは逆のものになってしまう――からだ。空間が必要なのは、単純に、生命がひとつからふたつに増えればそのぶんだけ空間を多く占めるからであり、また、自然選択――複雑さを自律的に生み出す、私たちが知る唯一のメカニズム――の中核をなすのが繁殖だからだ。生命が存在するところでは、いずれエネルギーと空間をめぐる競争が起こる。だから、乏しい資源を求めて移動し、競争する動物が出現してくるのはほぼ必然なのである。

＊『旧約聖書』創世記一章二九節「神はいわれた。『見よ、全地に生える、種《たね》をつける草と、種《たね》をもつ実をつける木を、すべてあなたがたに与えよう。それがあなたがたの食べ物となる』」

普遍的な動物

地球上の動物たちが直面するのは普遍的な問題だ。食べること。食べられないようにすること。生きるための空間を見つけること。そして繁殖することだ。ほかの惑星の生物たちは、私たちとは違う解決策を見つけただろうか？　ひょっとすると、あまりにも多くの一般的な仮定を設け、宇宙の至るところで動物が進化するのは必然だと結論づけるのは間違いかもしれない。でも私はそうは思わない。私が学生時代に授業をとっていたケンブリッジ大学の古生物学者サイモン・コンウェイ＝モリス教授は、世界に先駆けて非常に古い時代の動物化石を詳細に記述した研究者のひとりだが、進化はしばしば同じ問題に対してよく似た答えを出してきたようにみえると主張している。*コウモリの翼と鳥の翼は、構造はまったく違うが、翼であることに変わりはない。私たち脊椎動物の目は昆虫の目とは大きく異なるが、昆虫と同じくらい遠い関係にある頭足類は、私たちの目と非常によく似た構造の目を独自に進化させてきた。

サイモン・コンウェイ＝モリスは、昆虫に似た知的な地球外生命体について思索をめぐらせている。彼らの目は複眼で解像度は非常に低いが、科学技術の進歩とともに天文学が発達し、やがて地球と同じ物理法則にもとづいて望遠鏡を作り出すようになる。そのとき彼らは、自分たちの目のような複眼よりも一枚のレンズを備えたカメラ眼のほうが詳細な像を結ぶことを、きっと理解するはずだ。優れた科学者である彼らは、ほかの惑星（たとえば地球）には、自分たちのような複眼ではなくカメラ眼をもつ動物がいるかもしれないと想像するだけの謙虚さをもっているだろう。異星の天文学者は私たちとは多くの点で違っているかもしれないが、私たちと同様に、物理法則が自分たちの能力を制約していて、この制約がほかの惑星にも当てはまることをおそらく理解している。複眼をもつ異星の科学者がレンズ眼をもつ地球人を想像できるなら、私たちも地球の動物とは大きく違う異星の動物について想像できないはずがない。

もしかすると、私たちが地球上で目にするさまざまな進化による解決策は、私たちが考える以上に、宇宙のあちこちで見られるのかもしれない。とはいえ、地球に縛られている私たちの経験から類推を広げすぎないように、真っ当な注意を払うとともに、地球外生命体なら同じ問題に対して突拍子もない解決策を編み出すはずだなどと鼻息を荒くしすぎないように気をつけなければならない。地球上でも同じだろうが、もし考えられる解決策のすべてが講じられていないとしたら、それはおそらく、実用的でない、効率が悪い、物理的に不可能、といった理由からだろう。たとえば、車輪構造を進化させた生物がいないことはよく知られている。コンウェイ＝モリスがいうように、「私たちは制約のある世界に住んでいて、すべてが可能だとはかぎらない」のである。

ひとたび競争（ひいては進化）が激化すると、資源を集めるための現実的な解決策は、おそらく場所を移動するしかないことを考えると、どんな惑星でも複雑な生命体がいれば、動く生き物は見つかりそうだ。とはいえ、地球外生命体が棲む惑星は、私たちには想像を絶する世界かもしれない。（木星の衛星タイタンのように）液体メタンの海が広がっていたり、（天王星や海王星で可能性が考えられているよう

* サイモン・コンウェイ＝モリス著『進化の運命』を参照。

に）空からダイヤモンドが降ってきたりするかもしれない。どのような環境であっても、このような世界で動いている生命体を、私たちは本当に動物だと認識するだろうか？　その可能性は非常に高い。惑星の間にどのような物理的差異があるにせよ、基本的なプロセスは同じだからだ。自然選択は、私たちと宇宙のすべての生命が共有する進化的遺産である。もちろん、動物たちの動き方や移動のしかたなど、具体的な問題に対する解決策は個々の惑星の条件によって決まる。

■

もしあらゆる惑星の生命が本当に進化の後押しによって、競争のために動きまわるようになるとしたら、それは「動物とは何か」という私たちの問いに対する有益な答えになるのだろうか？　部分的にはそうだ。生物は外見によって分類するべきか、それとも系統によって分類するべきか、というジレンマを単純明快に解決することはできない。自分たちにこの問いに答える能力があるかを考える際には、ある程度の謙虚さが必要だ。しかし、私が浴槽のなかのクモに話しかけたり、ほかの惑星上の動物と話してみたいと思ったりする理由を知りたければ、それは私たちが共通の祖先をもっているからではなく、私たちすべてを動物たらしめている共通の特性をもっているからだ、といっておこう。

私たちがいつの日か発見する地球外惑星には、まだ生物たちがのどかに日光浴をしている「エディアカラの庭」があるかもしれないが、そこにはすでに、動物たちが動きまわり、闘争を繰り広げるにぎやかな未来への基礎が築かれている。次章では、彼らの運動を支配する法則について見ていこう。

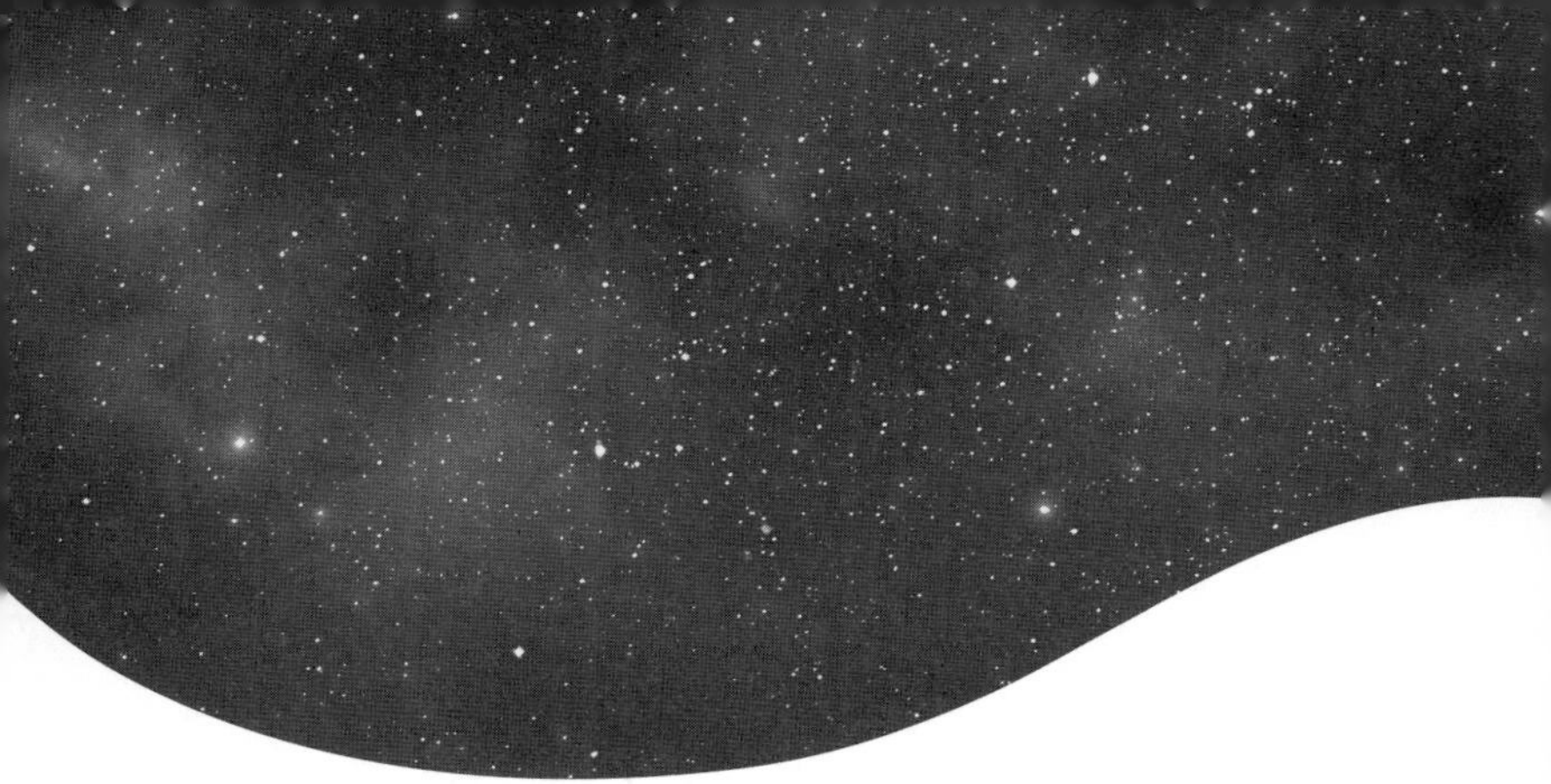

第4章

運動

——宇宙を走り、滑空する

私たちは早足で動きまわる生き物に対して本能的に恐怖心を抱く。ＳＦに登場するエイリアンが、多くの脚を動かしたり、奇妙な関節の動きで身をよじらせたりしながら犠牲者を追いかけるのはそのためだ。私たちは捕食者による追跡を恐れる。当然だ。生き残るためにはその場から動かなければならない。食う者も食われる者も動かなければならないのだ。しかし、ほかの惑星にいるかもしれない動物のさまざまな動きについて、運動の単なる本質以外に何が語れるのだろうか？　ほかの惑星の動物がどのように動く可能性があるのかを理解することは、表面的にはわりと簡単だ。運動は基本的には物理学の問題であり、物理法則は普遍的なものだからだ。力や加速度、トルク、摩擦などは、どの惑星系のどの惑星にも存在する。けれども、そう言い切ってしまうことには不安が残る。ひょっとすると、私たちが思いもよらない斬新な動き方があるかもしれない。特異な物理的性質をもつ惑星で暮らす動物たちは、私たちが考えつきもしない方法で動きまわっているのかもしれない。

だからこそ私たちは、運動に対する物理的な制約ではなく、進化的な制約について考えることから始めなければならない。動物の世界に運動があるのは、選択圧があるからだ。私たちが動くのは動けるからではない。動かなければならないからだ。物理的な制約はもちろん私たちの動き方や、ときには動けるかどうか、さらには動くべきかどうかにも影響を及ぼす。植物は（たいてい）動きまわらずに生きているが、動物は必要に迫られて動く。地球上の動物たちの運動のメカニズムは多岐にわたるため、動物が動く理由も同じくらい多様であるはずだと考えがちだが、じつはそうでもない。

動物はなぜ動くのか？

動物が動くのは、もちろん食べ物を探すためであり、誰かの食べ物にならないようにするためだ。しかしより一般的には、どこの世界であろうと有限な三つの資源――エネルギー、空間、時間――が運動の原動力となっている。

化石記録が残る地球最古の生物は動かなかった、と一般に考えられている。少なくとも三〇億年以上前に遡《さかのぼ》るこれらの古い化石は、今日の浅い海で形成されるストロマトライトと呼ばれる層状構造の岩石と非常によく似ているため、類似の生物によって作られたと考えられている。ストロマトライトを作るのはごく単純な細菌（シアノバクテリア）だ。砂や泥の表面に定着して太陽光からエネルギーを吸収し、「マット」状に成長するが、その表面に砂や泥が堆積すると太陽光を取り込めなくなるため、マットの上にさらに新しいマットを形成する。これを繰り返すうちにマットの層はしだいに厚くなって、水面から顔を出すほどの高さになるのだ。つまりこれらの細菌は、動物的な意味では「動き」はしないが、コロニー全体としては上に向かって成長している。今日の樹木が日光を求めて上に向かって成長するように、古代の細菌にとってもエネルギーを求めて成長することは絶対に必要なことだった。

地球外の天体には地球には存在しない、あるいは少なくとも一般的ではない、エネルギー源があるかもしれない。土星の衛星エンケラドゥスの地下に広がる海には太陽光は届かないが、コアに含まれる放射性元素の崩壊によるエネルギーや、潮汐摩擦――土星の引力がエンケラドゥスの海に引き起こす潮汐によって、海水と海底の間に生じる巨大な摩擦力――によるエネルギーが豊富にある。こうした天体に

図10と11　オーストラリアで成長する現代のストロマトライト（左）と、シアノバクテリアのマットの層が見えるストロマトライトの化石の断面（右）。

は生命が存在する可能性がじゅうぶんにあり、もしそうであるなら、彼らは私たちにはなじみのないこれらのエネルギー源を見つけて利用する必要があるだろう。

生命にはエネルギーが必要だ。もしエネルギーの分布が一様でないなら、生物はエネルギーを探しにいかなければならない。もちろん太陽光は地球上のほぼすべての場所に当たるため、光合成をおこなう生物は、エネルギーを得るために上に伸びる以外には動く必要はない。しかし、すべての生物がたったひとつのエネルギー源（太陽光）をめぐって争うときには、進化の過程で代替戦略が魅力的に映るようになる。細菌が太陽エネルギーを集めるのを待ってからその細菌をたっぷり食べれば、生物は太陽光をめぐる争いに加わらなくてよくなるのだ。まさにこのようなことが、地球最古の生物が痕跡を残した時代に起きたと思われる。ほかの生物を利用することは、生命が存在するどの惑星でも起こると考えてよい。

これらの細菌のマットを最初に食べたのが、どんな生物だったのかははっきりしていない。確かに太古の化石を見ると、細菌のマットの表面に、誰かがむしゃむしゃ食べながら移動していったような、曲がりくねった道のようなものができていることがある。それは長い間、古代の動物が生きている細菌のマットの上を食べながら這《は》った跡だと考えられてきた。もしかするとそうなのかもしれないが、その動物自体の化石はまったく発見されなかったため、科学者たちは、殻や骨がないために化石記録を残すことができない、エディアカラ紀の謎めいた軟体動物の一種だろうと考えていた。ひょっとすると、ナメクジのような現生動物の古い祖先でさえあるかもしれない。ところが最近、バハマ諸島周辺のカリブ海の砂地の海底で驚くほどよく似た痕跡が見つかった。この痕跡をたどったところ、なんと特大のブドウに似た、巨大な単細胞生物のアメーバが発見されたのだ。これが古代の細菌のマットをむさぼる生物に似ているかどうかは別として、動物でなくても動けること、運動能力はごく初期の単純な生物にまで遡れることは覚えておくとよい。

ここで簡単な数学の出番となる。生物はじっと動かない資源を食べ始めると、次には移動する能力を身につけなければならなくなる。もし草を食べるペースが草が成長するペースよりも速ければ、より多くの草を求めて移動していかなければ飢え死にしてしまうし、仮に草が成長するペースのほうが速くても、その生物が繁殖に成功して多くの子孫をもつようになるので、遅かれ早かれ必ず競争が起きて草が足りなくなる。そうなれば、誰かが新しい草を求めてそこを出ていかなければならない。エネルギーには限りがある。そのことが生物を駆り立て、新しいエネルギーの見つけ方を進化させる。残酷だがこれが単純な進化の法則だ。運動能力は必ず発生する。地球外生命体は動かなければならないのだ。

運動が不可避であることにまだ納得できない方は、宇宙のもうひとつの限られた資源である空間について考えてみてほしい。生物が繁殖すると新しい個体が生まれるが、彼らには体があり、一定の空間を占める。植物でさえ、子孫をほかの場所に分散させるという意味では「動く」。もし誰も動かなければ、新しい個体のための空間がなくなり、進化は止まるだろう。不変で不滅の個体が生き続けることがあるかもしれないが、新しい形質、新しい能力、新しい特徴が生じることはない。

だから生物は、どこに棲んでいようとも、空間とエネルギーを求めて移動しなければならない。しかし、地球で見られるような各種の運動戦略の原動力となるのはエネルギーであり、この点はほかの惑星でも同じはずだ。空間は逃げていかないが、エネルギーは逃げていくからである。すでに見たように、エディアカラ紀の動物たちはお互いにある程度の調和を保ちつつ暮らしており、捕食はあったものの、それは身を守るための殻や硬い棘《とげ》などを進化させるほどの脅威ではなかった。このような状況が延々と続いたのかどうかについては、科学者の間でもほとんど意見の一致をみていない。ひょっとすると、海水温や酸素濃度の変化など、生物がほかの生物に食らいつきたくなるような何らかの環境変化があったかもしれない。

泳ぎ、嚙みつき、刺し、隠れることのできる複雑な動物が進化するためには、非常に特殊な状況が必要だという可能性はある。[*1] けれども別の解釈もできる。複雑な動物の進化は必然であり、じゅうぶんな時間さえあれば——実際、非常に長い時間を要するだろうが——いずれ狩る者と狩られる者が現れるに違いない、というものだ。[*2] そう考えるのは、のどかなエディアカラの庭がまるで立たせたコインのように不安定にみえるからだ。確かにコインは永遠に立ったままでいられるのかもしれないが、実際にはほんのわずかな乱れがあっただけで倒れてしまい、そうなったらもう元には戻らない。進化論的に見れば、どちらの立場をとるかは明々白々だ。もし何者かがやってきて、捕えられ、食べられてしまうのなら、逃げる手段をもつことがきわめて重要となる。

進化のなかで、被食者が捕食者から必死に逃れようとする力と、捕食者が被食者を懸命に捕えようとする力は、しばしば軍拡競争に例えられる悪循環のなかで結びついている。アンテロープがチーターよりも足が速ければ、アンテロープは生き延びることができるが、チーターは餓死してしまう。だからチーターはさらに速く走るようになる。するとアンテロープは、さらに速くならなければならないというとてもつもない圧力にさらされる。この繰り返しはどこまでいくのだろう？　ほかの惑星には、超音速で追いつ追われつする捕食者と被食者がいるのだろうか？　ひょっとしたら両者がともにどんどん速くなって、ついには光速に達するのだろうか？　もちろんそんなことにはならない。

地球でも宇宙でも、自然選択の最も基本的な原則のひとつとして、コストと利益のトレードオフが常に存在する。トレードオフとは、何かを得れば何かを失うような関係のことだ。自然選択によってある分野の能力が向上すると、別の分野の能力が低下する。単純な例でいえば、有限のエネルギーを、より速く移動するために使うか、子をもつために使うかといった問題だ。チーターとアンテロープがすべてのエネルギーを速く走るために使っている世界を想像してみよう。このような世界では、走るのは少しばかり遅いが、より多くの子をもつ個体が有利になるかもしれない。やがて、ほかの制約の影響が必ず出てきて、極端な形質によって得られる利益は小さくなる。それでももしそのような極端な形質が見ら

＊1　ピーター・D・ウォード、ドナルド・ブラウンリー著『めったにない地球　なぜ宇宙では複雑な生命は珍しいのか（Rare Earth: Why Complex Life is Uncommon in the Universe）』を参照。
＊2　ディルク・シュルツェ＝マクッフ、ウィリアム・ベインズ著『宇宙動物園　多くの惑星の複雑な生命（The Cosmic Zoo: Complex Life on Many Worlds）』を参照。

れるとしたら、それはトレードオフのバランスが一方に大きく傾いているからだ。たとえば、驚異的な速度で走るためのエネルギーがきわめて安く手に入ったり、捕食者の脅威がとてつもなく大きかったりする場合だ。

ほかの天体で超音速のアンテロープが進化する可能性があるかという思考実験は、自然選択のもうひとつの重要な特徴を示している。それは、「進化の道筋のすべての段階で、具体的な利益が得られなければならない」というものだ。超音速の達成はきわだって厄介な課題である。なぜなら、どのような物質中を移動するにせよ（地球上ではふつうは空気か水だ）、音速に近づくと衝撃波が発生し、使ったエネルギーの多くが推力にならずに散逸してしまうからだ。だから超音速に達するよりも前に、その動きはきわめて非効率になってしまう。努力の大半がもっと速く移動することにではなく、衝撃波に使われてしまうのだ。もちろん人間のエンジニアはこのことを理解しており、音速付近で運動の効率が急激に下がる「音の壁」さえ突破できれば、超音速の実現に向けて努力する価値はじゅうぶんあることに気づいた。それを一九四七年にX―1ロケット飛行機でやってのけたのが、チャック・イェーガーである。しかし自然選択には「もし～さえすれば」も、先見の明もない。動物が音速に近い速度で移動することで利益を得られないのなら、それ以上の速度で移動するように進化することは絶対にないのだ。

地球上では、空気中の音速は秒速およそ三四〇メートルである。これはチーターの最高速度の一〇倍以上、地球上で最速の動物であるハヤブサが急降下するときの速度の三倍以上に相当する。しかし空気中での高速移動は、水中での移動に比べればまだ容易だ。バショウカジキの秒速三〇メートルという移動速度はチーターのそれに匹敵するが、水中の音速は秒速一五〇〇メートルにもなるため、地球の海洋生物にとって超音速までの道のりははるかに遠い。液体や気体の密度が高くなれば、それだけ抗力は大きくなり、超音速を実現できる可能性は低くなる。ほかの惑星でも、水以外の液体（たとえば液体メタン）のなかに生物が棲んでいるかもしれないが、超音速で移動する生物がいる可能性は低そうだ。動物が進化によって超音速を達成しうる唯一の道は、気体のなかをジェット推進で移動すること——私たちが知るかぎり超音速で移動する唯一の方法——かもしれないが、それでもなお彼らは進化の各段階で、つまり速度が上がるたびに、具体的な利益が得られなければならないという制約を受けることになる。その制約が満たされなければ、進化はないのだ。

移動する動物たち

ほかの惑星に生息する動物たちは、どのように移動する可能性があるのだろうか。その多様な方法を包括的に把握していると自信をもっていうためには、体系的な考察が必要だ。動物たちが具体的な課題を克服するためにどのように適応し、進化していくのかを理解するには、地球上の動物を例にとって考えてみるとよい。彼らの移動方法は、実現可能な移動方法の大半をじゅうぶんにカバーしているだろう。だからこれらのメカニズムがどのように進化してきたのか、どのような環境要因がそのメカニズムを採り入れた動物を有利にしているのか、なぜそうしたメカニズムが現在に至るまで進化してきたのかを考察することで、ほかの惑星では何が可能で、どのような条件だとどのタイプの運動が有利になるかがわかってくる。幸い、運動のメカニズムに関する制約は物理法則に縛られており、単純明快だ。もちろん、物理法則はすべての惑星で共通である。

アイザック・ニュートンは、物体を加速するには力を加える必要があることを明らかにした。すべての動物の運動の核心には、この単純な事実がある。力を加えなければ、動き出すことはできない。このことは、氷の張った池の上で必死に足を動かしているのに一向に前進できないアヒルを見れば、容易に納得できるだろう。しかし、同じアヒルが翼を広げて空中に飛び立つと、一見、何に対して力を加えているのか、少々わかりにくくなる。じつは固体の表面での運動と、空気や水のような希薄な媒質中での運動を対比させることが、移動方法を分類する際の手がかりとなる。

まずは、いくつかの定義と基本的な区別について見ていこう。空間は何かで満たされていることもいないこともあるが、ここでは何かで満たされた空間のなかを移動することだけを考え、真空中の移動については考えない。モグラやミミズのように土中を移動することについては、のちほど取り上げる。彼らは本当に「固体」のなかを移動しているのかという問題は、私たちが思うほど自明ではないからだ。

さて、空間を満たしている物質が固体ではないのなら、それは流体でなければならない。動物が移動するときには流体中を進むことが多いが、それは明らかに、固体中を移動するより簡単だからだ。「流体」とは文字どおり流れるもののことで、何かがそのなかを移動すると、周囲の流体が流れて、移動は格段に容易になる。流体という言葉は液体について使われることが多いが、液体だけでなく気体も流体だ。確かに気体は私たちのまわりを流れており、このことは私たちの目的にとって重要である。

液体と気体の主な違いはふたつある。第一に、液体は通常（常にではない）、気体に比べて粘度と密度が高いため、運動に対する抵抗が大きい。抵抗の大きさは、動物にとって不利にはたらくところもある

（移動速度を遅くする）が、有利にはたらくところもある（押す対象となる）。考えてみればわかる。水中で泳ぐのは簡単だが、空中で腕をばたつかせて飛ぶのがどれほど困難なことか！　第二に、気体はどんな形の容器に入っても、すみずみまで広がって内部を満たす傾向があるのに対し、液体は底に溜まりがちだ。多少の例外はあるが、この原理は重要である。なぜならこれは、ほとんどの場合、液体には表面があることを意味するからだ。海の表面とその上に広がる大気との界面（境界面）は、地球上で生命が進化するうえできわめて重要な役割を果たしたことがわかっている。

水のような流体中で生きる動物には、浮く（正の浮力の状態）か、沈む（負の浮力の状態）か、浮きも沈みもしない（中性浮力の状態）かの三つの可能性がある。体の密度が流体の密度よりも高ければ、一般的には沈むことになり、何もしなければ最終的には流体の底に到達する。その場合に課題となるのは、固体と流体の界面における移動であり、カニやヒトデなど海底で暮らすすべての生物がこれに取り組んでいる。イヌやネコなど私たちに身近な動物も、もちろん人間も、流体（大気）と固体（地面）の界面で同じ課題に取り組んでいる。

もちろんこれは、動物たちが惑星上で感じる主な力が重力であることを前提としている。この可能性が高いと考えるのには理由がある。ひとつには、基本的な力のうち、「ふつう」の距離で作用するものは重力だけだからだ。地球上では、私たちは重力によって地球の中心に向かって下向きに引っぱられ、地面に縛りつけられているが、強い磁場をもち、鉄を基礎にした生物がたくさん棲んでいる小さな（つまり重力が弱い）惑星では、生物たちはどの方向にも引っぱられる可能性がある。磁場のはたらきにより、彼らはある場所では上に引っぱられ、別の場所では横に引っぱられて、上下の絶対的な感覚はないかもしれない！　こうした生物を地表に縛りつけるのに必要な磁場の強さは、形成された複雑な分子を引き裂いてしまうほどの強さになるだろう。どんなに奇妙な可能性でも頭から否定するべきではないが、この点については、主要な力が重力である惑星だけを考えればじゅうぶんだ。

動物のなかには沈みたくなくても沈んでしまうものがいる。その好例が鳥類だ。鳥は空を飛んでいるときには大気という流体中を移動しているが、それは彼らにとって自然な状態ではない。沈まない状態を維持するための努力をやめれば、たちまち流体の底、つまり地面に落下してしまう。同じことは多くの海洋動物にも当てはまるが、彼らの体の密度は水の密度にかなり近いうえ、水は空気よりも粘度が大幅に高いので、沈まないための努力をやめたとしても、鳥ほど深刻なことにはならない。たとえばタコはふだんはたくさんの足を使って海底を歩いているが、必要となれば、ジェット推進により海底に触れることなく水中をすばやく移動することもできる。

重力に抗《あらが》うことができる生物種のほとんどが、たまにしかそうしないことに注目してほしい。重力に抗って流体中を移動することは、物理法則のなりゆきに任せて流体の底を移動するよりも多くのエネルギーを必要とするようだ。野原でのんびり何かをついばんでいるカラスたちを眺めていると、空に向かって飛び立つのが億劫そうにみえる。だがそういう動物ばかりではない。一部の動物（そのほとんどが微生物）は、体表にびっしりと生えた繊毛をオールのように動かすことで、容赦なく自分を引きずり下ろそうとする重力に生涯逆らい続ける。体が小さく、重力に抗うのにあまり多くのエネルギーを必要としない彼らにとって、海底のヘドロの上ではなく水中にとどまるメリットは明らかに大きい。小さくて重力の弱い惑星では、もっと大きな動物が、もっとたくさん水中を浮遊しているかもしれない。

体の密度が周囲の流体の密度よりも低い動物は、何もしなければ流体の表面に浮く。地球上ではそのような動物のほとんどが、アザラシのような空気呼吸をする海洋動物だ。密度の低い体には、海中に潜るよりも海面に浮上するほうがエネルギーを使わずにすむという利点がある。彼らにとって、世界は逆さまだ。泳ぐのをやめると、彼らは空中の鳥と同じように（上に向かって）「落ちて」いき、水面から飛び出してしまう。鳥が空中にとどまるために上へ上へと飛ぶ努力をするように、アザラシは海中にとどまるために下へ下へと潜る努力をしているのだ。

空気呼吸をしない海洋動物にとっては、海面に浮上することは、鳥が空から落下するのと同じくらい厄介なことだ。それにもかかわらず浮き上がる動物もいる。奇妙なことに、カグラザメは「正の浮力」をもっているらしく、浮力を利用して静かに上昇することによって、下から獲物に忍び寄るのではないかと考えられている。しかし、空気呼吸をしない動物のなかには浮くように適応し、海と大気の界面で暮らすことで利益を得ているものもいる。よく知られているのは、カツオノエボシというクラゲのような生き物だ。カツオノエボシは、気体が入った浮き袋（気胞体）を使って海面にとどまり、そこに集まる小魚やプランクトンを食べている。しかし、カツオノエボシは浮いているだけだ。ゾウと同じようにふたつの物質の界面に閉じ込められているが、ゾウと違って界面に沿って自力で移動することはできない。

魚などおなじみの海洋動物の多くは、周囲の流体と確実に同じ密度になるようにして、浮きも沈みもしない中性浮力を実現している。たいてい、周囲の流体よりも軽い油で満たされた特殊な組織を使ったり、気体が入った特殊な器官によってほかの部位の重さを相殺したりすることで、自身の密度をコント

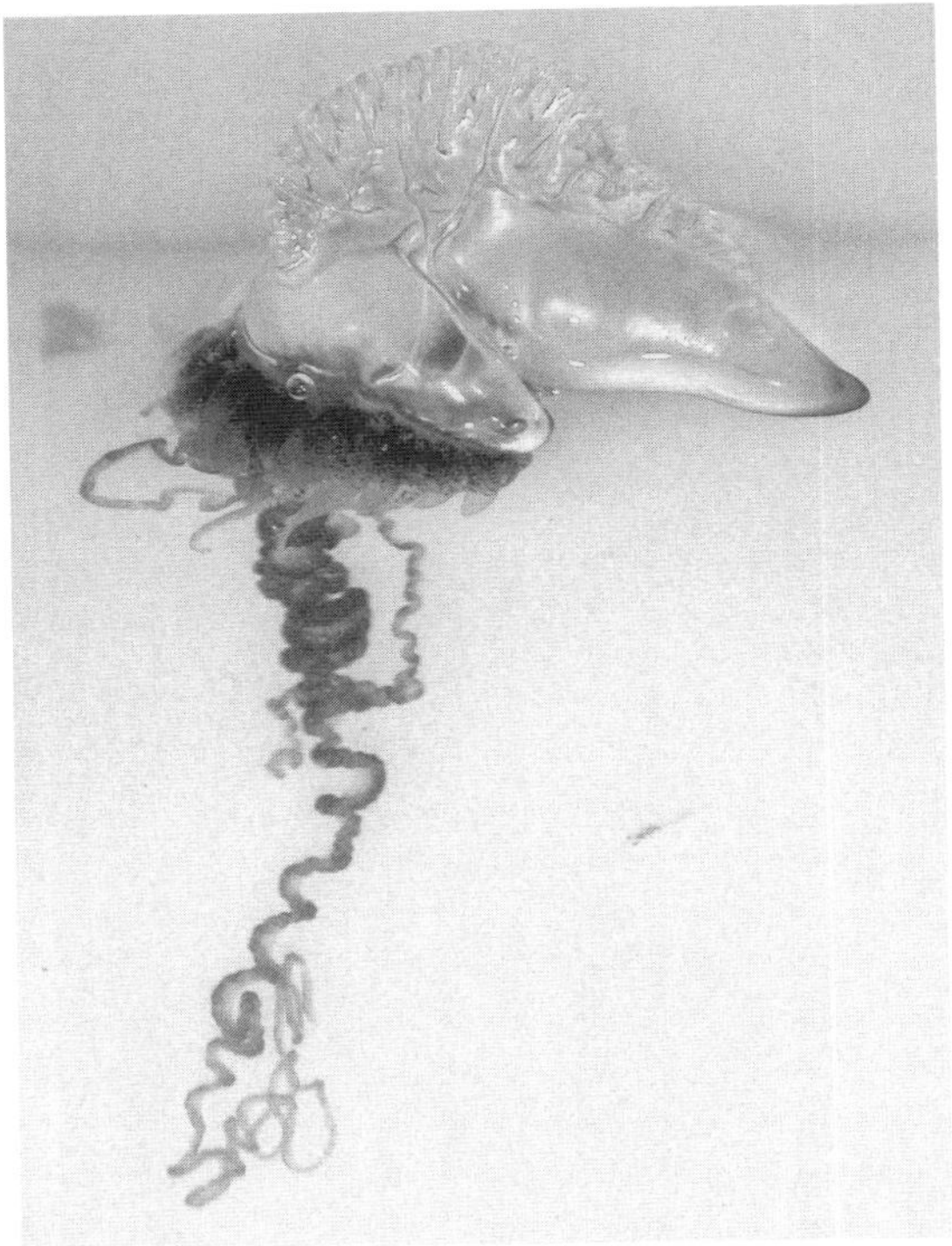

図 12　カツオノエボシは気体が入った浮き袋を使って海面に浮かんでいる。自力で移動する手段をもたず、海流に乗って漂い、刺胞のある触手で獲物を捕らえる。

ロールしている。これらの動物は、最も自由に動きまわることができる。周囲の流体の摩擦と抵抗にしか制限されず、前にも後ろにも動けるのだ。さらにすばらしい能力もある。ひとたび彼らが移動を始めると、周囲の水が体表に沿って流れ、その際にひれなどを使って流れの向きを変えると、上昇、下降、旋回など、別の動きを生み出すことができるのだ。要するに、流体中を前進する動きは、旋回や回転を含むあらゆる方向への運動の可能性を開くのである。この流体中のダイナミックな動きは信じられないほど力強い。カタクチイワシからゼブラフィッシュに至るまでのあらゆる魚やイルカたちの、見ているだけで目が回りそうな巧みな泳ぎはもちろんのこと、水ではなく空気の流れを利用するムクドリの群れやコウモリの曲芸飛行も、これで説明ができる。

中性浮力をもつ動物は、流体中を移動し始めるとすぐに流れの方向の小さな変化に極端に影響されやすくなり、動きが不安定になるので、体を安定させるための何らかの手段——ひれなど——を進化させる必要がある。これらは流体の流れの向きを変えたり、高い運動性を実現したりするのにも容易に転用できる。流体力学を利用した運動のメリットはとてつもなく大きく、地球上の動物だけがこれを発見できたとはとうてい考えられない。おそらくほかの惑星も、必ずしも魚とはかぎらないが、魚のように動きまわる動物であふれていることだろう。

さまざまな流体環境内での移動

中性浮力と単一流体中での移動

もしあなたが、水や空気、液体メタンなどの単一の流体中で暮らしているなら、移動するときには固体ではないものに対して力を及ぼさなくてはならない。羽ばたきや泳ぎの動作によって、少なくともある程度の力を発生させられるので、実際に多くの動物がそうやっている。前進する力は、流体を後方に押しやることで生じる。つまりその原理はジェットエンジンに似ている。しかし、動物が流体中を泳ぐメカニズムの詳細は信じられないほど複雑で、驚くべきことに、まだ完全には解明されていないことも多い。たとえば、あなたがプールのなかで浮いているとしよう。手を水中に入れ、後ろに向かって押すと前進する力が生じるが、さて、その次はどうすればいいだろう？　もう一度水を後ろに押すためには、後ろにきている手を前にもっていく必要があるが、水中でその動作をしたら後退する力が生じ、結局あなたは元の場所に戻ってしまう。そこで平泳ぎを覚えることになる。手の形を変えることで、手を前にもってくるときに生じる後退する力が、水をかくときの前進する力よりも小さくなるようにするのだ。あるいはクロールを覚えてもいい。クロールでは、水中ではなく空中で手を前にもっていくことで、後退する力を小さくできる。

動物が飛んだり泳いだりするときにも同様のテクニックが使われており、力を発生させる機構（翼やひれなど）の形を変化させることで、力が相殺されないようにしている。しかし、こうして得られる正味の力はしばしば非常に小さい。「物理法則によればマルハナバチは飛べないはずだが、彼らは物理法則を知らないので、どうにかして飛んでいる」というのは（正確ではないが）有名な話である。実際、ほとんどの昆虫や鳥や魚は、羽ばたいたりひれを動かしたりするだけでは飛んだり泳いだりすることはできないはずだが、彼らにそれができるのは、流体力学のちょっとしたトリックを幅広く活用し、発生する力を大きくしているからだ。たとえば流体力学的な動作を用いる動物のほとんどは、あなたがプールで泳ごうとして水をかいたときに副産物として生じるような、小さな渦を利用している。渦は高速で流れる流体でできており、動物たちはこの渦を捕捉することで、いくばくかの推力を得ているのだ。ところで人間が平泳ぎをするときとは違い、多くの魚は尾の形を変えずに、左右対称に動かして泳いでいる。尾を左右対称に振る動作から、どのようにして推力が絶え間なく生じるのだろう？　ここでも渦が鍵を握っている。近年の技術進歩によって、流体中を泳ぐ動物の後方の水の粒子の動きが画像化され、多くの動物の運動にとって渦がどれほど重要な役割を果たしているのかがようやく明らかになったのだ。*魚が尾びれを左右に振ると、たばこの煙の輪のような回転する水の輪（渦輪）が次々にできる。隣り合う渦輪は互いに逆向きに回転して後方への噴流を作り出し、それが魚に推力を与えているのである。

ほかの天体の動物たちもおそらく流体（液体または気体）のなかを移動するだろうが、じゅうぶんに強い正味の推力を発生させるという課題は、流体の特性上、必ず生じる。どのような流体のなかでも渦は形成されるだろうし、マルハナバチにとってほかに飛ぶ方法がなければ、ほかの惑星でも自然選択は地球と同じ解決策にたどり着く可能性が高い。異星のマルハナバチも、地球のマルハナバチと同じようにブンブン飛びまわることだろう。

鳥の翼や昆虫の羽、魚のひれなどをパドルのように動かす以外にも、流体中を移動する方法はある。先に述べたように、微生物は表面を覆う繊毛と呼ばれる細かい毛を協調的に動かすことで水中を進んでいく。基本的にこの仕組みは微小な動物にしか使えないが、虹色に輝くクシクラゲ（最も原始的な動物のひとつで、いわゆるクラゲとは別のグループに属する）は、束になった繊毛を波打つことで秒速一〜二センチメートルのゆっくりした速度で水中を移動する。

さらに劇的なのは、イカやタコ、そして化石のような見た目のオウムガイが用いるジェット推進だ。

＊この効果については、マット・ウィルキンソン著『脚・ひれ・翼はなぜ進化したのか』の第4章を参照。

図13　ハチドリが空気中で羽ばたいたり、魚が水中で尾びれを左右に振ったりすると、回転する流体の小さな渦輪が次々に発生する。この渦輪が後方への噴流を作り出し、動物を前方に押し出す。

水を後方に高速で噴射することによって推力を急激に発生させることの方法は、捕食者から逃げるのに役立つ。オウムガイは定期的にジェット推進を使っているが、イカやタコは最後の手段としてしか使っておらず、どうやらジェット推進は魚や鳥のパドル推進に比べると非効率のようだ。それにもかかわらず、イカの親戚で、三億年以上の長きにわたって繁栄したアンモナイトは、イカに似た方法のジェ

図 14　古代のアンモナイトの復元図。

ット推進を使っていた。どの惑星でも、環境によっては、ジェット推進は完全に合理的な移動方法となるのだろう。

流体が静止していることはめったにない。最も重要なのは、太陽光による上からの加熱や温かい岩石による下からの加熱によって流体内に温度差ができると、密度差や圧力差が生じ、ひとつの場所から別の場所へと流体が流れていく、ということだ。なかにはこの流れに身を任せて運ばれてゆく動物もいる。大量のプランクトンなどの海の生物はまさにそうだ。しかし、流体の媒質に固有の運動には、もうひとつ別の利用法がある。なんと、流れとは異なる向きの力を発生させることができるのだ。この力を利用することで、動物たちはほとんど労せずして移動することができる。

いうまでもなく鳥は空気よりも密度が高いので、空中で何もしなければ落下して悲惨なことになる。しかし翼の角度をうまく調整すると、空気の流れが上向きの力、つまり「揚力」を生み出して自分の体重と釣り合い、まるで魔法のように、水中の魚のような中性浮力の状態を達成できるのだ。飛行機のエンジンが下向きにではなく後ろ向きについていることを不思議に思ったことがある方のためにいっておくと、鳥を浮かせるこの上向きの力は、飛行機を浮かせる力と同じものだ。空気中の機体が前方に移動すると、翼に沿って空気が流れ、揚力が発生するのだ。

鳥が滑空しながら揚力を維持しようとすると、進行方向の選択肢は多少制限されるが、翼の形を調節すれば、（空気の流れによって上向きの力が生み出せたように）左や右に向かう力を生み出すことができる。グライダーのパイロットが進行方向をある程度コントロールできるのと同じだ。魚や昆虫はひれや羽の周囲に流体の流れを発生させるために多大な労力とエネルギーを費やすが、アホウドリは絶え間なく吹く風の流れを利用することで、浮くだけでなく、動きまわることもできる。

ここで私が強調しておきたいのは、流体中を移動するのは難しいということだ。それは地球上の流体の種類のせいではない。このように希薄で頼りない媒質をしっかり捉えることはなかなかできないからだ。一方で、流体中で暮らすメリットは途方もなく大きい。固体とは違って、流体が移動の妨げになることはほとんどない。それゆえ動物たちは、流体の媒質を利用する多様な方法を編み出してきた。昆虫は――かろうじて、けれども見事に――飛び、イルカは身をくねらせて、クラゲはふわふわと、アンモナイトは海水を噴射して泳ぐ。地球上の動物たちが流体中を移動するテクニックのすべてを駆使していると断言することはできないが、地球上の流体（主に水と空気）のどれをとっても、特殊な戦略を必要とするようなものはなさそうだ。ほかの惑星に斬新な移動のテクニックがある可能性は排除できないが、地球で見られる移動方法の少なくともいくつかは、ほかの惑星にもあると確信できる。

水などの液体中で中性浮力を得ることは、空気などの気体中で中性浮力を得ることに比べれば格段にやさしい。空気の密度は水のおよそ一〇〇〇分の一しかないため、水と空気にはいくつかの重大な違いがある。空気中に浮遊する固体物質は非常に少ないので、これらを栄養源として生きていくことは、水中に浮遊するものを栄養源とするよりもはるかに難しい。理論的には、魚の浮き袋のような気体の入った袋を用いて大気中を浮遊する動物を想像することはできる。袋のなかの気体はおそらく水素になる。水素はどのみち、代謝の過程で多種多様な細菌や微生物が生成するからだ。シロナガスクジラが海を泳ぎながら大量のオキアミを吸い込んで暮らしているのと同じように、「大気中のプランクトン」を吸い込んで暮らす動物がいれば、信じられないほど効率よく世界を旅することができるだろう。羽ばたき飛行で逃げまわる獲物を追いかけるのに膨大なエネルギーを費やしているツバメやコウモリとは異なり、空のクジラは、気流に乗って浮遊する微生物を、みずからも浮遊しながら吸い込むだけでよいのだ。

そのような仮想上の生物は「フォーティアン浮遊体」[*1]とか、単に「浮遊性生物」[*2]などと呼ばれているが、地球上にはいない。なぜだろう? ほかの惑星にはふつうに存在しているのだろうか? 壊滅的な燃焼を起こしかねない水素を袋に詰めて人類が空を飛ぶ時代は、ツェッペリン社の巨大飛行船ヒンデンブルク号の爆発・墜落事故とともに終焉を迎えたが、そうでなくても、水素を使って浮遊する動物が進

＊1 サイモン・コンウェイ＝モリス著『進化の運命』を参照。
＊2 カール・セーガン著『コスモス』（木村繁訳、朝日新聞出版）を参照。

化してこなかったことには、何らかの理由があるはずだ。その答えは流体の粘度にある。水中では、微生物は水より密度が高くても、なんとか沈まないでいられる。水の流れや渦が彼らをかき混ぜて浮遊させてくれるため、小さな体を水中で浮かせるには、繊毛をかすかに波打たせるだけでじゅうぶんだ。しかし空気中ではそうはいかない。大気のように希薄な媒体のなかで浮遊し続けるのは、たとえ微生物であっても大変だろう。繊毛はまったく役に立たず、彼らを空中に浮遊させられるのは、空気の流れや動き——確かにこれらはしばしば非常に強いこともあるけれど——だけだ。地球では、上空にいっても水中のプランクトンのような微生物は浮遊していないので、それを食べる空のクジラもいないのだ。

しかし、ほかの惑星には、フォーティアン浮遊体や空のクジラにもっと適した環境があるかもしれない。たとえば木星のような巨大ガス惑星のもっと密度の高い大気中や、地球より小さくて重力が弱い惑星の大気中でなら、微小な生物が浮遊し続け、そのまわりに食物連鎖や生態系ができてくるかもしれない。だが、この思考実験をさらに進めると、別の問題が生じてくる。重力の弱い小さな惑星では大気をとどめておくのが難しく、大気はやがて宇宙に逃げてしまうのだ。実際、重力が地球の三分の一ほどの火星の大気の質量は、地球の二〇〇分の一しかない。木星のようなガス惑星の大気のふるまいについては、現時点ではかなり限定的な情報しか得られていないが、激しく乱れていて、生命の進化には適していないようである。

第2章で触れたように、金星の雲には微生物が棲んでいるのではないかと推測する人もいる。こうした空のプランクトンのまわりに、それらを食べる空のクジラを含むひとつの生態系が完成するためには、生物は空から落下することなく大型化するよう進化しなければならない。液体中の生物が中性浮力を保ちながら大型化するのは容易だが、気体中では生物の大型化に合わせて浮力を得る器官（水素で満たされた浮き袋など）も段階的に大きくなっていかなければならない。そんなことはなかなか起こりそうもないが、決して不可能ではない。とはいえ、もしほかの惑星の流体中で生命を探すのであれば、空のクジラではなく、地球の海でプランクトンを食べる生物に似たものを探すほうがよいだろう。

固体と流体の界面での移動

私たち人間は、イモムシやゾウなどとともに地面に縛りつけられているが、それなりにうまくやっている。チーターやダチョウなどは、界面における見事な移動運動のエキスパートだろう。動物が固体表面を移動する方法は、まず間違いなく地球上で最も重要な移動運動様式である。なぜなら、最初の細胞、そしておそらく最初の生命そのものも、固体と液体の界面で誕生した可能性が高いからだ。[*] 確たる証拠が得られている最古の生物についていえば、先述したストロマトライトも流体に覆われた固体の表面で形成されたものだ。だからストロマトライトを作る細菌のマットを食べていたおそらくは単細胞生物も、固体と流体の界面を移動していたことになる。地球最古の生物が、この移動運動様式と密接に結びついていたのは明らかだ。流体中の生物は重力に引かれて下に向かい、やがていちばん下の底、つまり固体の表面にたどり着く。ほかの惑星にも底はほぼ確実にある。そうした惑星に棲む動物は、どのようにし

＊ 生命の起源に関するある理論によれば、塩分を含む液体に洗われていた岩石の表面で起きた化学反応が決定的な役割を果たした。岩石を構成する鉱物の表面に溜まった脂質の堆積物がぶくぶく膨れるイメージから、「生命以前のピザ（prebiotic pizza)」と呼ばれている。

て固体表面を動きまわるのだろうか？

体を前に押し出す力（推力）を生み出すには、流体中に浮いているより固体表面に立っているほうがはるかに簡単だが、物理法則は意地悪な落とし穴を用意している。滑らずに表面をしっかりと押すためには体と表面の間に摩擦がなければならないのだが、摩擦は移動速度を遅くするのだ。アイススケートをしたことがある人ならわかるだろう。摩擦が非常に小さい氷の上では、上級者は信じられないほどのスピードで滑走することができるが、初心者はその場で足を滑らせるばかりでまったく進むことができない。固体表面を最初に移動した生物はおそらくアメーバのような単細胞生物で、体の一部を前方に伸ばしてから残りの部分を引きずり寄せて、固体表面をずるずると滑るように移動していたと考えられる。このたぐいの移動運動で重要なのは、常に細胞全体が表面と接触していることだ。おかげで滑るおそれはほとんどないが、摩擦に逆らうために多くのエネルギーを無駄にしてしまう。これは自宅で簡単に試すことができる。カーペットの上にうつ伏せになり、前方に手を伸ばしてから、体を引きずり寄せて前進してみてほしい。その際、体のどの部位も床から離してはならない。移動するのは大変で、ごくゆっくりとしか進めないだろう。床との摩擦を利用して体を前に押し出しつつ、スピードも出すには、床と接触する面積を小さくすればよい。たとえば、カーペットから立ち上がって、足の裏だけを床につけて歩くのだ。

最小限の接触で表面を押すことができる脚はすばらしく有用な適応であり、脚をもつ生物が進化しない世界を想像するのは困難だ。地球上の表面（地表にせよ海底にせよ）に棲むあらゆる動物のなかで、一度も脚を進化させることなく生きてきたものはかなりの少数派で、カタツムリやナメクジのような軟体動物ぐらいである。圧倒的多数の動物は、摩擦を小さくするために脚を使って表面から体を持ち上げた。軟体動物は、粘液を分泌するというユニークな方法で摩擦の問題を解決し、脚が必要ないニッチを利用しているといえるかもしれないが、カタツムリの移動の遅さはよく知られている。ほかの惑星にナメクジのような動物がいたとしても、支配的な地位を占めているとは考えにくい。ほとんどすべての環境で、脚のある動物はナメクジのような動物よりもスピードの点で優位に立っているはずだ。ちなみにヘビにも脚がないが、ヘビは脚をもつトカゲから進化した動物であり、地中生活への適応として脚を失った。脚が固体と流体の界面での生活に適応したものであることは間違いない。地中に棲む動物や水中に浮かぶ動物には邪魔なだけだ。

昆虫、クモ、カニなどの節足動物にとって、脚は最も目立つ部位である。一方、脊椎動物である魚類は、節足動物とはまったく異なるタイプの脚を独自に進化させた。水中で進むために使っていたひれを、地面から体を持ち上げるために適応させたのだ。今日でもマモンツキテンジクザメのように、ひれを使って海底を歩く魚は多い。[*] しかし決定的に重要なことは、脊椎動物であるヒトの足は、節足動物であるクモの脚とは根本的につくりが異なっているということだ。節足動物は体の表面に固い骨格があり（外骨格）、内部に柔らかい組織があるのに対して、脊椎動物は体の内部に固い骨があり（内骨格）、表面に柔らかい組織がある。だからこれは、表面を移動するという課題に対して、ふたつの進化の道筋が、まったく異なる機構を使って機能的に似たような解決策を編み出したものなのだ。どちらが優れているの

＊ マット・ウィルキンソン著『脚・ひれ・翼はなぜ進化したのか』を参照。

図15　マモンツキテンジクザメは、脚のような長いひれで海底を歩く。このような魚のひれは、私たちの脚の原型であり、クモやカブトムシの脚とはまったく異なるものだ。

だろうか？　どちらでもないし、そもそも優劣を問うたところで意味はない。それぞれの革新的な進化は、祖先の体制《ボディプラン》〔訳注：動物の体の基本形式。系統上同じ群に属する動物は、個体発生の過程で共通の一般構造をもつようになる〕の細部を基礎にしていると同時に、これらによって制約されてもいる。脊椎動物に今のような脚があるのは、チーターを時速一〇〇キロメートルで走らせるのに適し

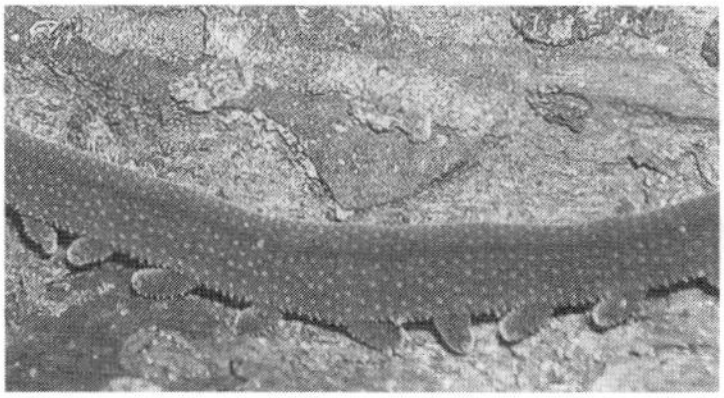
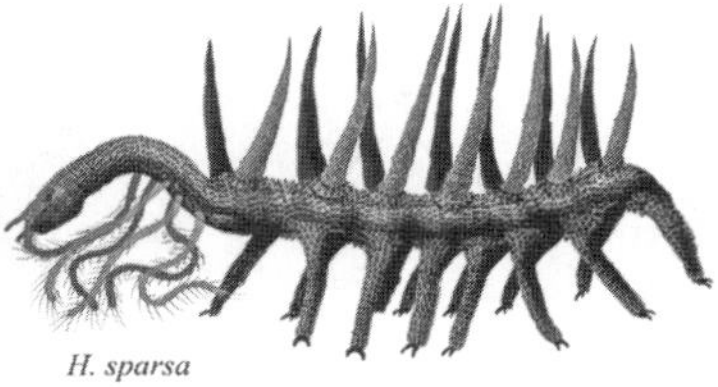

図16と17　今日のカギムシ（左の写真）は、液体で満たされた太くて短い脚をもつ。絶滅したハルキゲニア（右の想像図）も、同じような方法で海底を移動していたと考えられている。

ているからではなく、魚に骨があったからだ。節足動物に今のような脚があるのは、外骨格が陸上の乾燥に耐えるのに適しているからだ。そして乾燥に強いことは、節足動物が驚異的な成功を収める鍵となったのである。

　ここから得られる重要な洞察は、ほかの惑星に棲む動物は脚をもっている可能性が非常に高いということだ。しかしそれは私たちが知っているような脚ではないかもしれない。彼らの脚の構造も、彼らの進化史による制約を受けるからだ。もし生命が、（底なしの海ではなく）固体と流体の界面がある世界に生きているとしたら、脚をもつのは不可避のように思われる。おそらくその脚は、さまざまな出発点から進化してきて、さまざまな解決策にたどり着いたものだろう。

　地球上ではそうした解決策は、節足動物と脊椎動物の脚のほかに、二種類ある（タコなどの脚は、体を表面から持ち上げるためではなく食べ物などを扱うためのものなので、ここでは除外する）。ひとつは有爪《ゆうそう》動物であるカギムシの脚だ（カギムシは英語では「ベルベットワーム（velvet worm）」と呼ばれるが、「ワーム（worm）」と総称されるミミズなどの蠕虫《ぜんちゅう》とは特に近縁ではない）。細長く柔らかい体の両腹面に、太くて短い脚（葉足《ようそく》）が対になってずらりと並んでいる。節足動物や脊椎動物の脚とは異なり、カ

図18　英語で「サンフラワー・シースター〔訳注：ヒマワリのヒトデという意味〕」と呼ばれるピクノポディアの管足。

ギムシの脚は基本的には液体が詰まっているだけで固い部分がなく、胴の各部を交互に伸び縮みさせることで脚を動かしている。蠕虫の動きによく似ているが、全身を地面に接触させるのではなく、脚の先しか地面に触れていないため、音を立てずに獲物に近づくことができる。このような歩行様式の歴史は古く、カギムシの祖先はおそらく、五億年以上前に生息していたハルキゲニアという動物だったと考えられている。ハルキゲニアはこれまでに発見された化石のなかでもとりわけ奇天烈な、驚くべき動物のひとつで、その繊細な化石の解釈は非常に難しく、当初は足と棘が逆に復元されていたほどだった。[*]けれどもこのエイリアンのような動物が、異様な脚でかつて海底を歩いていたことは確かなようである。

　地球で見られる第四の種類の脚は、ヒトデやウニなどの棘皮《きょくひ》動物のものだ。彼らの脚は、ハルキゲニアよりもさらにへんてこだ。ヒトデやその近縁種の体表には小さな孔が多数並んでおり、筋肉を収縮させたり弁を開閉したりして内部の水圧を変えることで、管足《かんそく》と呼ばれる柔軟な器官をその孔から押し出している。棘皮動物は、この多数の「脚」で体を海底から持ち上げ、それぞれをうまく伸び縮みさせることで、海底を移動しているのだ。興味深いことに、脚を使って移動するほかの動物たち（ウマ、カブトムシはもちろん、カギムシでさえも）とは異なり、棘皮動物の脚の動きは同期しておらず、無秩序に見える動きで動物を目的地までどうにかして運んでいく。棘皮動物の脚は、私たちにとってなじみ深い進化的解決策（多くの場合、私たち自身が用いているもの）が、あらゆる可能性のごく一部にすぎないことを思い起こさせてくれる。必死に想像をめぐらさなくても、地球上にある多様な解決策をよく見るだけで、地球外の生態系についてヒントを摑《つか》むことができるのだ。

では、私たちとは違った脚をもつ生物が支配的な惑星とは、どのようなところだろうか？　棘皮動物の動きは非常に面白いが、なにしろ遅い。ウニはふつう一日に数センチメートルしか移動しない。敏捷な捕食者がいる世界では、明らかに、管足をもつ多種多様な動物が現れる可能性は低いだろう。確かに大半の地球のウニは鋭い棘に身を包んでいるので、水中を泳ぐ敏捷な魚や、海底を這うタコなどにやすやすと捕食されることはない。おそらく多数の管足をもつことの利点のひとつは、でこぼこした表面や歩きにくい表面を移動しやすいことだ。特に亀裂の多い岩場では、どんな表面にも脚を置けることは大きな利点となる。ひとつの大きな足で鋭い釘を踏んだら穴があくかもしれないが、多数の小さな脚なら、

＊　スティーヴン・ジェイ・グールド著『ワンダフル・ライフ』を参照。

割れたガラスの上でも安全に移動することができる。

さらに重要なのは、摩擦が非常に小さい表面も、多数の脚や管足をもつ動物に向いているという点だ。滑りやすい表面では、一本の脚で表面を押してもほとんど踏ん張ることができない。けれども小さくてもたくさんの脚があれば、それぞれがわずかずつ踏ん張って、移動にじゅうぶんな力を得ることができる。そこに粘度の高い流体が加われば、従来型の脚をもつ動物は、管足をもつウニ型のエイリアンに比べて相当不利になりそうだ。それは、油で満たした焦げつき防止加工のフライパンのなかを歩こうとするようなもので、流体がどろどろであればあるほど、動物は加速しようとするときに大きな抵抗を受ける。

以上をまとめると、どのような惑星表面の生態系においても、脚はほぼ不可欠ということになる。脚は摩擦を小さくし、移動速度を上げる。獲物を捕まえるにも、捕食者から逃げるにも、速度はきわめて重要だ。有限の資源である時間（すなわち速度）には、空間やエネルギーと同じくらい強大な力がある。しかし脚が具体的にどのような形をとるかは、固体表面の特性（ツルツルかザラザラか、すなわち摩擦が小さいか大きいか）と、表面を覆う流体の特性（サラサラかどろどろか）の両方に左右される。幸い、地球上の適応にはじゅうぶんな多様性があるため、ほとんど想像を絶するような異質な世界についても、少なくともそれなりに妥当だと思われる機構を考えることはできる。

地中での移動

最後に、固体である地中を移動する動物について考えなければならない。固体のなかを移動することなどできないように思えるし、ある意味、不可能だ。固体は流体のように体のまわりを流れていかないのだから。しかし、モグラやミミズや海底に穴を掘って棲む一部の動物たちは、固体に見える媒質中でどうにかして暮らしたり、移動したりしている。じつは、これらの小さな動物のスケールでは、土というのは固体ではなく、周囲に大量の流体が存在する固体粒子の集合体なのだ。地中に棲む動物は、単に進路をふさいでいる固体粒子を押しのけたり、前方の土をとって後方に置いたりして――ときには先端の口で食べて後端の肛門から排泄するという形で――移動している。ダーウィンは、ミミズにかかわるものすべてに魅了され、ミミズの移動のメカニズムを注意深く観察していた。

ミミズが穴を掘り進む方法には、二種類ある。土を押しのけて進む方法と、土を飲み込みながら進む方法だ。前者の場合、ミミズは細く伸ばした体の先端部を小さな隙間や穴に突っ込む。そしてペリエが気づいたように、そこに咽頭を押し出す。すると先端部が膨らんで、土を周囲に押しやるのだ*。

ミミズのリズミカルな蠕動《ぜんどう》運動では、体の前部で周囲の土をしっかり捉えてから体の後部を前に引き寄せるということをしている。モグラなどは単純に、大きな前足で土をかきわけ、それをトンネルの側面に押し込んでいる。これができるのは、土が実際には固体ではなく大量の空気を含んでいるからだ。

＊ チャールズ・ダーウィン著『ミミズによる腐食土の形成』（渡辺政隆訳、光文社）を参照。

ちなみに、本当に固体の岩に穴をあける動物もいる。やすり状の殻の表面を押し当てて岩を削るニオガイや、酸を分泌して岩を溶かすイシマテガイなどの、いわゆる「穿孔貝」だ。

とはいえ、生態系の全体が地中の生物から構成されているとは想像しにくい。完全な確信があるわけではないが、おそらく生命にとって液体は不可欠である。固体や気体のなかでは化学反応はほとんど起こらないので、生命は何らかの液体を必要とするはずだ。たとえ生物の大半が地中に棲んでいるような地球外惑星があったとしても、おそらく彼らが最初に進化し、多様化したのは流体中である。地球では地中に暮らす動物は非常に限られており、その大半が流体の世界との本質的なつながりを保っている。ミーアキャットは採餌のために地上に出てくるし、砂のなかで暮らす二枚貝は海水を吸い込むために水管を伸ばす。地中に広大な生態系をもつ地球外惑星があったとしたら大変な驚きだが、地球上の生物の多様性からは予測不可能な条件下で生物が受ける制約について研究する、貴重な機会となるだろう。

恐るべき相称性――形態と運動

私たちはここまで、地球上で最も有力で重要な運動戦略のひとつを避けて話を進めてきた。その戦略は地球上のほとんどすべての生物が採用しているため、私たちは特に不思議にも思わず当然のように受け入れていて、地球外生命体にも当てはまるのかどうかなど、わざわざ考えてみることさえしない。しかし、さきほどの棘皮動物の管足についての話は、非常に重要な問いかけのひとつへとつながっていく。はたして地球外生命体は、独立に動く多数の管足をもつウニのように、どの方向にも同じように移動す

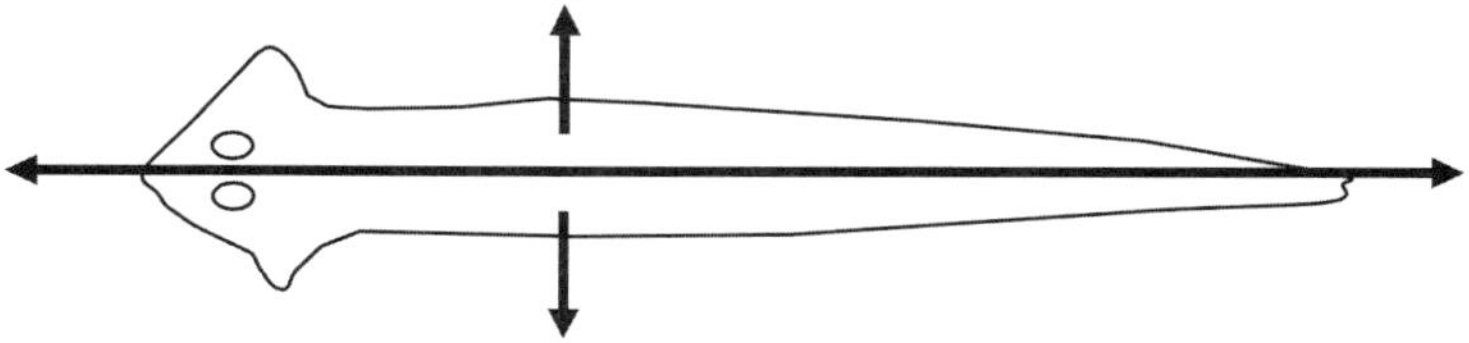

図19　現生の扁形動物であるプラナリアは、地球上で初めて決まった方向に進むようになった動物に似ていると考えられている。細長い体をもつプラナリアは、進行方向（向かって左）が前になり、前後ができたことで左右もできた。

ることができるのだろうか？　それとも、私たちの体のように左右があり、その結果として前後があり、移動しやすい方向があるのだろうか？

カイメン、クラゲ、クシクラゲ、サンゴなどを除き、現生動物の九九パーセント以上は、主軸に対して左右対称な体をもつ「左右相称動物」である。地球上の動物の運動が進化してくるうえで、左右相称の体制がどれほど重要であったのかは、強調してもしすぎることはない。この体制が有利になるのは、固体の表面をシャクトリムシのように体の一部を持ち上げて、それを少し先に下ろして進む必要がある場合だろう。体の一部を少し先に下ろすというのは、何らかの軸に沿って体を伸ばしていることになり、そのためその長い軸を挟んで右側と左側ができる。地球上で最初にうごめいた動物は、現生の扁形動物に似ていたと思われる。

左右相称の体制が動物の運動にもたらした恩恵はとてつもなく大きく、この体制を採用していない動物はほぼ残っていないほどだ。前後があるということは、自分がどの方向に進んでいるかがわかるということであり、運動器官（脚など）はその方向への移動に特化することができる。また左右相称の体制をもつことにより、付属器を美しく波打たせて進む、非常に効果的な移動運動を実現する可能性が開かれる。マンタやイカはひれを波打たせ、ヤスデは多数の小さな脚を波のように動かして滑るように進む。スピードとエネルギー効率の点で、左右相称性を欠く動物は、脚やひれなどの左右相称の付属器をもつ動物には太刀打ちできない。

とはいえ、左右相称ではない動物を理解することは、ほかの惑星にはどのような可能性があるのか、そこには私たちの身のまわりにいる動物とはまったく異なる体制をもつ生物がいる可能性があるのか、を判断するうえで不可欠だ。左右相称動物に属さないごく少数の種の大半がサンゴとクラゲである。サンゴはまったく動かないが、クラゲはプランクトンなどの微生物を食べながら外洋をのらりくらり泳いでいる。クラゲが左右相称性の恩恵を受けようとしない理由は、すぐにはわからない。もちろんクラゲにはウミガメのような危険で（比較的）すばやい捕食者がいるので、体を左右にくねらせてもっと速く泳ぐことができれば生き延びる可能性が高まるような気がするが、きっとクラゲが占めるニッチでは、洗練された移動運動様式で捕食者をかわすメリットは、今の単純な体制と生活様式を維持するメリットを上まわるものではないのだろう。生物を多様化させる主な原動力のひとつとして、ほとんどの生物が同じ戦略をとる場合には、別の戦略をとることにしばしば独自のメリットがある、ということがあげられる。

興味深いのは、左右相称動物のなかには相称性を失って、より単純な体制に戻ってしまった者が少数ながらいるということだ。おそらく彼らが棲んでいる環境に何かがあって、左右相称ではない幾何学的な体制のほうが有利になったのだろう。このようなケースからは、地球外惑星で左右相称体制が有利になる、あるいは不利になる条件について、多くを学ぶことができる。じつはこうした変節者こそが、私たちの古くからの友人である管足をもつ棘皮動物なのだ。彼らは左右相称性を捨てて、斬新な星形の放射相称性を手にしたのである。ヒトデやウニはもともとは左右相称だったことがわかっており、実際、自由に泳いでいる小さな幼生はほぼ左右相称に見える。ところが彼らは定住に適した場所を見つけて成体になると、体の半分を失って円形や星形になるのだ。なぜこんなことをするのだろうか？

答えはおそらく管足と関係がある。不規則でギザギザした地形や高粘度の流体中のツルツルした表面など、管足が有利になるような環境では、左右相称性はあまり役に立たない。それぞれが独立に動く多数の脚に支えられている生物にとって、特定の方向をめざす性質に意味はないのだ。地球の棘皮動物たちも、おそらくほかの惑星にいるその仲間たちも、敏捷な左右相称動物が絶えず滑ったり転んだりしているのを尻目に、数千本の小さな脚で地面を捉えながら、そろりそろりと慎重に移動しているのだ。

さて、地球外生命体はどう動く？　タイタンとエンケラドゥスの場合

進化が運動に及ぼす影響についてここまで概観してきたわけだが、地球外生命体についてはどのように予想し、検証すればよいだろうか？　太陽系の天体のなかで、地球外生命体が見つかる可能性が高いとされている土星の衛星タイタンとエンケラドゥスには、大量の液体があることがわかっている。エンケラドゥスには厚さ三〇キロメートルを超える氷に完全に覆い隠された、塩水の海がある。土星探査機カッシーニによる最近の観測データの分析から、この海はエンケラドゥスの全球に広がっており、水深は三〇キロメートルに達する可能性があることがわかった（ちなみに地球の海の大半は水深三〜四キロメ

ートルしかなく、最深部のマリアナ海溝でさえ水深一一キロメートル程度である）。エンケラドゥスの海底と海を覆う氷との界面における圧力と温度の差はとてつもなく大きいはずで、生物がその全域を行き来できるとは思えない。

　エンケラドゥスに生息する生物は、氷と海の境界にいるか、海底にいるか、海中を泳いでいるかのいずれかである。海中を泳いでいるなら、地球上で進化した戦略――ひれをパドルのように動かす、海水を噴射する、繊毛を波打たせるなど――がここでも完璧に機能しない理由はないと思われる。しかし、氷と海の境界にはまた別の生態系があるかもしれない。地球では生命が進化した海底は海の下にあるのに対し、エンケラドゥスでは液体の海の上に固体の氷の天井がある。そうしたニッチを利用する生物には、水中で沈降せずに浮上する正の浮力が必要だろう。浮力は重力を圧倒し、事実上、重力に取って代わるので、体が大きい個体ほど氷の天井に引っぱられる。

　この生態系は多くの点で海底に似ているが、逆さまになっている。地球の海底にある複雑なコミュニティが、エンケラドゥスの海と氷の間に存在できない理由はないように思われる。氷の天井を這いまわるカニに似た生物や、氷に穴を掘り上げて身を隠すミミズに似た軟らかい生物、体の上側に目があって、氷の天井に付着する獲物を探して海中を泳ぎ回り、下から急襲して捕食する生物などがいるだろう。地球上でも、氷山の下には藻類とこれを食べる生物が単純な生態系を作っている。とはいえ、逆さまの生態系の主な問題は、（固体は水よりも密度が高いため）死んだ動物のほとんどが沈降してしまい、氷の天井で暮している生物を養う主要な食料源のひとつが奪われてしまうことだ。地球の海ではプランクトンの死骸に由来する有機物が海底に降り積もるが、エンケラドゥスの海では、死骸は氷から「離れて」、手の届かない海の深みへと消えてゆくのかもしれない！

一方、もうひとつの土星の衛星タイタンの表面には湖や川があり、雨は山を浸食し、流れ下って海に至る。しかし、タイタンの表面温度は摂氏マイナス一八〇度にもなり、液体の水が存在するには寒すぎる。タイタンの表面の液体はメタンやエタンなど、地球上では気体になっている炭化水素である。カッシーニのレーダーを使った測定から、タイタンには、エンケラドゥスの地下にある計り知れないほど深い海ほどではないが、スコットランドのネス湖と同じくらいの水深一六〇メートル程度の湖が複数存在することがわかった。これらの湖に生物がいるなら、それは地球上の生物とはまったく違った生化学的性質にもとづいているはずで、正確に記述することはほとんど不可能である。

しかし、そうした生物が動きまわるために用いる機構は、ネス湖の動物たちが用いる機構とほとんど変わらないのかもしれない。タイタンの湖の液体の特性についてはわかっていないことが多いが、大部分が液体メタンからなると考えられている。液体メタンの粘度は水のおよそ六分の一なので、メタンを多く含む湖のなかでの運動戦略は、地球の水中ではなく空気中での運動戦略に近いかもしれない。粘度の低い液体メタンのなかでは、手足をパドルのように動かして移動しようとしても効率は非常に悪いだろうし、細かい繊毛を動かしても、小さな動物でさえ浮き続けることはできないかもしれない。

その一方で、タイタンの表面からの反射を注意深く観察すると、数ミリメートル以上の大きさの波は立っていないように見える。タイタンでは風がほとんどないのかもしれないし、湖の液体の密度や粘度が予想以上に高いのかもしれない。タイタンの表面の条件についてのシミュレーションをおこなったカリフォルニア工科大学のジェット推進研究所によれば、タイタンではベンゼンが雪となって降り、湖のなかに溶け込んで、イスラエルの死海の塩のように濃い飽和溶液になっている可能性がある。そのような環境ではおそらく繊毛やジェット推進のほうが有利になるだろうし、どろどろした粘り気のある液体のなかでは緩慢に一歩ずつ踏みしめて歩くような運動戦略が有効かもしれない。ひょっとすると管足が進化してくるかもしれない。地球とほかの天体では、機構の違いによる優位性に相対的な差異はあっても、移動運動に使えるテクニックのレパートリーに変わりはないはずだ。

■

地球上における運動戦略を調べることで、宇宙全体に存在しうるすべての運動戦略を網羅できるのかはわからない。しかし、移動運動の物理的性質から出発することによって、私たちが考えつく機構の大半が地球上で採用されていることがわかった。もしほかの惑星の物理的環境が何らかの点で地球に似ているとしたら、その惑星に生息する動物たちの移動運動の少なくとも一部は、なじみのあるものに感じられるはずだ。宇宙にはおかしな動きをするへんてこな動物が棲む、非常に風変わりな惑星もあるに違いないが、ほとんどの異星では地球と似たような制約を受け、似たような解決策に至ることだろう。運動力学は単純明快で一貫しているため、奇想天外な運動戦略を進化させることはできない。宇宙の生物は基本的に、地球上の生物と同じような動き方をすることだろう。

もちろん地球外生命体が、私たちの身のまわりの生物とは物理的にまったく違ったものになる可能性はある。固体以外、たとえば気体からできている生物なら、ひょっとすると岩のなかも難なく移動できるかもしれない。こうした意見を頭ごなしに否定することはできないが、その可能性は低いだろう。なぜなら生命の本質はエネルギーを拡散・希釈することではなく、一か所に集中させることにあるとみられるからだ。仮に気体からなる地球外生命体がいるとしても、膜に包まれていて、いくつかの単純な運動戦略のなかから選択せざるを得ない私たちのような地球の生物に比べれば、稀有な存在であることは間違いない。

結果的に、異星の動物の大半は左右相称であると確信できる。固体と流体の界面に棲む動物の多くには脚があり、その脚は私たちになじみのある形をしているだろう。空気のような希薄な流体中に棲む地球外生命体は、風船のように浮くか、空気の流れを利用して揚力を生み出すことによって、落下を防がなくてならない。もっと密度の高い水などの流体中に棲む地球外生命体は中性浮力を得られるかもしれないが、ひれをパドルのように動かしたり、体を波打たせたり、オウムガイのように流体を勢いよく噴射したりして前進することだろう。地球外生命体が動きまわる方法を考えるだけで、彼らが棲む天体の風景をたちどころに思い浮かべられるだなんて、最高ではないか。

第 5 章

コミュニケーションのチャネル

森のなかを散策していると、動物たちに囲まれているのを感じる。チュンチュン、カサカサ、キーキー……。周囲にいる無数の動物たちの音を意識せずにはいられない。しかし動物の存在は、音以外にもさまざまな方法で感じ取ることができる。尾を高く上げて地面をぴょんぴょん跳びはねるクロウタドリの姿が見えたり、肌をかすめるように飛ぶ蚊にイライラさせられたり、ひょっとしたらキツネの一家の匂いに感づいたり、いや、もっと頻繁に漂ってくるのは、近くの乗馬道にこんもりと落とされた馬糞の臭いかもしれない。私たちが視覚、聴覚、嗅覚、触覚、味覚など複数の感覚をもっていることは明らかだが、これらの感覚が相互に補完しあい、私たちを取り巻く世界、特にそれぞれに生の営みを慌ただしく繰り広げる動物たちに関する情報を、どのように伝えてくるのかについて考えることはめったにない。それぞれの感覚が捉えるシグナルには、私たち人間やほかの動物に向けられたものもあれば、ミツバチが飛んでいるときの羽の音やリスが樹上を走り抜けるときにパラパラと落ちてくるブナの実のように、動物たちの日々の営みの副産物にすぎないものもある。

しかし、さまざまな動物の存在や営みを示す手がかりの多くは、実際にはコミュニケーションであり、シグナルを発する動物の目的に合わせて進化してきたものだ。このコミュニケーションは、音や光などがさまざまな感覚のチャネル〔訳注：メッセージが伝達される経路〕を通ることによって伝わる固有の感覚、つまり様相《モダリティ》を用いておこなわれる。動物がひとつの行動を起こす（たとえば、ウサギが池の土手に穴を掘る）と、たいていそこから光や音、（私たち人間の鼻では感知できないかもしれないが）匂いなど、種類の異なる感覚のシグナル*が同時にさざ波のように広がっていく。

コミュニケーションに適した感覚とは

私たちはなぜ多くの感覚をもっているのだろうか？　身のまわりで起きていることを同時に見たり聞いたりできることは、私たち（そしてほかの動物たち）にとって本当に必要なのだろうか？　周囲の状況の変化に直面した際に、複数の感覚を使って世界を知覚したり、コミュニケーションをとったりすれば、頑健性《ロバストネス》が高まると考えるのが妥当だ。理由はいくつかある。視覚と聴覚の両方があれば、雨音で周囲の音が聞こえない嵐の日には主に目をこらし、何も見えない暗闇のなかでは主に耳をすまして警戒することができる。同じメッセージを複数のチャネルで受信できるようにしておけば、受け取り損なうことが少なくなるのだ。

また一種類だけよりも複数の感覚を使ったほうが、より豊かな情報を伝えることができる。たとえばイヌは、吠え声で多くの情報を伝えることができる。実際のところ、人間はイヌの吠え声の微妙な違いを敏感に察知しており、ほかの手がかりがなくても、親しみ、怒り、寂しさを表す吠え声を聞き分けられることが、研究から明らかになっている。しかしイヌの吠え声にボディーランゲージ（姿勢、尾を大きく振っているかピンと硬直させているか、視線の向き、警戒する耳など）が組み合わさると、格段に詳しくイヌの内なる精神状態を認識できるようになり、明確な共通言語がなくても、イヌがどのように感じ

＊厳密な科学用語としては、コミュニケーションの目的で進化したものだけを「シグナル（信号）」という。ウサギが穴を掘る音などは「キュー（合図）」というが、一般的な用法とは異なるため、本書ではこれも「シグナル」という。

ているかを深く理解できるのだ。イヌは近縁のオオカミと同様、複数の感覚を用いた複雑なシグナルのネットワークを進化させてきた。こうしたシグナルは群れの仲間（イヌであれ人間であれ）に対して、「彼女は攻撃してくるのか、それとも逃げ出すのか？」、「自分とつがいになってくれるか？」といった、個体間の相互作用や社会環境に関する詳細な情報を与えてくれる。

そういうわけで、世界はさまざまな物理的な感覚を通して伝えられるシグナルであふれている。なかでも私たちにとって最もわかりやすいのは光と音だ。私たちの言語が音のシグナルとして進化してきたのは、ただの偶然なのだろうか？　コミュニケーションに音を利用するのは例外的なことなのだろうか？　それとも音は何か特別なものであるがゆえに、音を使ってシグナルを送るのはほぼ必然となるのだろうか？　私たちは音のシグナルに囲まれているように思われるが、それは地球の条件が生んだ特殊な状況なのだろうか？　それとも音波には、コミュニケーション、ひいては言語として利用するのに適した何か特別な性質があるのだろうか？　地球外生命体は音声言語をもっていると期待してよいのだろうか？　だとしたら、彼らの惑星の条件についてどんなことがわかるのだろうか？　もし音声言語をもたないなら、どのような種類の感覚が彼らの惑星の条件に適合し、進化するのだろうか？

もちろん、SFで描かれる独創的なエイリアンたちのコミュニケーション手段、たとえば『スター・トレック』のバルカン人のテレパシーや、映画『メッセージ』に登場する地球外生命体、ヘプタポッドが書く円形の表義文字などをヒントにして、ゆかいな思考実験をすることはできる。けれどももっとよい方法がある。地球外生命体が暮らす環境の特定の物理的性質を仮定して、地球にも架空の惑星バルカンにも等しく当てはまる物理法則を適用し、どの感覚がシグナルを伝達するコミュニケーションに適しているのか、あるいは適していないのかを考えるのだ。第一原理に立ち返り、コミュニケーションにとって絶対に必要なものは何かを問うのである。

コミュニケーションをごく単純に定義するなら、ある個体が有用な情報を生成して別の個体に伝達し、それを受信者が解読すること、になるだろう。これらは基本的かつ普遍的な要件であり、もちろん地球外の異質な世界でおこなわれるとてつもなく奇想天外なコミュニケーションにも当てはまる。科学者がテレパシーの概念を否定するのは、実用的ではないからではなく、基本的な物理法則にもとづいてテレパシーのシグナルを生成し、伝達し、解読する方法が見つからないからだ。基本的な物理法則と矛盾することなくテレパシーによる意思疎通を説明する方法がわかれば、もちろんその可能性を探ってみる価値はある。これについては本章の後半で再び触れたい。

シグナルには有用な情報が含まれている、という考え方は特に興味深い。なぜなら感覚のなかには、大量の有用な情報を伝えるのに適したものと、そうでないものがあるからだ。生徒が手をあげることによってしか教師とコミュニケーションをとれない教室を想像してみてほしい。生徒が言葉を発したり筆談をしたりすることは許されない（もちろん、ジェスチャーもだめだ）。教師は、たとえば「はい」か「いいえ」の意思表示で答えられる質問をすることで生徒から情報を得ることはできるが、この方法で得られる情報量には限りがあり、コミュニケーションとしては少々行き詰まっている。どの感覚を用いたコミュニケーションなら言語の進化を支えられそうかを知りたいなら、少々荒っぽい経験則だが、「詩のようなものが書けるかどうか」考えてみるとよい。挙手しかできない教室が詩を作るのに適しているとは思えない。複雑なコミュニケーションができる、最終的には言語を支えることができる感覚は、豊かでニュアンスに富み、シグナルに大量の情報をもたせることができるものでなければならない。

シグナルのなかには、ごく近距離にしか伝わらないものがある。触覚は多くの動物にとって非常に重要な感覚だ。霊長類や鳥類の間では、毛づくろいや羽づくろいが社会的な絆を形成する手段となっているし、私たち人間も、相手からどのように触れられるか（しっかりと、さりげなく、愛情を込めてなど）によって、相手に関する詳細な情報を得ている。また、ネズミやモグラはヒゲの触覚を利用して暗闇のなかを迷わず進むことができる。しかし触覚のようなごく近距離にしか伝わらない感覚は、複雑なシグナル伝達の有用性にとって大きな制約となる。相手が発した情報を理解するためには、すぐそばにいなければならないからだ。本章では主に遠くまで広く届くシグナルに焦点を当てていくつもりだ。ちなみに、遠くの触覚シグナルを知覚できる動物もいないわけではない。アザラシのヒゲは水のかすかな動きにも反応し、離れた場所の動きを感知できる。しかし流体環境中の振動の感知は、多くの点で、音の伝播と受信によく似ている。私たちが地球上で「聴覚」と捉えている感覚が、ほかの惑星ではまったく異なる器官――たとえばアザラシの敏感なヒゲのようなもの――に担われている可能性があることは覚えておこう。

ここでひとつ、生き抜くために協力しなければならないオオカミの群れについて考えてみたい。環境は厳しく、食料を手に入れるのは困難で、じゅうぶんなエネルギーを得る唯一の方法は、少ない回数の狩りで大きな獲物を仕留めることだ。自分より大きな獲物を倒すためには互いに協力しなければならず、そのためには何らかのコミュニケーションをとる必要がある。じつはオオカミはヒトの祖先と多くの特性を共有しており、研究対象として非常に興味深い。彼らは協力して資源を見つけたり、ほかの動物から身を守ったりする。知能が高く、多くの個体からなる群れのなかで暮らすソーシャルスキル（社会技能）をもち、もちろん、とてもよくしゃべる。彼らの――そして私たちの祖先の――コミュニケーションは、そのような生活様式にとって必要な条件を満たすものであるはずだ。

群れで暮らす動物のコミュニケーションは高速でなければならない。意図した相手にシグナルが届く前にチャンスが通り過ぎてしまうなら、仲間たちと連携して狩りをしたところで無駄である。またシグナルの出どころ――誰が話しているのか――がわかれば便利だ。さらには、受け手の居場所にあまり左右されることなくシグナルを感知できることも重要になるだろう。たとえば聴覚シグナルなら茂みの後ろに隠れていても聞こえるが、視覚シグナルならばシグナルの送り手の視線の先に入らなければならない。あまり話を一般化したくはないし、地球外惑星でのコミュニケーションについていきすぎた憶測も避けたいのだが、進化によってより複雑になっていける潜在能力をもつシグナルには、何らかの物理的な性質が重要となるだろう。感覚のなかには、そうした特性をもつものも、もたないものもある。

以上を念頭に置いたうえで、さて、感覚には何種類あり、そのうちのいくつが地球上で使われているのだろうか？　地球上の動物たちは、私たちが思いつくかぎりの感覚を利用してコミュニケーションの能力を進化させてきた。そのなかには、聴覚、視覚、嗅覚など、ごく身近なものもあれば、ある種の魚がおこなう電場によるコミュニケーションなど驚くべきものもある。地球上の多くの動物は磁気感覚をもっているが、私たちの知るかぎり、磁気感覚を利用して直接コミュニケーションをとっている動物はいない。地球の動物は電波も使っていないが、地球外惑星の動物については電波や磁気を用いたコミュニケーションがおこなわれる可能性も排除できない。そういうわけで、ここからみなさんを動物たちがコミュニケーションに用いるめくるめく感覚の旅にお連れし、そこからコミュニケーションの本質と、ほかの惑星の動物たちがそれらを使う可能性について考えていきたい。

聴覚——音によるコミュニケーション

私たちは音を利用してコミュニケーションをとっている。私は今、視覚的な方法で言葉を書き連ねているが、文字は言語が生まれてから何十万年もたってからできたものだ。私たちが知る動物のコミュニケーションは鳴き声によるものが圧倒的に多く、それが動物（や地球外生命体）のコミュニケーションはきっとこんな感じに違いない、という私たちの予想に影響を与えている。動物たちが音を使っていると考える理由のひとつは、彼らの姿がほとんど見えないからだ。森のなかでハトがクークー鳴く声やコオロギがコロコロ鳴く声が聞こえても、意識して探さないかぎり、声の主を見ることはできない。これは偶然ではない。音はある重要な特性をもっているがゆえに、（地球上では）コミュニケーションの主要な手段となっているのだ。それは障害物の裏側に回り込む「回折」という特性である。木の葉の陰にいるハトや草むらのなかにいるコオロギの姿が見えなくても声は聞こえるのは、光がほとんどの障害物に遮られてしまうのに対し、音は障害物の裏側に回り込むことができるからであり、その理由を物理学的に説明しようとすると難しくなるが、簡単にいうとシグナルの波長が関係している。一般的な音の波長はおよそ一メートルで、光の波長はおよそ一〇〇〇万分の一メートルだ。そのため音は、進路上に木の枝や草などの小さな物体があってもほとんど影響を受けず、私たちが森のなかを歩くときのように、障害物をよけて進んでいく。ところが音よりも波長の短い光にとっては、小さな分子のひとつひとつが行く手を阻む山のようなもので、木の枝や草の葉は巨大すぎて越えられない障害物となるのだ。

このイメージは、地球上とは根本的にスケールが異なる惑星上ではまったく異なるものとなる。複雑で微小な生命体が生息するボールベアリングよりも滑らかな仮想の世界では、音を使ったコミュニケーションの利点はさほど大きくないかもしれない。とはいえ、私たちが想像しうる生態系の多くでは、音は光よりもはるかに優秀だ。しかし、音にはひとつ重大な欠点がある。それは空気や水や土などの物理的媒質がないと伝わらない、ということだ。これに対して光は真空の宇宙でも伝わる。だから大気がなく静寂に包まれている月面にも光はある。同様に、大気が非常に希薄な惑星——たとえば火星——では、音はほとんど伝わらない。太古の火星には濃い大気があったのだが、今日ではごく薄くなっているため、たとえ動物が棲んでいたとしても音を使って効果的にコミュニケーションをとることはできない。火星で悲鳴をあげたところで、その声は誰にも届かないのだ。

音の第二の利点は速さである。速いといっても光とは比べものにならない程度だが、地球上の動物にとってはじゅうぶんに速い。動物が発した音声シグナルが空気中を秒速三四〇メートルで伝われば、近くの仲間には瞬時に届く。相手が何キロメートルも離れていれば数秒の遅れが生じるが、そんなに離れた相手とコミュニケーションをとる動物はほとんどいないし、どのみち瞬時の応答も期待できない。たとえ地球上で最速の動物であっても、音速に比べればはるかに遅いため、仲間の声を聞きつけたところでじかに対応することはできないのだ。ときにはシグナルの到達がもっと遅れることもある。クジラの歌は何百キロメートルも離れたところにいる仲間に向けて送られる。それでも水中の音速は空気中より

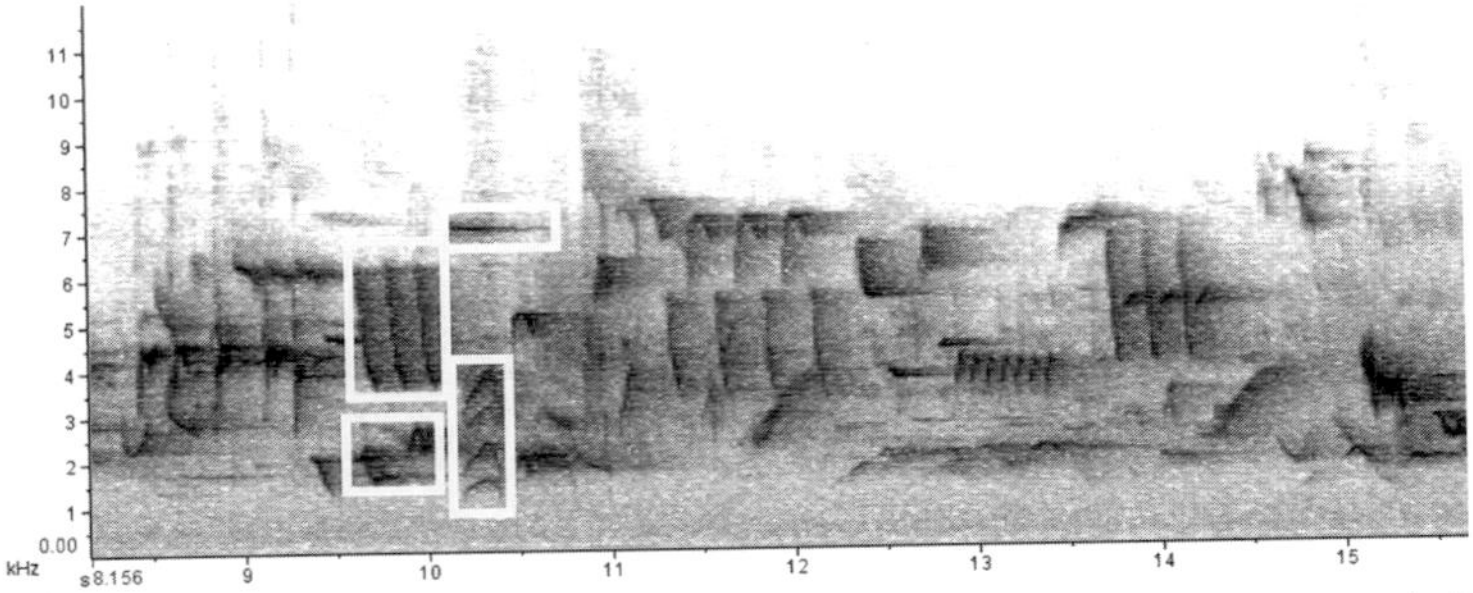

図20　鳥たちの夜明けのコーラスのスペクトログラム。横軸は時間、縦軸は音高を表している。多くの鳥のさえずりが重なっているが、音高が違うので明確に区別できる（白線で囲まれた部分に注目）。

はるかに速いため、かかる時間はわずか数分である。

媒質が何であれ、社会生活を営む複雑な動物が複雑なコミュニケーションを進化させるには、速さは絶対に必要だ。状況は刻々と変化する。群れで走っているカリブーの一頭が突然左に向きを変えたら、すべてのカリブーがそれに気づいてついていかなければならない。自分の仲間にヒョウが飛びかかろうとしていたら、警告を発しなければならない。複雑なコミュニケーションは難しい問題の解決に役立つ。そして難しい問題というのは、ほとんど常に時間との闘いである。ここで、動物が生きるペースに比べて音が遅すぎる世界や、逆に速すぎる世界について考えてみよう。音は遅すぎたら何の役にも立たない。一方で、どろどろのタールのなかの生態系で、捕食者が地球のカタツムリよりもゆっくりと獲物に忍び寄るとしたら、音を使って警告を発するのはエネルギーの無駄かもしれない。スローペースの世界では音よりも遅いシグナルでじゅうぶん間に合うからだ。音は多くの系外惑星の環境でも有用なコミュニケーション手段になると考えられるが、私たちがふだん当たり前だと思っている前提を意識し、あえて極端な代案を考えてみることは大切だ。

音にはほかにも大きな利点がある。さきほど考察した挙手による「はい」か「いいえ」の意思表示などに比べて、非常に簡便かつ効率よく大量の情報を伝達できることだ。このことを専門用語で「帯域幅が広い」という。音はこの点でとりわけ優れている。この地球のスケールとそこに棲む動物たちのサイズならば、ひとつの音声シグナルのなかに多くの異なる周波数の音が混ざっていても、個々の周波数の音を比較的容易に区別することができるからだ。たとえば混雑した室内で人々がてんでに話をしていても、ひとりがしゃべっている内容を理解できる。どうしてそんなことができるのだろう？

ここで、みなさんに実際に試してもらえる、専門的だが簡単な実験をご紹介しよう。まずは早起きして屋外に出て、鳥たちの夜明けのコーラスをスマートフォンで一分間録音してほしい。次に、スペクトログラムを作成するウェブサイトを探して、* さきほどの音声ファイルをアップロードする。スペクトログラムとは音を視覚的に表現したもので、図20のような画像が得られるはずだ。横軸は左から右へ時間の経過を示す。縦軸は周波数（音高）を表しており、下のほうは低音で、上にいくほど高音になる。色が濃い部分は、その周波数の音が多いことを示す。楽譜に並ぶ音符のようなものだ。イギリスの鳥たちの夜明けのコーラスを可視化した図20の画像には、少なくとも四種類の鳥のさえずりが入っている。鳥たちは鳴き声の周波数を調節してそれぞれ特徴的なさえずりを作り出しており、それはスペクトログラ

＊「音声分析ソフト」や「スペクトログラム」で検索するとよい。コーネル大学が提供している「Raven Lite」という英語の無料ツールもある。

ム上に波形の違いとしてはっきり現れている。だから、四種類の鳥のさえずりが同時に聞こえていてもひとつひとつを区別することができるのだ。帯域幅が広いと多くの情報を伝えられるというのは、こういうことだ。

　このように地球上では、音は大量の情報を広範囲にすばやく伝えるのに適した手段であるように思える。しかし動物たちが実際に言語をもたないことを考えると、彼らは本当に音による情報伝達の潜在能力のすべてを使っているのだろうか、と疑問に思わずにはいられない。人間の聴覚には動物にはない何か特別なものがあるのだろうか？　人間の体には鳥やコウモリやイルカとは何か物理的に違うところがあって、だから人間は彼らがじゅうぶんに活かせていない聴覚を言語に利用できるのだろうか？　この点については第9章で改めて考察するが、興味深いことに答えはおそらく「ノー」である。特定のニッチを占める特定の種が言語を進化させるかどうかに影響を及ぼす要因はたくさんあるが、音を作り出し、（これが重要なのだが）音を解釈するための基礎となる物理的機構は、幅広い動物に共通しているようにみえる。実際、ほとんどの脊椎動物、特に鳥類と哺乳類の耳のなかには「蝸牛《かぎゅう》」と呼ばれる洗練された周波数分析器があり、ちょうどスペクトログラムの画像のように、音声シグナルに含まれる異なる周波数を分離することができる。

　音の複雑な変化を検出して識別する人間の能力は特別なものではない。大勢の人が大声で話している室内で自分の子どもや友人の声に気づけるのはすごいことに思えるが、動物の世界ではたいした能力ではなさそうだ。オウサマペンギンなんて、数万羽の群れのなかで自分のひなの声を聞き分けられるのだ！　音高の異なる音を周波数の低い順に並べることは誰でもできるが、光のスペクトルである色を周波数の低い順に直観的に並べられる人はいないことを考えると、音の高低を区別する能力の特殊性がよくわかる。[*]これも物理法則による普遍的な制約があるからだ。音の振動は蝸牛のなかの有毛細胞の感覚毛を揺らす。その際、異なる周波数の音は、異なる位置にある感覚毛を揺らすことで、異なる高さの音として知覚される。これに対して光は、有毛細胞の感覚毛を動かすことはできない。光の波長が短すぎて草むらの裏側に回り込めないのと同じように、原子よりもはるかに大きいものを動かすことはできないからだ。そういうわけで、生物たちがどんな惑星でどんな進化史をたどろうとも、聴覚はあらゆる種類のコミュニケーションにとって非常に有望なチャネルであると思われる。例外はシグナルが真空中を伝わる必要がある場合だけだ（音は真空中を伝わることができないのだから）。いつの日かついに人類が地球外生命体と遭遇したときに、何から何まで私たちとは異質な彼らが、私たちと同じように音を使って「話して」いたとしても、驚くことではない。

それにもかかわらず、私たちは奇妙なジレンマに直面する。聴覚によるコミュニケーションに明確な利点があることは、ここまで見てきたとおりだ。高い知能をもつイルカは音でコミュニケーションをとる。仲間と協力して狩りをするオオカミも、音でコミュニケーションをとる。美しくさえずる鳴鳥も発声の名人だ。こうした動物たちに比べると、ヒトに最も近縁の大型類人猿は、音によるコミュニケーションについてはまるで素人だ。ゴリラがあれほど無口なのに、ヒトはなぜこんなにおしゃべりなのだろうか？　科学者たちはチンパンジーやボノボにヒトの発話を教えようとしているが、どうやらこれは彼

＊　著名な生物学者であるＨ・Ｂ・Ｓ・ホールデンは、一九二七年の随筆『ありうる世界』で、この点を指摘している。

らの発声能力を超えているらしい。私たちと大型類人猿の共通祖先は何らかの原始的な音声シグナルを使い、それが人類の言語へと進化していった一方で、大型類人猿の系統では世代を経るにつれて消滅していったという可能性はあるのだろうか？　ヒトとチンパンジーとの共通祖先が生きていたのはかなり最近のことで、およそ六〇〇万年前である。ヒトやチンパンジーと、ゴリラとの共通祖先が生きていたのはおよそ一〇〇〇万年前だ。ところがヒトとオオカミやイルカとの共通祖先が生きていたのはそれよりはるか前の九五〇〇万年前、まだ恐竜が地球上をのし歩いていたころである。ヒトと鳥類の進化の歴史が分岐したのはさらに時間を遡《さかのぼ》った三億二〇〇〇万年前で、私たちの祖先が海から陸に進出してまもないころだ。だからヒトの言語能力の音声的な基礎が、オオカミやイルカ、ましてや鳥類の発声能力と一緒に受け継がれてきたとはいいがたい。むしろ、音声によるコミュニケーションは、樹上で暮らす寡黙な親戚から分かれたあと、チンパンジーに似たヒトの祖先において急速に進化し、近縁ではない動物たちの発声能力と収斂したのだろう。発声能力の収斂は地球上で広く見られる。ほかの惑星でも同様の進化の道筋が見られる可能性が高い。

視覚――光によるコミュニケーション

可能性がそれよりはるかに高いのは、六〇〇万年前の私たちの祖先が、主に視覚的なサインやシグナルを使ってコミュニケーションをとっていたことだ。* 飼育下の大型類人猿に関する研究から、彼らがさまざまな手話を身につけられることがわかっており、これらが真の言語であるかどうかについては論争があるものの、ヒトと最も近縁の動物が主に視覚によるコミュニケーションをとっていることは間違いなさそうだ。チンパンジーは幅広い概念を表す複雑な手ぶり（ジェスチャー）を学習することができ、この能力にはいわゆる猿真似よりも深い意味があるとみられる。彼らは周囲にほかの動物がいない場合には、手ぶりで独り言をいうという奇妙な習慣を見せることさえあるのだ。ではなぜ私たちは（人類だけが例外的に最近発明した、いわゆる手話は別として）、じゅうぶんに発達した視覚言語を目にすることがないのだろうか？　私たちの祖先はどうやら視覚によるコミュニケーションを捨て、聴覚によるコミュニケーションを採用したようだが、それはなぜなのだろうか？

視覚的なシグナルは動物世界の至るところで見られる。雄の鳥はつがいになってくれそうな雌に向かって色鮮やかな羽毛を誇示し、チョウは捕食者を怖気づかせるために羽に大きな目玉模様をつけ、雄のマンドリルはぎょっとするような赤と青の鼻をもつ。スカンクやテントウムシなど多くの動物は、ひときわ目を惹く模様を示して、自分が危険な存在であることを敵に警告している。ハチたちの尻振りダンスはさらに洗練されていて、同じ巣の仲間に食料の在りかについての情報を教えている。視覚的なシグナルがあまねく見られるのは、おそらく視覚そのものに由来している。つまり、ものが見えるというのは、とんでもなく便利なことなのだ。意外かもしれないが、光を感じる細菌は珍しくはなく、信じられないほど昔から存在している。あまりにも昔すぎて、光を感じる能力がいつの時代に発生したのか確実なことはいえないほどだ。けれども動物の視覚については、現生動物の目で光の検出に利用されている

＊ テカムセ・フィッチ著『言語の進化（The Evolution of Language）』を参照。

タンパク質の研究から、およそ七億年前に、動物自体の出現からほどなくして生じたことがわかっている。おそらくヒトとクラゲの共通祖先にも視覚が備わっていたことだろう。だから、視覚が周囲にある数多くのシグナルに適応するための時間はじゅうぶんにあった。

光にはシグナルの伝達手段として多くの長所がある。音と同様、光は速い（もちろん光は音よりはるかに速いが、地球上でもほかの惑星の上でも、その差が問題になることはほとんどない）。目は多くの目的のために進化してきたが、なかでも重要なのは食料を探すことと、ほかの誰かの食料にならないようにすることだ。だから視覚的なシグナルの伝達が可能となったときには、光を検知する機構はすでに確立していた。また光にはさまざまな色（周波数）があるため、音声と同じように、視覚シグナルに情報を付加することができる。最後に、光は直進性が高い。つまり、光を感知するシステム（ヒトの場合は目）は空間的にごくわずかしか離れていない光源、たとえば親指の先端と付け根を区別することができる。そのため、より多くの情報を視覚シグナルにもたせることができるのだ。そういうわけで私たちの目は、相手が親指を上げているか下げているか、すなわち賛成しているか反対しているかを読み取ることができる。対照的に、音は先述したとおり、さざ波のように四方八方に広がっていく（直進性が低い）ため、空間のなかの音源の位置を特定するのは非常に難しい。下草のなかに隠れている獲物を見つけるフクロウや、雪の吹き溜まりに飛び込んでネズミを捕まえるホッキョクギツネのように、音源の位置をかなり正確に特定できる動物でも、「e」と「c」という文字の微妙な違いを認識できる私たちの目ほど厳密な識別はできない。

しかし、視覚によるコミュニケーションの長所はほぼここまでで、あとは短所になる。光は音に比べ

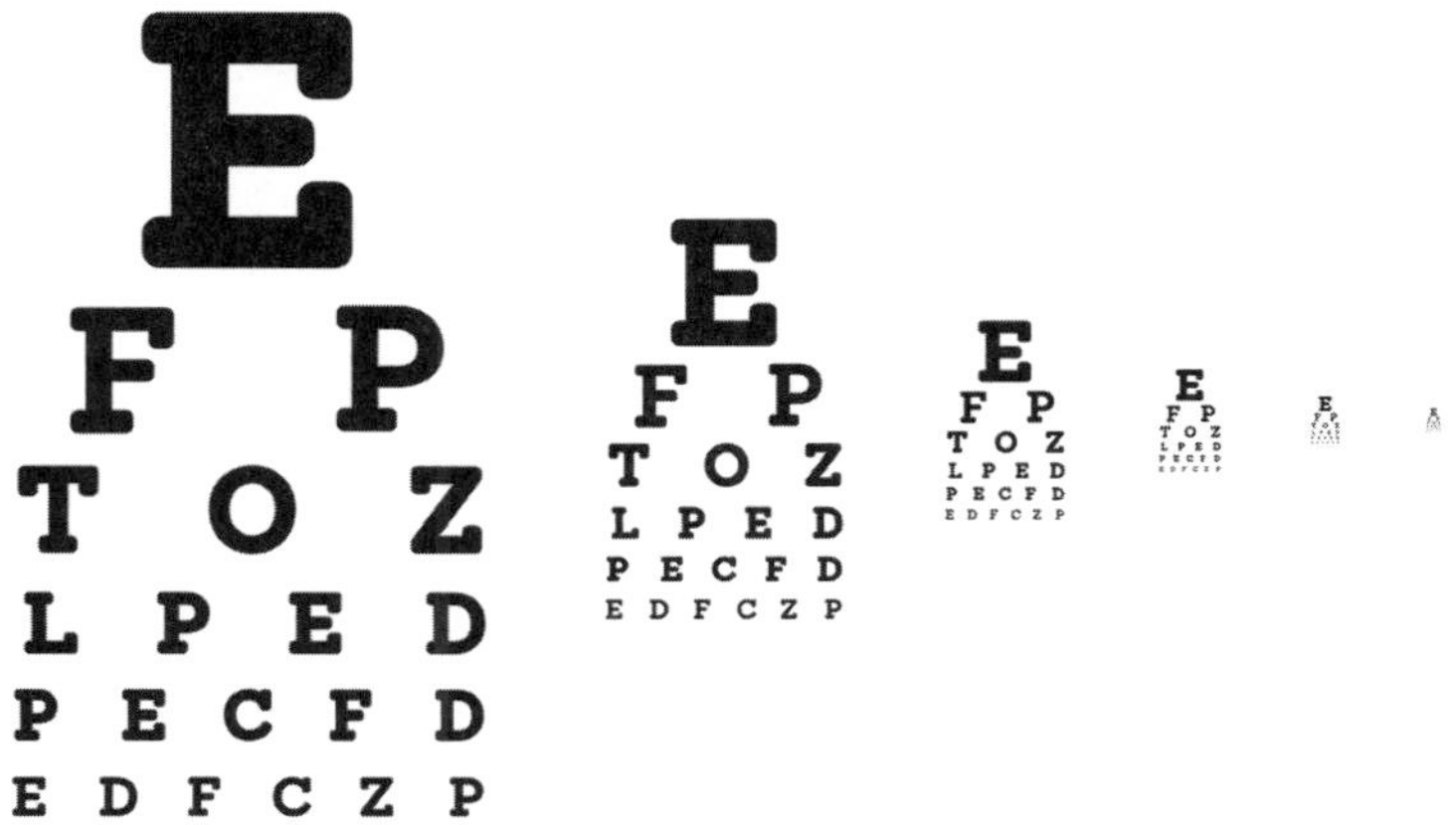

図21　どんなシグナルでも遠ざかるほど弱くなるが、徐々に小さくなっていくこれらの文字群は、単に見えづらくなるだけでなく、視覚情報に幾何学的な制約があることを示している。シグナルが遠くにあるだけで、その解釈が困難になるのだ。

て波長が短いため直進性が高いが、同じ理由からありとあらゆる障害物に遮られてしまう。私たちは壁や木や土や雲の向こうを見通すことはできない。それはどんな惑星に棲む動物にとっても同じだ。光は隣にいる人と直接コミュニケーションをとるにはとびきり優れているが、距離が遠くなるほど邪魔が入り、やがて視覚によるコミュニケーションは不可能になる。光は空気のような透明な媒質中でさえ強く散乱される。水中では特に強く散乱され、透明度の高い澄んだ海でさえ、塩分濃度や海流や水中に浮遊する微生物によって視界は制限されてしまう。一般的には、五メートルも離れたら何も見えない。地球の大気は比較的透明だが、ほかの惑星はそれほど幸運ではない。木星や土星では低温のためにほとんどの高度でアンモニアなどの化学物質の結晶が雲となり、大気はおそらく不透明だ。系外惑星の大気についてはまだよくわかっていないが、地球の大気のように澄み切っていると仮定することはできない。

たとえ木などの障害物がなく、澄み切った大気のなかで暮らせたとしても、光を利用するコミュニケーションにはさらなる欠点がある。相手との距離が長くなるにつれ、さきほどの例でいえば、賛成か反対かという情報を含む親指の上げ下げを見分けるのはどんどん難しくなってしまうのだ。これは光が散乱されるだけでなく、幾何学的な問題もあるからだ。たとえばあなたは何メートルも離れたところからこの本を読むことはできない。それは文字の小ささがあなたの視覚系の分解能（解像力）を超えているからで、そうなると光は見えてもそこから情報を取り出すことは難しい。この制約は地球上でもほかの惑星環境でも同じように当てはまるだろう。

地球外の（あるいは地球の）動物たちは、どのようにして視覚によるコミュニケーションの欠点を埋め合わせているのだろうか？　もちろん視覚シグナルが、間に障害物がなく、空間をはっきり識別できる、互いに近距離にいる動物の間でのみ用いられている可能性はある。実際、主に光を使ってコミュニケーションをはかっている地球上の動物の大半がまさにそうしている。私たちに最も近縁の動物たちもそうだ。なかにはホタルのようにみずから強い光を発する動物もいる。その明るいシグナルは遠くからでも見ることができ、異性を引きつけるという目的をじゅうぶんに果たしている。

ただし、この方法ではごく単純なシグナルしか伝えられない。モールス信号のように決まったパターンで光を明滅させれば、そのシグナルにもう少し多くの情報を付け足すことはできるし、コモリグモやカンガルーネズミはオン／オフのさまざまなパターンで脚を踏み鳴らすことで、自分がどの種の動物であり、どの個体であるかさえ伝えることができる。しかし、動物がシグナルに付加できる情報の複雑さには限界がある。モールス信号から長点（ツー）か短点（トン）がひとつ失われれば、メッセージは壊れてしまう。そういうわけで、パルス状のシグナルを発する動物たちは、たとえば雄が光の明滅の速さでみずからの魅力を示すといった単純な用途にしか使っていない。視覚は複雑なコミュニケーションに利用するには制限が多すぎるようだ。

ところが光によるコミュニケーションに関して、特筆すべき動物たちがいる。タコやイカなどの頭足類だ。多くの頭足類には色素胞と呼ばれる特殊な皮膚細胞があり、よく発達した神経系の制御によって速やかに色を変えることができるのだ。頭足類は無脊椎動物のなかでは最も洗練された脳をもつが、興味深いことに、体色変化のすべてを脳で制御しているわけではなく、一部はいわゆる反射としておこなっている。いずれにせよ、イカのサイケデリックな体色変化はとりわけ複雑かつ高速なので、これらの色を基礎にした複雑な言語があってもおかしくないとつい考えたくなるが、実際にはそれ自体は言語ではなく、ほかのイカにごく基本的な感情を伝えたり、おどろおどろしくも、獲物に襲いかかる前にそれらを混乱させたり催眠状態に陥らせたりするのに使っているらしい。

だがここで重要なのは、イカが本当に色の言語をもっているかどうかではない。イカの皮膚に浮かび上がる渦巻きや脈打つ色彩のパターンからなる複雑な視覚シグナルが、大量の情報を担わせるのに適しているということだ。地球以外の惑星で、視覚によるコミュニケーションの欠点を回避できる（たとえば、シグナルを遮る樹木などの障害物がまったくない）環境があれば、複雑な色彩のパターンにもとづく視覚言語が進化してくる可能性を疑う余地はない。

私たちはこれまで、複雑な視覚シグナルや催眠状態に引き込まれそうなイカの体色変化の話をしてきたが、視覚シグナルのなかでも特によく見られ、それにもかかわらず意識されることは少ない、いわゆる「ボディーランゲージ（身体言語）」については触れてこなかった。私たち人間は他者との間で毎日のようにボディーランゲージを使っているが、そのことをほとんど意識していない。しかし数多の自己啓発本が、ボディーランゲージを駆使することで自信や優位性や性的魅力をアピールする方法を教えていることを考えると、私たちは視覚シグナルの送り方をある程度意識的に制御しているとみられる。

こうした微妙な視覚的なキュー（合図）の力は、人間とペットの間のコミュニケーションについて考えてみれば容易に理解できる。特にイヌは何万年も前から人間の傍らで進化してきた動物であり、どちらの種も相手の非言語コミュニケーションにとりわけ同調しながら暮らしてきた。もしあなたがイヌを飼っているなら、彼らの喜びや悲しみ、興奮、空腹、欲求不満などの感情を意識しているはずだ。こうした感情は、声による特定のやりとりのほかに、尾の位置や動き、耳の向き、何かを欲しがるときの訴えかけるようなまなざしなどのボディーランゲージによっても伝えられる。

なお、この信じられないほど効果的で複雑なコミュニケーションチャネルは、よく知らないイヌと交流する際には多少うまくいかなくなることに注意してほしい。イヌを飼ったことがない人は特にそうなる可能性が高い。あなたがよほど観察力に優れているのでなければ、道で初めて出会ったイヌに自分がどう思われているのか理解できないだろうし、イヌのほうもあなたが自分に何をしようとしているのか察することはできないだろう。私たちとペットとの絆は、まさに個人的なものだ。ボディーランゲージはある程度のところまでは一般化できても、そこを超えると、シグナルの本来の意味は個人の性格や独自性のなかに埋もれてしまう。視覚シグナルはあまりにも多くの情報を含んでいたり、同じ意味をもつメッセージでも非常に多くのバリエーションがあったりするので、誰もが納得できる辞書などとうてい作れないのだ。視覚という感覚自体には真の言語を担うことに本質的な問題はないものの、地球の条件や、地球上で進化してきた各種の動物を考えると、視覚言語は不安定かつ脆弱すぎて、これ以上の発展は見込めない。地球以外の惑星、たとえば視線を遮る植物がなく、(火星のように)大気が薄くて音が伝わりにくく、空も澄み渡っている惑星ならば、複雑な視覚言語をもつ動物には有利かもしれない。

嗅覚――最古の感覚

私たち人間にとって聴覚と視覚はとてもなじみ深いので、音や光でコミュニケーションをとる生物だらけの地球外惑星を想像するのはさほど難しいことではない。しかし地球最古のシグナルの伝達手段は、じつは音でも光でもない。最初に誕生したコミュニケーションチャネルは、言語への発展を想像しにくく、実際、私たちはその存在をすっかり忘れていることも多い。それは嗅覚である。動物は匂いを嗅ぐ。非常によく嗅ぐ。嗅覚の定義を限界まで広げて「周囲の環境の化学物質を感じ取ること」とするなら、細菌にさえも嗅覚はある。化学物質を餌とする初期の生命体にとって、周囲の水中の化学物質の濃度を感知する能力は非常に有利になったはずだ。だからこそ、餌を求めてやみくもに動きまわる代わりに「匂い」をたどれるように進化していったのだ。

視覚と同様に、生物が環境内の重要なもの(光や食料など)を感知するための機構を編み出すと、その仕組みはシグナルの伝達にも使われるようになる。まさにこれが、地球の生命史の非常に早い段階で起きた。化学的なシグナルは体内の細胞どうしの相互作用にも利用されているので、最も広い意味での「化学的なコミュニケーション」は、少なくとも多細胞生物の起源にまで、ひょっとすると三五億年も前にまで遡ることができる。今日では化学的なシグナル伝達はほとんどすべての動物に見られる。ではなぜ、真の言語という意味での化学的言語は存在しないのだろうか？　どうして匂いで詩を書くことができないのだろう？　洗練された化学的なコミュニケーションがすっぽり抜け落ちているのは、地球の環境や発達の歴史がもたらした単なる偶然なのだろうか？　それとも人類が将来どこの惑星を訪れたとしても、多彩なガスで見事な文才を発揮するシェイクスピアなどいないのだろうか？

　識別可能な独特の匂い――化学物質――は、私たちの言語で使われている膨大な概念――本質的には単語――ほど多くないのだから、匂いにもとづく言語などあり得ないと思う人もいるだろう。しかし、それは真実ではないかもしれない。そのような匂いは種類は少ないかもしれないが、考えられる組み合わせの数は膨大だ。ヒトの嗅覚は優れているとはいいがたいが、それでも私たちの鼻にはおよそ四〇〇個の嗅覚受容体があり、イヌには八〇〇個、ネズミには一二〇〇個もある。つまり理論上は、私たちはおよそ一〇の一二〇乗もの種類の化学物質の組み合わせを感知する能力をもっているのだ。この数字は全宇宙に存在する原子の数よりもはるかに多い*。これは、必ずしも私たちがすべての化学物質の組み合わせを意識的に識別できることを意味するわけではないが、少なくとも理屈のうえでは、化学的な感覚には言語と同じくらい膨大な量の情報を伝えられる複雑さがあるということだ。

　蝸牛が音を周波数成分に分離するのと同じように、鼻にある四〇〇個の嗅覚受容体は、それぞれが感知したメッセージを脳の嗅球《きゅうきゅう》に送り、嗅球がこれらを統合することで「匂い」が知覚される。蝸牛と嗅球のはたらきの類似性を見れば、嗅覚言語が不可能であると考える神経学的理由はない。地球の生物のなかで複雑な化学的コミュニケーションをおこなっているものの代表は、もちろん昆虫だ。彼らは匂いを利用して異性を引きつけたり、同じコロニーの仲間を識別したり、餌の在りかへの道を示したり、侵入者がやってきたときに警報を発したりしている。多くの場合、使われる活性化合物の数はかなり少ないが、たとえ二〇種類ほどであっても、昆虫はそれらの組み合わせを少しずつ変えることによって、自分が属する種のメッセージが近縁種の昆虫のメッセージと混同されないようにしている。

しかし、こうした化学的な感覚が複雑なコミュニケーションを担うためには、ほかの感覚と同様に、特定の物理的条件を満たさなければならない。光と音は速く伝わるが、化学的なシグナルはそうではない。ホタルの光は瞬時に相手に到達するし、コオロギの鳴き声はおそらく一秒か二秒遅れで相手に到達するが、化学物質が発生源から数センチメートル以上離れたところまで拡散するには、その数千倍とはいかなくても、数百倍の時間がかかる。「匂いが伝わる速さ」を定量化することはほぼ不可能だが、通常、無風の環境で匂いが自然に拡散する速さは、風に乗って運ばれる場合に比べてはるかに遅い。そう考えると、匂いが伝わる速さの絶対的な上限は風速であるといえるかもしれない。地球上の音速は秒速およそ三四〇メートルであるのに対して、平時の風速はせいぜい秒速一〇メートルだ。匂いのメッセージが風に乗って道の向こう側からこちら側に届くのを待つとしたら、強風の日（ビューフォート風力階

＊ 人間がもつ四〇〇種類の嗅覚受容体のそれぞれに「オン」と「オフ」の状態があるので、その組み合わせは二の四百乗種類、つまり約二・五×一〇の一二〇乗種類ある。これに対して、観察可能な宇宙に存在する原子は約一〇の八二乗個しかない。

級6「雄風《ゆうふう》」、風速一三メートル）なら二秒か三秒あればよいかもしれないが、穏やかな夏の夕暮れ（ビューフォート風力階級0「平穏」、風速〇・三メートル未満）なら一分以上かかるかもしれない。もちろん、常に強風が吹いているような惑星ならば、もしかしたら化学的なシグナルの伝達は高速で信頼性の高いコミュニケーションチャネルになるかもしれない。ただ残念ながら、それは圧倒的に一方通行のチャネルだ。風上にいる相手に匂いで応答するのは至難の技なのだ！

化学的なコミュニケーションを高速化するために風を利用しようという単純な発想は、別の問題ももたらす。空気は滑らかな表面の上をゆっくり流れるときには一直線に進む傾向があるため、匂いは発生源からそれを感知する動物までまっすぐ運ばれる。しかし風速が大きくなったり、表面に凹凸があったりすると、空気は小さな渦に分かれ、やがて風向の定まらない乱れた風になってしまうのだ。繊細で複雑なシグナルを送るために、さまざまな匂いを細心の注意を払って別々の場所に保管しておいても、まるでケーキの生地に一滴だけ垂らした食品着色料のように、匂いは完全に混ざり合い、均質化してしまうだろう。コミュニケーションをとるために化学的なシグナルを環境内に拡散させる必要がある一方で、それぞれを分離させておかなければならないということは、化学的言語の進化にとって決定的な制約になるかもしれない。匂いで書かれた科学の教科書にもとづいて技術文明を構築した地球外生命体は、匂いが混ざり合わない、ごく近距離でのコミュニケーションしかおこなわないかもしれない。そんな彼らはとても小さな生物だろう。

電気――生命の言語

　さてここからは、なじみのある視覚、聴覚、嗅覚の世界を離れて、私たちにとってはあまりにも「異質《エイリアン》」な感覚にあえて踏み込んでいこう。ほとんどＳＦのような感覚をもって生きる動物たちが、この世界をどのように認識しているのかを理解するのは難しい。その筆頭はアフリカや南米に生息する電気魚だ。地球外生命体のコミュニケーションシステムついて、私たちが知覚に関する先入観に影響されることなく、まったく新しい洞察を得られるような動物が地球上にいるとしたら、それは間違いなく彼らである。

　電気は地球上の生命にとって欠くことのできないものだ。すべての生命は体内にエネルギーを蓄え、エネルギーを移動させる必要がある。地球上では例外なく、これは細胞内や細胞間で正負の電荷を移動させることによっておこなわれている。電荷は互いに力を及ぼしあう（同じ電荷どうしは反発し、異なる電荷どうしは引き合う）ので、電場のなかで電荷を移動させるためにはエネルギーが必要だ。車を押して坂を上っていくことを考えてみればいい。電場以外の場、たとえば重力場を利用してエネルギーを蓄える地球外生命体が進化する惑星を想像することはできなくもないが、現在の物理学の知識では、そうした地球外生命体が実在する可能性はゼロに等しい。意外に思われるかもしれないが、ミクロのスケールでは重力はあまり強い力ではないからだ。

　いずれにせよ、地球上では生きることは電気を発生させることを意味する。すべての生物が電気を発生させているのであれば、遅かれ早かれ、一部の生物が電気を感知する能力を進化させて、ほかの生物を追い詰めて捕食するようになる。電気感覚、すなわち電場を感じ取る能力は、サメなど多くの魚種に広範に見られるが、サンショウウオなどの両生類にも、また奇妙なことにカモノハシなど一部の哺乳類にも見られる。アヒルのくちばしのような口吻《こうふん》をもつカモノハシは、泥のなかにいる獲物の体に流れる微弱な電流を感知して、これを捕食している。

水中には電気を狩りに利用する捕食者がうようよしていることを考えると、コミュニケーションの手段として意図的に電気シグナルを発するのは無謀なことに思える。それにもかかわらず、一部の魚種、とりわけ南米産のデンキウナギとアフリカ産のエレファントノーズフィッシュは、体内に特殊な発電器官を進化させ、周囲の水中に複雑に変化する電場を発生させる。発電器官には発電細胞と呼ばれる特殊な細胞が並んでいて、個々の細胞が出す電圧は小さいが、細胞が電池のように直列につながることで、最終的に大きな電圧を生み出すのだ。発電細胞は体内の細胞のなかでも特に電気的活動が活発な筋細胞に由来しており、そのためヒトが喉頭と舌の筋肉を使って発話を細かく制御するのと同じように、電気魚は電気的活動を非常に細かく制御できる。もちろん、電気魚の体には天敵のサメなどと同じように、電気受容器という特殊な細胞が備わっていて、周囲の電場を感知することもできる。

電気魚は発生させた電場をふたつのことに利用している。ひとつは、生物や無生物によって生じる電場の乱れを感知することで、周囲の環境を感じ取ることだ。たとえば電気魚が岩に近づくと、体のまわりの電場のパターンがわずかに変化する。私たちが光を感知して物体を認識するのと同じように、電気魚の脳はこうした電場の乱れを感知して岩を認識するのだ。電場の乱れを通して世界を見るというのは、さぞかし奇妙な体験だろう！　私たちには直接理解することはできない感覚だ。でもひょっとしたら、

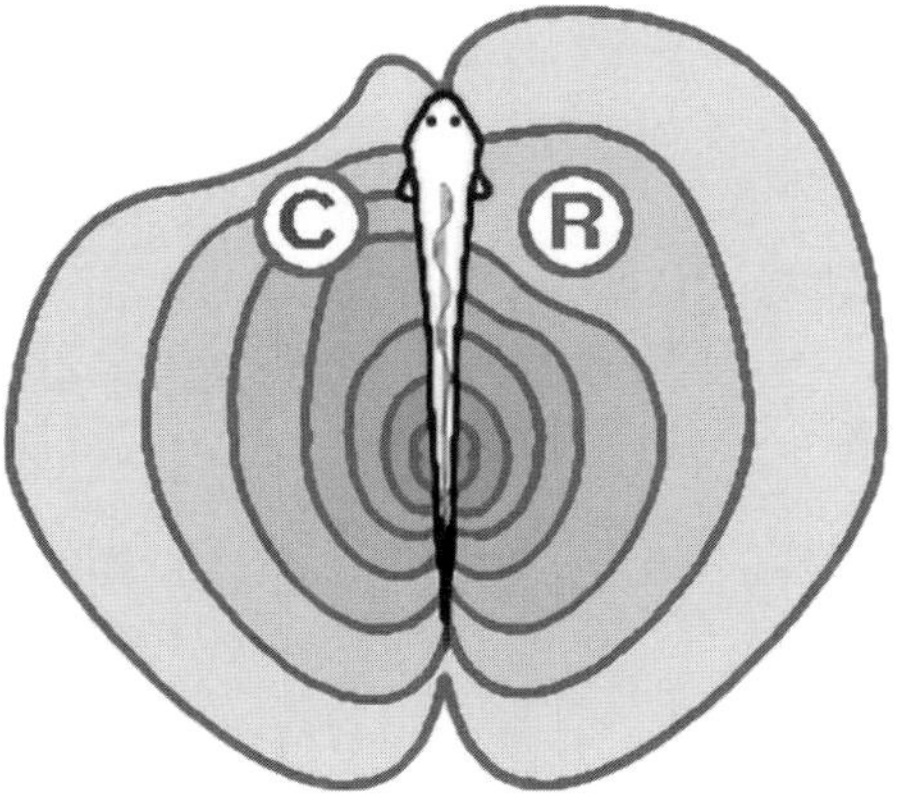

図22　電気魚の能動的電気定位。魚が周囲に発生させる電場（図中の線で示す）は、導電性（C）の物体と非導電性（R）の物体のまわりでは異なる乱れ方をする。魚の脳は、こうした電場の乱れを周囲の世界の地図へと変換する。

電場の乱れを視覚シグナルに変換する、娯楽用のシミュレーターを設計することならできるかもしれない。

しかし私たちの関心事は、もうひとつの用途である電場を使ったコミュニケーションのほうだ。アフリカの電気魚と南米の電気魚では、情報を電気シグナルに符号化する方法は多少異なるが、基本的な原理は同じである。電場を意図的に変調して、特徴的なパターンを作り出すのだ。パルス状やウェーブ状の放電パターンのわずかな違いによって、魚種の違いや雌雄を見分けたり、個体の社会的地位や優位性を示したりすることさえできる。ジャングルを流れる暗く濁った川のなかでは視覚はほとんど役に立たないので、自分のまわりの世界を感知するにしても、同じ種の仲間とコミュニケーションをはかるにしても、この複雑な電気的メカニズムがうってつけなのだろう。

電気シグナルが複雑な言語をじゅうぶんに支えら

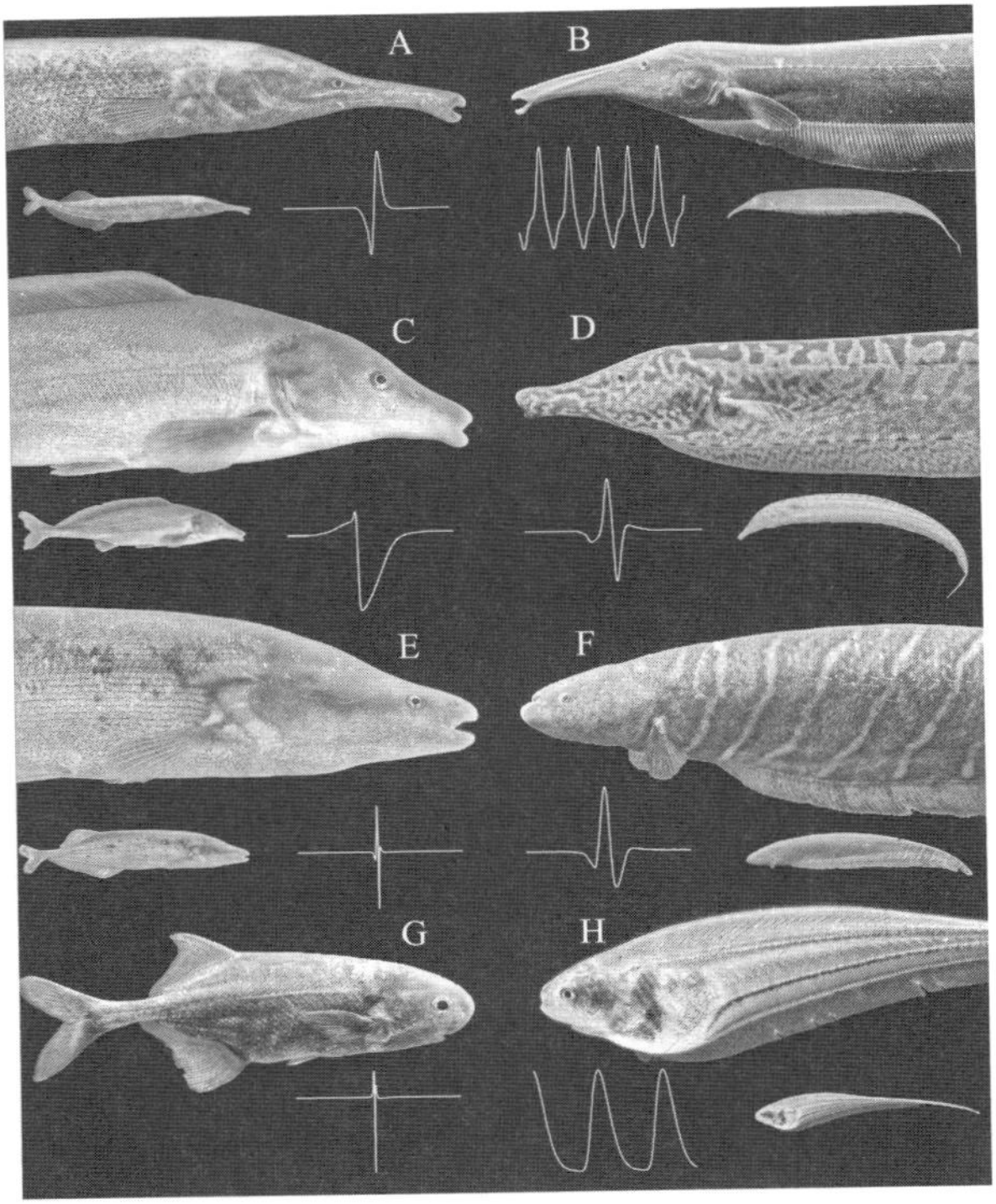

図23　各種の電気魚が発生させる電気パルスの変調パターン。電気シグナルの複雑なパターンは少なくともその魚種に関する情報を発しているが、原理的にはもっと多くの情報を符号化できる可能性がある。

れるだけの複雑さをもちうることは間違いない。また電場は高速で伝わり、シグナルの発信者も容易に特定できる。魚が電場を利用して動かない物体をよけて泳ぐことを思えば、これは驚くことではない。さらには、電気魚がコミュニケーション可能な範囲はせいぜい数メートルだが、電場の波形を異なる波長で変調させて、シグナルが環境内によくある物体に遮られないようにすれば（電気魚がこれをおこなっているかどうかは明らかではないが、理論上は可能だ）、より長い距離を隔てたコミュニケーションもできるだろう。

概していえば、電気を用いたコミュニケーションは言語の進化にとってほぼ理想的な手段に思える。しかし電気魚が言葉をもたないことは確かであるし、さらに悩ましいのは、複雑な電気シグナルを伝達するシステムをもつのは、地球上でこの二系統の魚しかいないということだ。なぜ電気的なコミュニケーションは動物の世界でそれほど普及せず、洗練されてもいないのだろう？　地球上でこのテレパシーのようなコミュニケーションの普及が阻まれているなら、地球外生命体もまた電気で話すことはできないのだろうか？

地球上の生物に電気魚のような洗練された電気シグナルを伝達するシステムがほとんど見られないのには、おそらくふたつの理由がある。第一に、このシステムを進化させ、維持するには非常にコストがかかるということだ。強力な電気シグナルを発生させるためには多くのエネルギーが必要であるうえ、体表にずらりと並んだ電気受容器が捉える複雑なシグナルを解読するためには、脳の多くの領域を割かなければならない。要するに、非常に強い選択圧があるときにしか、つまり実質的に選択の余地がないときにしか、電気的コミュニケーションは進化しない可能性が高いのだ。同様に、コウモリが反響定位《エコロケーション》という非常に有用な技を進化させたのは、洞窟に棲んで夜に狩りをするというニッチを選んだ彼らには、反響定位を進化させるよりほかなかったからである。だから電気魚というのは、車を有料で修理するプロの整備士のようなものだ。彼らは車の不具合を直すのに必要な特殊な工具を持っていて、それらはあれば便利かもしれないが、わざわざ一般人がコストをかけて手に入れるものではないということだ。

図24　卵生哺乳類のハリモグラは、粘液で覆われた鼻先で、餌となるアリやシロアリの電気シグナルを感知している。

電気を用いたコミュニケーションが普及しない第二の理由は、物理的性質による制約だ。電場が存在するためには、周囲の物質は電気を通しやすすぎても通しにくすぎてもいけない（ということで、金属中や空気中には電場は存在できない）。地球上には金属に囲まれた環境はあまりないが、空気に囲まれた環境は多い。水の外で生活する動物は、電気魚が周囲の物体を感知するのに利用するような静電場を維持することができないのだ。ほかの感覚のところでも見てきたように、進化は単純な解決策の上に複雑な解決策を構築する。つまり、すでに編み出されていた視覚、聴覚、嗅覚などの感覚器官を、コミュニケーションの用途に適応させて使っているのだ。だから電気感覚が陸上で機能しなければ、陸上で電気によるコミュニケーションが進化することはない。興味深いことに、電気感覚を利用する陸上動物のなかには、ハリモグラのように電気に敏感な鼻先を大量の導電性の粘液で覆うなどの特殊な解決策を進化させてきたものもいるが、こうした例はごくまれで、おそらくコミュニケーションの革新的な進化につながることはない。したがって地球の場合は、電気によるコミュニケーションは（陸上では）実用的ではないし、（水が澄んでいてほかの感覚を利用できる場所では）不要なのだ。では、地球外惑星ではどうだろう？　電気的なコミュニケーションが進化する可能性があるのは、おそらく暗黒の海があるところだ。そのような世界が太陽系に少なくともふたつ存在する（土星の衛星であるタイタンとエンケラドゥス）のだから、意外とありふれた環境なのかもしれない。

■

複雑な情報を伝達しうるコミュニケーションチャネルを、すべて考察できたのかはわからない。磁石を使ってメッセージを送る方法なども考えられるが、地球上でそんなことをしている動物は見たことがないので、そのような能力を進化させる原動力については、ほとんど何も語ることはできない。哲学者やSF作家が提案する方法は、紙の上ではもっともらしく見える。フレッド・ホイルの小説『暗黒星雲』では、巨大なガス雲状の地球外生命体の体内に分布する「器官」の間でメッセージをやりとりするのに電離ガスの流れが利用されていた。こうしたコミュニケーションについて、（少なくとも有益な）考察することは容易とはいいかねるし、実際、ほとんど検証のしようもない。

本章では、地球環境における多様な進化の過程で、いかにも言語の候補になりそうな感覚だけではなく、ほとんどすべての感覚がコミュニケーション戦略として利用されてきたということを見てきた。たとえ地球外惑星の大気や温度、気圧、さらには表面を構成する元素や分子までもが地球と大きく異なっていたとしても、少なくとも私たちは地球の動物たちの適応のしかたを観察し、それを活用することによって、地球外生命体が何を使って——あるいは使わずに——会話するのかについて、結論を導き出すことができる。

エンケラドゥスの地下海のような漆黒の闇の世界では、視覚はまったく進化せず、目のない生物たちが音だけ使って何不自由なく豊かなコミュニケーションを進化させているかもしれない。反対に、火星の希薄な大気のなかでは、音によるコミュニケーションはよい選択肢ではない。

第4章で見たように、地球は進化の実験場だ。生物はさまざまな問題に直面するが、物理法則にもとづいた現実的な解決策はかなり限られている。暗闇の世界に棲む地球外生命体ならコウモリやイルカのようにクリック音を使って、あるいは澄み切った空に棲む地球外生命体ならチカチカと色を変えて、コミュニケーションをはかるだろう。物理的に地球によく似た惑星なら、きっと地球の森のなかを散策するときと同じように、さまざまな感覚刺激の波が押し寄せてくることだろう。

第 6 章

知能

(それが何であれ)

うちの愛犬はときどき私にウィンクをする。ただ静かに座って私を見つめ、片目をつぶる。あれはウィンクだ。私はこっそり周囲を見回して、誰にも見られていないことを確認してから彼にウィンクを返す。返さないという選択肢はない。彼が本能に従うだけの操り人形だったとしても、別に損するわけではないのだから。でももし操り人形ではないとしたら？　彼が意識をもつ知的な存在で、ウィンクの意味を完璧に理解していて、「ボクはみんなが思っている以上に知的だよ。そのことをちゃんとわかってくれているのか、確認したいんだ。ボクの秘密を知っているなら、ウィンクを返してよ」といおうとしているのだとしたら？

ほとんどの人は動物たちがそんなことを考えられるとは本気では思っていないし、多くの人はたとえ動物に知能があるとしても、私たちの知能には遠く及ばないとまでいうだろう。私たちが個人や文明として成し遂《と》げてきたことと、動物たちが類似の成果をあげていないことを思えば、人間と動物の認知能力に質的な差があることは明らかではないか？　私たちは賢い。彼らは……それほど賢くはない？

人類は大昔から、動物の知能や、動物と人間の知能の違いに魅了されてきた。*　知能に基礎のようなものがあるとしたら、それはどんなものだろう？　地球やほかの惑星の生物にどのような特徴が備わっていたら、私たちは「あの生物には知能がある」というのだろうか？　それは特定の行動や能力かもしれないし、特定の種類の脳かもしれない。あるいは、脳がどのようにプログラムされているかによるのかもしれない。けれども本書をここまで読み進めてくださったみなさんなら、「知能の普遍的な特徴のなかで最も興味深いのは、知能が進化するメカニズムだ」と私が主張しても驚きはしないはずだ。結局のところ、私たちが宇宙の隣人たちと出会ったときに共通の背景を見出せるかどうかは、進化のメカニズムを共有しているかどうかにかかっているのだ。

ある程度納得のいく知能の定義を見つけ出そうとする人類の歴史は波乱に満ちており、知能を定量的な方法で測定しようとする試みのなかには疑わしいものもある。人間は、自分たちがほかの人間よりも優れていると主張するために（そして何より、自分たちが嫌いな人種を貶《おとし》めるために）、また、人間にはほかのどの動物とも違う独自性があると提唱するために、いちおうは客観的とされている知能の尺度を用いてきた。しかし私たちが求めているのは、知能の定義というよりも、ほかの惑星では知能はどのように進化するのか、またそうした進化の道筋は地球のそれと似ているのか、についての一般的な枠組みだ。科学技術《テクノロジー》をもつ地球外生命体は、私たちが認識できるような知能をもっているのだろうか？　それとも、電波望遠鏡を建設するような知能には、さまざまな種類があるのだろうか？　私たちが探しているのは「人間のような」知能なのだろうか？　ひょっとすると、それが私たちのいう知能という言葉の意味なのだろうか？　ジャスティン・グレッグは著書『「イルカは特別な動物である」はどこまで本当か　動物の知能という難題』（芦屋雄高訳、九夏社）のなかで、私たちは直観的に「ハエは愚かでチンパンジーは賢い」と考えているが、この理解に最もよく合致する知能の定義は「あるものの行動が成人の人間の行動にどれだけ似ているかを測る尺度」だと述べている。人間中心のこうした定義に従っていたら、私たちはたとえ対話が可能な地球外生命体に遭遇しても、彼らを黙殺したり、ひょっとしたら見過ごしたた

＊本書巻末の「もっと知りたい人のために」に掲載したフランス・ドゥ・ヴァール、グレゴリー・バーンズ、ジャスティン・グレッグの著書は、いずれも動物の知能の問題について非常に楽しく示唆に富んだ見解を示している。

りしてしまうのではないだろうか？

実際、人間のような知能は地球上では珍しいようだし、アインシュタインやモーツァルトを天才たらしめているものは何か、という魅力的な問題に対しても答えは出ていない。しかし私たちは、人間の知能や天才たちの特異な才能についての数多の細部にではなく、進化の基本に立ち返る必要がある。知りたいのは、アインシュタインやモーツァルトのような天才と私たちが共通してもつものは「何か」ということだ。そしてその何かをもたず、別の種類の知能（もちろんそれについても知りたい）をもっていた祖先から、その何かがどのようにして進化してきたのか、ということだ。人間の知能を適切な文脈のなかで把握するには、それぞれが独自の知能をもつ、地球上の数百万種の動物に目を向けなければならない。進化が人間の知能という待望の果実を獲得するためだけに、三五億年にわたって懸命にはたらき続けてきたと考えるのは、嘆かわしいほど狭量な見方だろう。カイメンからヒトに至るまでのあらゆる生物に等しく当てはまり、ほかの惑星にもじゅうぶん適用できる一般的なプロセスとして、知能を捉える方法はあるのだろうか？　地球上の生物どうしの知能を比較できなければ、地球外生命体の知能を予測するために必要となる、真に普遍的な知能の特徴を突き止めることはできないだろう。

しかし、そもそも知能とは何かを考える前に、知能がなぜ存在するのかを考えてみる必要がある。知能というのは本質的には問題を解決することであり、これは理にかなっている。なぜならみずからが直面する問題を解決する能力は、進化のなかで有利にはたらくと思われるからだ。世界は――どんな惑星の上でも――問題に満ちている。エネルギーには限りがあり、空間には限りがあり、時間には限りがある。問題はこれらの限られた資源をどのように利用するかであり、その問題を克服する能力をもつ個体がほかの個体よりも有利になるのだ。

たとえばアメーバは、周囲の環境のなかで栄養分の濃度が最も高いところに向かって進んでいく。左の餌の濃度が高ければ左に進み、右の餌の匂いが強ければ右に進む。多くの人にとって、この手の単純な行動は、知能の定義をいくぶん広げることになるだろう。もちろん思考のための脳のような機構をもたないアメーバは、いかなる意味でも「考える」ことはしない。とはいえ、アメーバの行動にはいわくいいがたい何かがある。アメーバよりさらに単純な生物は、「よそ見をせずにひたすら前進し、道筋にあるものは何でも食べろ」といった、もっと単純なルールに従っているかもしれないが、アメーバはこのルールを改良したのだ。「ひたすら前進」することが最善の道ではないかもしれないし、餌は後ろにあるかもしれない。つまるところ世界は「予測不可能」なのだ。われらが単細胞生物は、栄養分の濃度を感知して初めて、どちらに進むべきかを判断する。こうした知能や、動物（と人間）の知的行動の多くは、「思考」や「精神作用」に頼ることなく説明できる。

動物は世界のありようを予測することに、知能の大半を使っているようにみえる。「あのライオンは襲ってくるだろうか、それとも遠くにいるから大丈夫だろうか?」、「日が短くなってきたから、そろそろ越冬のために南へ飛び立つべきだろうか?」、「あの雄《おす》は私の子どものよい父親になるかしら?」、というように。どんな種類の知能であっても、宇宙の予測不能性の一部を解決できなければならないのは必然のようだ。私たち人間はこれを極端なレベルにまで押し進めた。たとえば、「この宇宙探査機を木星周回軌道に投入することはできるだろうか?」、「宇宙は永遠に膨張し続けるのだろうか、それとも収縮に転じるのだろうか?」、「はったりを見抜かれずに、核兵器を使うぞと脅せるだろうか?」、といった具合に。よく知られている人間の知能の定義に、「頭のなかで宇宙のモデルを構築し、さまざまなシナリオの下で何が起こるかを予測する能力」というものがある。[*1] 私たちは「心的シミュレーション」をおこなうことで、実際にリスクを冒すことなく、現実世界の問題に対して考えられる解決策を検証することができる。確かに私たちにはこの特別な能力があり、ほとんどの動物にはないようにみえるが、彼らはこの能力が低いだけなのだろうか、それとも欠落しているのだろうか？ つまり私たちの知能は、彼らと同じ種類のものがより優れているということなのだろうか、それとも根本的に異なっているのだろうか？

まずは、人間の知能も動物の知能も、ある種の予測機械であるということから考察を始めよう。脳は予測をする。だから知能がたどっていく進化の道筋は、厳密にその生物が何を予測しようとしているかに大きく左右される。たとえば獲物が自分から逃げていくかどうか、あるいは自分が捕食者から逃げられるかどうか、に関心があるのなら、私たちは世界のなかにある動く対象物を視覚で捉え、脳はそれらの動き方に関する内的表象を作り出す。第5章で触れた電気魚は、私たちとはまったく異なる世界に棲んでいて、知覚対象物の解釈と予測についてもまったく異なる知能をもっている。電気魚の体のまわりの電場の微妙な変化は、対象物の位置や動きとして解釈されるのかもしれないが、電気魚が認識する（そして人間が認識できない）世界を私たちが理解することになったら、対象物間の「空間的な関係」の概念そのものが、私たちの概念とはまったく違っているだろう。地球とはきわめて異質な感覚環境に暮らす地球外生命体ならば、その違いははるかに大きくなるはずだ。

哲学者のトマス・ネーゲルは有名なエッセイのなかで、コウモリがどのように世界を知覚しているかを想像しようとするだけでは不十分だ、と述べている。[*2] 私たちはせいぜいコウモリの知覚経験を、人間が解釈したものを理解できるだけだ。「コウモリとして」の経験は、完全に私たちの手の届かないところにある。

これは由々しき問題だ。知能には無数の種類があり、それぞれが根本的に違っていて、事実上、共通点が何もないことを示唆しているからだ。コウモリがどのような知能をもっているのかさえ理解できないのなら、私たちが地球外生命体の頭のなかを理解できるはずがない。地下海の暗闇のなかで進化してきた異星の知的生命体は、私たちには想像もつかないような概念や理解をもっているに違いないし、彼らに夕焼けや虹などの概念を伝えようとしても無理だろう。

幸い、過去五〇年間にわたる動物行動の研究から、人間の知能と地球上のほかのすべての生物の知能との共通点の解明に役立つ、重要な手がかりがいくつか見つかっている。動物の知能は、さまざまな知覚とさまざまな予測スキルを統合して外界を理解し、予測することにかかわっているようだ。では、これはどのようにおこなわれているのだろうか?

＊1 哲学者のダニエル・デネットは著書『心はどこにあるのか』（土屋俊訳、筑摩書房）のなかで、さまざまなタイプの予測能力を明快かつ有用な階層にして示している。
＊2 トマス・ネーゲル著『コウモリであるとはどのようなことか』（永井均訳、勁草書房）を参照。

知能の種類はひとつか多数か?

地球外生命体の知能について不確実な部分が多いのは、地球上の知能の本質について不確実だからだ。これについて科学者たちは、少なくともふたつの可能性を示している。ひとつは、知能をひとつの一般的な能力(一般知能)と捉えるもので、方程式を解くことや飛んできたテニスボールをキャッチすることなど、まったく違ったタイプの課題の解決に等しく用いることができるとする。もうひとつは、知能は複数の異なった特殊な能力(特殊知能)からなり、方程式を解く能力とボールをキャッチする能力は別物だとするものだ。前者が正しいなら、私たちはみな、知能を必要とするあらゆる課題を遂行できるが、その結果には個人差があるということになる。一方、後者が正しいなら、生物種や個体によっては、特定の分野の知能が完全に欠落していることもありうる。一部の動物(や人間)は、ボールは正確にキャッチできるのに数学はお手上げだったり、その逆であったりするが、このことは何を意味するのだろうか? ちなみに、うちの愛犬はどちらもできない。彼の才能がまだ発見されていない分野にあることは明らかだ。

この疑問は地球外生命体の知能の本質を理解するうえできわめて重要である。もし知能が一般的(かつ普遍的)な能力であり、すべての生命体が同じ種類の知能をもっていて、その程度だけが違っているなら、知的な地球外生命体は私たちとよく似た知能をもっているだろう。しかし、知能が個別の特殊な能力を基礎にしており、そのそれぞれが、動物が解決しなければならない特殊な問題——たとえばテッポウウオなら、水面より上にいる昆虫を打ち落とすために正確に水を吐き出すこと——と結びついているとしたら、地球外生命体の知能は私たちとは根本的に異なる経験にもとづいている可能性が高く、そのため私たちは、彼らとの相互理解どころか、残念ながら彼らが知能をもつことに気づくことすらできないかもしれない。

科学者は長年、このジレンマについて思案してきた。動物たちは生息環境のなかで直面する特殊な問題を解決するために、さまざまな特殊知能を進化させてきたのだろうか？　それとも知能というのは、これらの特殊な問題を含む多種多様な問題に幅広く対応できる、ひとつの一般的な特性なのだろうか？あらゆる二分法と同じく知能の二分法もほぼ確実に間違っているが、それでもそれぞれの立場に対する賛成意見や反対意見から、進化が知能の発達に対してどのようにはたらいたり、はたらかなかったりするのかについて、多くのことが明らかになってきた。

それぞれの生物種がそれぞれに異なる能力を進化させてきたのは、当然だと思われるかもしれない。生物には水中で暮らすものもいれば、陸上で暮らすものもいる。草食性のものもいれば、肉食性のものもいる。動物たちが解決しなければならない問題はニッチによって大きく異なるので、彼らはみずからが抱える特異な問題を解決するために、異なる「知的能力」をもっている。この点に関しては一見、異論の余地はなさそうだ。テッポウウオは光が水面で屈折するにもかかわらず、水面の上にいる昆虫に向けて口から吐き出した水を命中させることができる。コウモリは獲物の三次元的な動きを予測する驚異的な能力を駆使して、飛んでいる昆虫を捕まえることができる。ハキリアリは地下数メートルのところに巨大な巣を作るが、その巣には菌類を栽培するための特別な部屋まである。確かにこれらは、たったひとつの知能における変化《バリエーション》の度合いではなく、別々の種類の知能のようにみえる。

しかしこの立場をとると、論理的には、人間はじつはクラゲより高い知能をもっているわけではなく、クラゲとは「違った種類の」知能をもっているだけだという話になる。これは、ほとんどの人の直観に反しているだろう。少なくとも、人間は多くの点でクラゲより高い知能をもっているようだといえる。私たちは論理を駆使して周囲の世界を科学的に理解し、ユニークな芸術作品や音楽を作り出し、社会的能力を活かして数百万人が暮らす都市や国家を繁栄させている。一方、クラゲがうまくやっているのはせいぜい「海にぷかぷか浮かぶこと」ぐらいだ。ただ、人間はクラゲよりも高い知能をもつ「はず」だという主張は、循環論法に陥りがちだ。最初から知能を「人間がもっているもの」と仮定するなら、人間がほかの動物よりも高い知能をもつのは当然である。より客観的なアプローチをとるなら、どのような種類の知能がなぜ進化してくるかを考え、そうした知能が生態系全体にどのように分布しているかを再評価する必要がある。

知能には一種類しかなく、異種の動物の知能には種類ではなく程度の差しかないという主張は、主に人間心理学の研究成果にもとづいたものであり、それをほかの動物に試しに当ててはめてみたようなものだ。心理学者によると、知能にはさまざまな尺度があり、それらは互いに相関しているようにみえる。数学が得意な人は、言語や音楽も得意な傾向がある。このことは、「賢い」人々の脳のなかで何か共通することが起きていることを匂わせている（と彼らはいう）。しかし、一九〇〇年代に始まった「一般知能（general intelligence）」、別名「g」因子に関する研究の多くは、一九八〇年代以降、ほとんど間違いであることが判明している。* 検査をおこなう側の育ちや社会経済的地位、文化的偏見までを考慮して人間の知能検査をおこなうことは非常に難しい。これまで人間の知能検査は、おそらく存在しないであろう科学的客観性を無邪気に信じて、あるいは、分断や人種差別を助長しようという悪意をもって、利用されてきた。ひとりの人間の知能を「ＩＱ（Intelligence Quotient：知能指数）」のようなひとつの数字で表せるという考え方は、物議を醸している。人間のＩＱ検査の考え方を、人間とは違った種類の問題を解決するために進化し、人間とは違った種類の情報を用いている動物たちに広げるのは、はたして理にかなっているのだろうか？　ばかげている。瓶のなかに入れられたタコが内側から蓋をあける動画を見たことがある人はみな、タコに知能がないはずがないと感じるが、どのようなＩＱ検査をやったところで、タコの知能の本質や程度を捉えることも、人間の知能との類似点や相違点を捉えることもできないだろう。

ただ、一般知能の支持者たちの指摘のなかにも、知能の進化に関して真剣に受け止めるべき重要な点がひとつある。それは、知的な行動の多くが核となる少数の能力――具体的には学習、記憶、意思決定の能力――に依存しているということだ。これらは一見単純だが、私たち人間を含む動物が、知的な課題を遂行するのに欠くことのできない能力だと思われる。私たちは、ネズミに迷路を抜けさせたり、魚に顔を認識させたりするなど、さまざまな動物を訓練して特定の行動を「学習」させられることを知っている。イヌに「お座り」を教えるときに使う心理学のテクニックは、ニワトリにスケートボードを教えるのにも使える。

有名な話だが、一八九七年にイワン・パブロフはイヌにベルの音を聞かせてから餌を食べさせる訓練

＊　スティーヴン・Ｊ・グールド著『人間の測りまちがい』（鈴木善次ほか訳、河出書房新社）を参照。

をおこなうことによって、ベルの音という完全に中立的なシグナルに対して、報酬をもらえるという刺激と同じ反応をするようにイヌを条件付けられることを示した。訓練によりベルの音を餌と結びつけるようになったイヌは、ベルの音を聞くとよだれを垂らすようになったのだ。ベルは本来なら餌とは何の関係もないので、この反応は本能的なものでも、進化によって獲得された先天的なものでもない。しかし進化の観点から見て、これ以上に有益なものがあるだろうか？　食べ物以外のシグナルによって食べ物が得られることが予測できれば、ほかの個体を出し抜くことができるのは明らかで、競争相手よりも優位に立つことができるのだ。

パブロフの実験から何年もたたないうちに、科学者たちはほとんどすべての動物に共通すると思われるもうひとつの不思議な行動を発見した。動物は、好ましい結果を得るために行動を変えることを学習でき、その行動は中立的なものであってもよいというのだ。イヌが餌を探すという行動によって餌を獲得しても、誰も驚かない。それは単なる進化的適応だ。けれども私たちは、ご褒美として餌を与えることでイヌにお座りを教えることもできる。イヌにとって、座るという行動により餌を獲得できることを学習するのは、ふつうのことではない。座ることは、餌探しとは何の関係もない、中立な行動だからだ。イヌたちは明らかに、「お座り」という命令に対する自分の反応を餌の獲得と結びつけている。これは学習されたものだ。イヌは柔軟性をもつことで餌を手に入れるというやり方を学習したのである。こうした柔軟性は、知能の重要な部分を占めているように思われる。

驚くことに、このような学習能力は地球の動物たちに意外なほど広く備わっているらしい。イヌやサルのような哺乳類が学習するのはもちろんだし、鳥はほかの鳥の反応を見て捕食者を認識するし、魚はほかの魚が餌をとるのを見てよい餌場を知る。極小の脳しかもたない昆虫でさえ学習する。研究者たちは最近、小さなボールを「ゴール」まで運んだハチにご褒美の砂糖を与えることで、「サッカー」を教えることに成功した。学習は、地球上の動物たちの間にあまねく見られ、そのあり方は多種多様である。進化的利益があることも明らかだ。そう考えると、特定の行動と結果との結びつきを学習する能力が、知能の普遍的な特徴であることは、ほぼ確実なように思われる。もし地球外生命体が故郷の惑星で直面する問題を解決するために知能を進化させることがあったとしたら、行動と結果を結びつける能力を進化させたに違いない。いわゆる「連合学習」は普遍的なものであるはずだ。

「学習」は知能の魅力的な基準である。私たちはふつう、本能的な衝動にただ従っているだけの動物は、知的であるとは考えない。舌で昆虫を捕まえるカエルは間違いなく「器用」なことをしているが、本能に従ってそうしているだけだ。新しいことを学習するのに欠かせない柔軟性は、これとは明らかに異なるものであり、直観的に知能の前提条件であるように感じられる。だとすると、これが普遍的な定義なのだろうか？　地球上の動物にとっても地球外の動物にとっても、知能とは学習なのだろうか？

ほとんどの進化生物学者はこれで一件落着とは認めないだろう。野生の動物たちを観察すると、パブロフや二〇世紀前半の彼の知的な後継者たちの殺風景な実験室にいた動物たちとはまったく異なる姿が見えてくる。白衣の科学者がクリップボードを手に持ち、迷路を走るネズミを見守っているというイメージは、一般の人々が抱く科学に対する文化的認識の大半を占めているかもしれないが、それは科学の一端を示しているにすぎない。科学者たちは、最も基本的な行動にまで掘り下げたいとか、紛らわしい無関係な情報をすべて削ぎ落としたいといった論理的欲求から、動物たちを高度に制御した環境に置き、きわめて特殊な課題を与えた。科学実験は常に単純化されるものだが、それはときとして誤解を招きかねない。

動物というのは大学の実験室ではなく自然界のなかで、途方もなく多様で、運命を分かつ、矛盾した情報をもたらす感覚刺激にさらされながら進化してきたのだ。自然界のネズミは、左右に分かれた、どちらも同じに見える道のどちらか一方を選択する必要はないし、そのために進化してきたわけでもない。野生動物の行動研究によって得られた結果は、心理学の実験室で得られた結果と矛盾することが多く、これらの実験の妥当性をめぐる議論は今も続いている。

野生動物が種ごとに大きく異なる行動をするという事実は、知能に普遍的なものを見出すうえで重要な証拠になる。東アフリカの森のチンパンジーが生き延びるために必要な知的スキルは、南太平洋の島に棲むカレドニアガラスが必要とする知的スキルとはまったく違う。どちらも地球上で「最高に」知的な動物だが、彼らは同じ種類の知能をもっているのだろうか？　自然界における動物の行動研究によると、知能は一般的な学習能力にすぎない、という考え方にはふたつの問題がある。

第一に、チンパンジーやカレドニアガラスのような動物たちの信じられないほど高度で複雑な行動を見ていると、動物界の知能のすべてが何らかの共通の能力に由来しているという考え方には疑念がわいてくる。一九六〇年にジェーン・グドールは、チンパンジーがシロアリの塚の穴からシロアリを釣るのに、自分でこしらえた棒を道具にしていたと報告した。[*1]　彼女はこの発見により、人間の独自性の基礎を揺るがした。それまで人々は、道具を利用するのは人間だけだと信じていたのだから！　グドールの発見後も報告は続いた。南太平洋に浮かぶフランスの海外領土、ニューカレドニアに生息するカレドニアガラスも、見た目には何の変哲もない鳥なのだが、道具を作るのだ。くちばしを使って葉の縁や葉柄の形を器用に整え、それを木の幹の穴に差し込んで虫を取り出す。最近になってこのカラスにはもうひとつ、さらに驚くべきスキルがあることが判明した。道具を作るための道具を作る、というのだ。実験では（これが実験室でおこなわれたことは、認めざるを得ない）、この鳥は短い棒を使って長い棒を手に入れ、その長い棒を使って餌をとった。彼らは使えそうな道具と使えそうにない道具を選ぶことも、そのときどきに直面している問題に応じてくちばしでさまざまな形の道具を作ることもできる。[*2] 私たち人間は道具を作る唯一の動物でもなければ、技術を用いる唯一の動物でもないのだ。

これが知能であることは間違いない。けれども、道具を使うチンパンジーとカラスの最後の共通祖先が生きていたのは今から三億二〇〇〇万年も前、陸地が巨大なシダの森に覆われ、体長が一メートルもあるトンボなどの巨大昆虫に支配されていたころのことである。トガリネズミからクジラに至るまでのすべての哺乳類も、現生の爬虫類《はちゅうるい》や鳥類も、同じ共通祖先からきている。知能が共通祖先に由来するのであれば、その子孫のすべてが（少なくともほとんどが）知的であるはずだ。だが実際には、すべての鳥類、哺乳類、爬虫類がそれほど高い知能をもつわけではない。なぜなのだろう？　チンパンジーとカレドニアガラスだけが共通祖先から高い知能を受け継ぎ、トカゲやカメやカナリアやオポッサムやヌーなど、それ以外のほとんどの動物では知能が退化してしまったという可能性はあるのだろうか？

＊1　ジェーン・グドール著『心の窓　チンパンジーとの三〇年』（高崎和美ほか訳、どうぶつ社）を参照。
＊2　ジェニファー・アッカーマン著『鳥！　驚異の知能　道具をつくり、心を読み、確率を理解する』（鍛原多恵子訳、講談社）を参照。

もちろんない。群れで協力して魚群を浅瀬に追い込むイルカや、石を使って木の実を割るオマキザル、あらゆる問題を解決する能力をもつ私たちヒトなど多くの種がそうであるように、チンパンジーもカラスもその並外れた知能を独自に進化させたと考えるのが唯一まともな説明だ。知能は、太古の昔から受け継がれてきた形質であるだけではなく、常に具体的なニーズに合わせて進化し続けている。地球で見られるパターン――知能はそれぞれの領域におけるそれぞれの問題を解決するために幾度となく進化を繰り返す――を考えると、銀河系全体に存在するさまざまな惑星に暮らす動物たちも、同じようにそれぞれの問題を解決するのに適した知能を進化させていくのだと考えずにはいられない。地球上の生物はそれほど特別な存在でも、賢いわけでもないのだ。

こうした知能の収斂進化《しゅうれんしんか》を見ると、種ごとに異なるメカニズムがはたらいているように思えてくる。チンパンジーとカラスは、祖先から受け継いだ一般知能からあの見事な離れ業をやってのけたのではなく、それぞれ異なる世界で感じた知覚を活用したり、互いに共通点のない脳構造を基礎にしたりして、まったく別々の行動要素からあのような特殊な能力を進化させたのかもしれない。この考え方は進化生物学者には魅力的だ。一般知能のような「一般的」な能力は、特殊な能力に比べて進化の観点から説明するのが難しいからだ。動物は、特殊な能力をさらに優れたものに進化させられるときに、全体的な能力を引き上げようとするだろうか？　特定の分野では、スペシャリストはジェネラリストよりも優れている。だから脳手術は一般医ではなく神経外科医がおこなう。カラスが木の幹から虫を取り出す必要があるなら、特殊な道具を使う能力を進化させるだろうし、その能力は大いに役に立つだろう。けれども木の幹から虫を取り出すための道具を、ほかの状況――おそらく一生に一度も遭遇しないかもしれない状況——にも適応させる能力へと進化させるのは、無駄なことに思える。自分自身の生き残りにも、子孫の多さや繁栄にも寄与しない能力を進化させるメカニズムなどない。

一般知能が（地球および宇宙全体の）知能そのものに共通する普遍的事実であるという考え方の第二の問題点は、私たちが動物の知能として認識する行動の多くが、脳の個別的・特異的なメカニズムにもとづいていることにある。たとえば鳥は学習が非常に得意だ。最もわかりやすい例はさえずり（歌）の学習だが、鳥は異なる種類の知能が求められるまったく違うタイプのスキルを、少なくともふたつ習得することができる。

多くの鳴鳥は生まれつきさえずる能力をもっているが、ほかの鳥のさえずりを聞く機会がないまま育つと、まともにさえずることができなくなる。彼らが歌を学ばなければならないのは明らかだ。鳴鳥のなかには数百もの音節からなる非常に複雑な歌を覚えていて、驚異的な歌唱力を示す種もある。私が以前テネシー大学に勤めていたときには、研究室に向かう途中でマネシツグミの鳴き声が聞こえてくるたびに、立ち止まってその比類のない歌声に聞き惚れていた。マネシツグミは、ほかの数十種、ひょっとすると一〇〇種もの鳥のさえずりを模倣する。一羽の雄が、コマツグミの歌を数小節歌ってからアオカケスの歌に切り替え、それからチャバラミソサザイの歌、ゴジュウカラの歌……と続けていくこともある。これは先天的な行動ではない。それぞれの雄が成長する過程で周囲から聞こえてくるほかの鳥のさえずりを覚えたもので、紛れもなく学習による見事な成果であり、そこには知能が存在している。

しかし多くの鳥種には、それとは本質的に異なる記憶力と学習能力が備わっている。夏は暖かく冬は寒い環境で暮らす多くの鳥たちは、餌が手に入る時期にできるだけ多くの食べ物を集めてさまざまな場所に隠し、餌のない時期に備えるのだが、北米のロッキー山脈に生息するアメリカコガラは数千粒の松の実をさまざまな場所に隠し、なんと数週間後に一粒ずつ回収することができるのだ。この驚異的な記憶力は、もちろん人間の能力をはるかに凌ぐ。アメリカコガラの小さな脳の研究からは、その脳のなかで何が起きているにせよ、餌の隠し場所の記憶は歌の学習とは本質的に異なることが明らかになっている。

少なくとも餌の隠し場所の記憶は、歌の学習とは別の脳領域でおこなわれている。鳥のさえずりは脳内の小さな専門の構造が主に担っており、当然ながら、音楽的才能に恵まれない鳥種にはその構造は存在しない。さえずらないのであれば、不要だからだ。一方、餌の隠し場所を記憶する能力はあらゆる動物にとって重要であり、ヒトを含むすべての脊椎動物の脳にある、海馬と呼ばれる構造がかかわっているらしい。餌の隠し場所を特によく覚えている個体の海馬は、より大きくなっている。人間でも、ロンドンじゅうの通りを記憶しなければならないロンドンタクシーの運転手は、平均よりも海馬が大きいという非常に興味深い研究がある。おそらく海馬などない、私たちとはまったく違った脳構造をもつ地球外生命体は、特定の目的のために進化した特殊な構造に支えられた特殊な学習能力を備えているだろう。

生物学者たちは、一般知能とは異なり、こうした非常に特殊な学習能力の進化を説明するのは容易だと考えている。松の実の隠し場所をより多く記憶しているアメリカコガラは、冬に飢え死にする可能性が低いからだ。特定の目的に役立つ知能は必然的かつ明確なものであり、どの惑星にも確実に存在する。それなら私たちは一般知能の概念をきっぱりと捨てて、それぞれの動物の知能はその種やニッチに特有のものだというべきなのだろうか？　ひょっとすると、知能の普遍的な特徴を定義するという目標は夢物語であり、避けるに越したことはないのだろうか？

最も納得のいく説明は、一般知能が進化して、異なる種類の特殊知能を統合する役割を担っているというものである。一部の動物は人間のように知的なふるまいをする。彼らは周囲の環境から多くの情報を受け取り、さまざまな方法で処理して、ひとつの結論を導き出す。科学者たちは近年、知能のことを、異なる能力が異なるレベルで統合された階層的なプロセスとして理解するようになりつつある。これらの能力のひとつひとつ——松の実の隠し場所を記憶したり、ほかの鳥のさえずりを学習したりする能力——は、選択圧への反応である。しかし、環境がきわめて予測不可能なときには、それぞれの能力を統合し、相乗的に活用することで、それぞれの能力を足し合わせた以上の能力を生み出すことができるのだ。

地球外生命体がどのような知能をもつのかを予想するには、これが最善のアプローチだと私は思っている。彼らが棲む惑星の環境条件が地球のそれに似ているならば、彼らは地球の動物と同じようにさまざまな特殊な能力をもっている可能性が高い。季節のある惑星であれは、動物たちは食べ物を隠し場所に蓄えるだろうし、食べ物を入手するのが難しい惑星なら、道具を使うだろう。しかし私たちと接触できるほどのテクノロジーをもつ、いわゆる「地球外知的生命体」は、こうした特殊な能力を統合し、それを前例のない事態に応用できるように進化しているはずだ。餌を隠し場所に蓄える能力と道具を作る技術を融合させることができた生物は、自分がただ単に松の実を隠したり、虫を引っぱり出したりする以上の能力を備えていることに気づき、ついには宇宙船を建造する方法を見出すことだろう。

科学者、数学者としての地球外生命体

私たち科学者は、地球外生命体にも科学者や数学者がいて、地球人より進んだテクノロジーをもっているのだろうと考えがちだ。そうでなければどうして宇宙船を建造して地球にやってきたり、電波望遠鏡を建設して私たちにメッセージを送ってきたりできるだろうか？　SF作家も同意見らしい。ただどういうわけか、エイリアンの科学者がその豊富な知識を私たちに分け与えてくれるというよりも、不運な人間を使って実験するというシナリオのほうが圧倒的に多いのだが。私の知り合いの哲学者などは、エイリアンにも哲学者がいると考えている。ならば電気技師や配管工は、地球外文明でも地球と同じように、電気や配管の技能が頼りにされていると考えるのだろうか？

歴史的に見ても、科学の手法や発見には科学者自身の文化的・社会的な背景による偏りがある。しかし、エイリアンの自宅にトイレやセントラルヒーティングがあろうとなかろうと、科学や数学の法則は、私たちにとっても彼らにとっても同じだ。私たちと彼らの文明の共通点は、きっとこのあたりにあるのではないだろうか？　地球でも地球外惑星でも科学者は同じ発見を数多くしてきただろうし、同じ数学的定理を導き出してきただろう。だとしたら、地球人とエイリアンはほかのすべての点で違っていたとしても、論理学、数学、科学の最も基本的な概念を活用して、共通のコミュニケーションチャネルを構築できるのではないだろうか？

このような考え方は、地球外生命体が存在する可能性を、科学者や哲学者が真剣に考え始めるようになった当初から提唱されてきた。一九八〇年代には天文学者のカール・セーガンが、地球外文明が数学

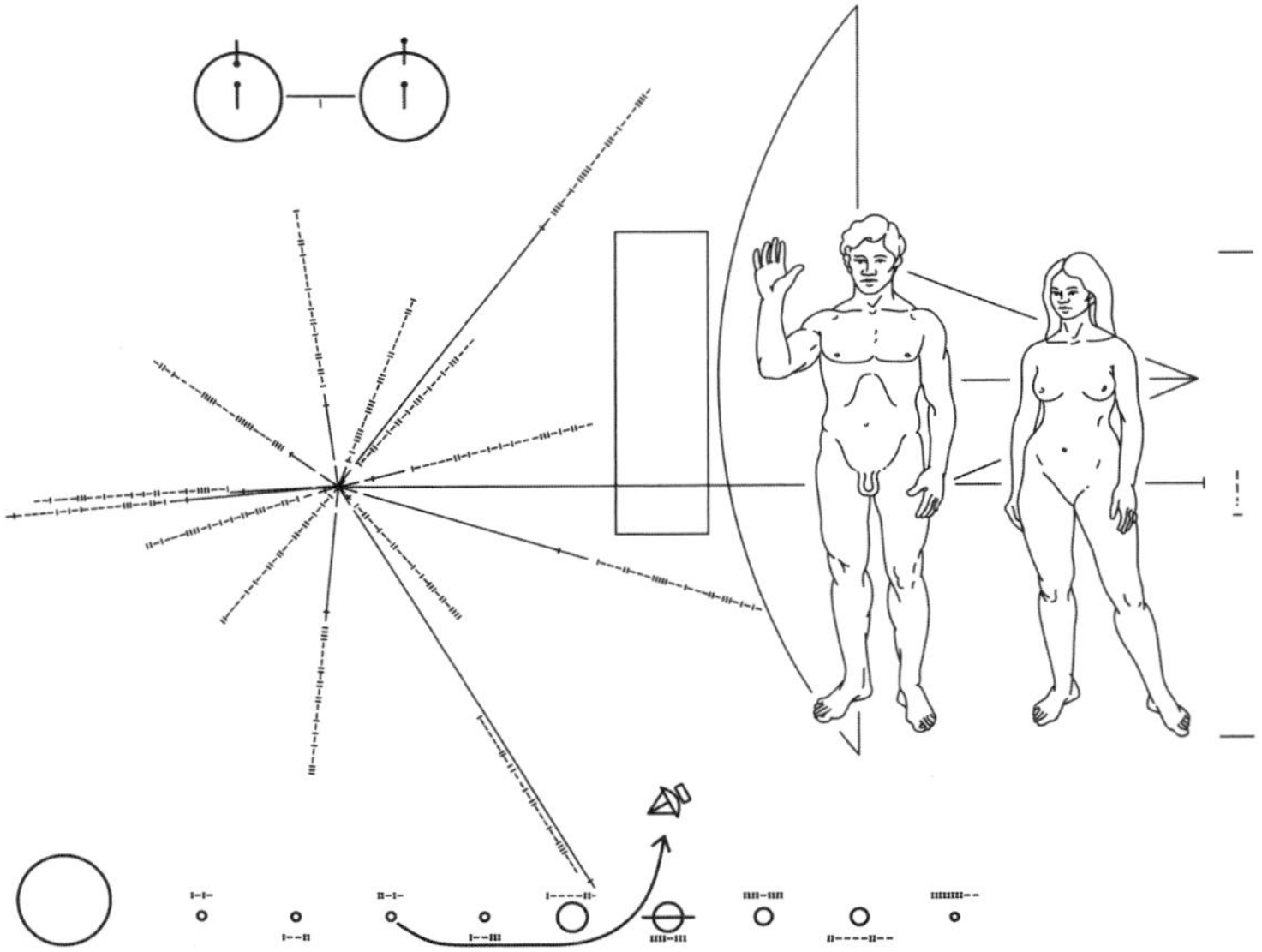

図25　探査機パイオニアの銘板には、地球外知的生命体にも理解できそうな方法で人類と地球に関する情報が記されている。銘板は、彼らが「数字」の概念を理解することを前提としている。

的原理を利用して私たちとコミュニケーションをとる方法について雄弁に語っている。[*1]彼自身も、妻のリンダ・セーガンならびに地球外知的生命体探索の父と称されるフランク・ドレイクとともに、一九七〇年代初頭に打ち上げられた小さな探査機パイオニア10号、11号に取り付けられた有名な銘板をデザインしている。現在も太陽系の外に向かって旅を続けるパイオニアの銘板には、視覚的に表現されたヒトの男女のほかに、数学的に表現された一四個のパルサーの自転周期と、太陽から見た個々のパルサーの方向が描かれている。いつの日か地球外生命体がパイオニアを捕獲して銘板を見ることがあれば、この「地図」を使って太陽系の位置を特定することができるはずだ。数

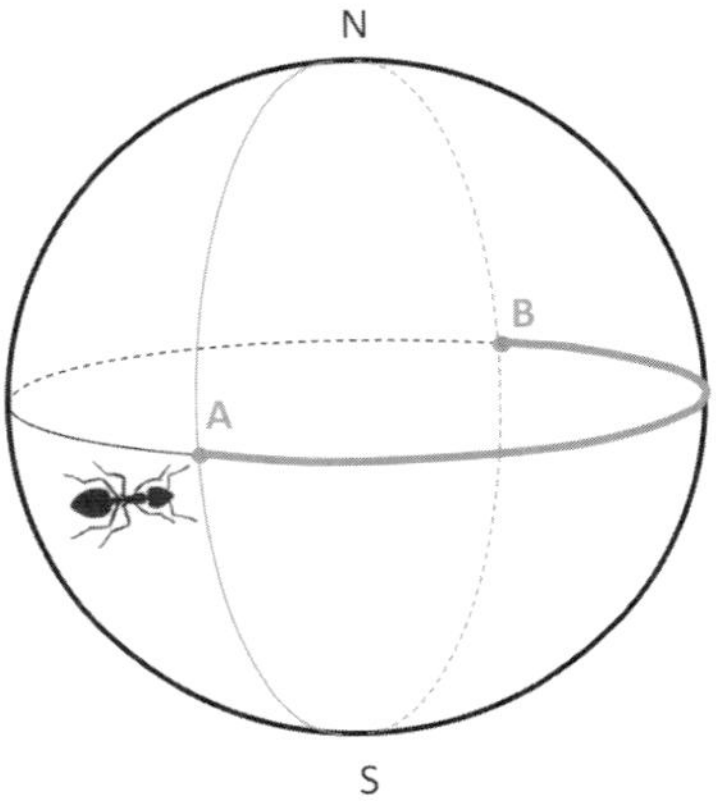

図26　異なる物理的制約を受けている人の目には、数学は違ったものに見える。球体の表面を歩くアリにとっての世界は2次元で、円周（A点を出て北極と南極を通ってA点に戻ってくる経路の長さ）は直径（A点を出て赤道沿いにB点までいく経路の長さ）のちょうど2倍、つまり$\pi = 2$である。

学は地球外知的生命体の探索だけでなく、私たちも知的な存在なのだと彼らに知らせるためのメッセージをデザインするのにも役立つのである。

一九六〇年代以降、科学者たちは、数学は普遍的な言語であり、私たちとすべての地球外文明が必然的に共有するものだと唱えてきた。実際、数学的法則は真に普遍的である。その法則を使って通信を試みることは、少なくともナンセンスではない。地球でもケンタウルス座α星でも、三角形には三つの辺がある。円周率π（円周と直径との比）のような基本的な数学定数を理解していると表明することによって、自分たちの知性を示すこともできる。人類の円周率の知識は歴史記録に匹敵するほど古い。古代バビロニア人やエジプト人も、円周率の厳密な値までは知らなかったかもしれないが、その概念には親しんでいた。抽象的な数学的概念を宇宙に向けて発信するというアイデアには、何やらそそられるものがある。言語や姿形がどれほど違っていても、棲む場所が陸上でも水中でも液体メタンのなかでも、体の大きさが人間ほどでもノミほどでも惑星ほどでも、ものを見るのに利用するのが光でも音でも電場でも、数学的原理が私たちすべてにとって同じであることに疑問の余地はないからだ。数学的なメッセージを受信した知的生命体は、それが宇宙のどこかに別の知的生命体が存在することを示す証拠だと即座に認識するだろう。

しかし一部の哲学者は、数学が究極の普遍的共通語であるという考え方に疑問を投げかけている。[*2] 理由のひとつは、私たちの数学の理解が、自身の置かれた物理的環境の制約を受けているからだ。私たちは三次元世界に慣れきっているので、二次元世界の数学がどれほど異質なものであるかを考えることはほとんどない。しかし極小の惑星の表面にいるアリのような生物の数学は、私たちの数学とはまったく違っているだろう。アリが惑星の表面を一周するとき（穴を掘って反対側に出ることはできないものとする！）、私たちの目には三次元の球体の上を歩いているように見えるが、アリ自身は平面を歩いているつもりでいる。アリの二次元の世界では、πはおなじみの3.14159265……にはならないのだ。惑星の赤道上にある点（A点）と、北極（N）と南極（S）の両方を通る円を考えてみよう。A点を出発したアリは、北極と南極を通って出発点に戻ってくることで、世界の「円周」に沿って歩くことができる。そして、アリにとっての世界の「直径」は、両極を通る経路と直交する経路（つまり赤道）に沿って進んでいった最も遠い点（B点）までの距離である。その距離は、惑星の円周のちょうど半分になるので、

＊1　カール・セーガン著『コンタクト』（池央耿ほか訳、新潮社）を参照。
＊2　スティーヴン・J・ディック編『地球外生命体発見の衝撃』に所収のダグラス・A・ヴァコッチ著「他者とのコミュニケーション（Communicating with the other）」を参照。

円周と直径との比である円周率は二となる。つまり $\pi=2$ だ！

アフリカのサバンナの平原で誕生した私たち人類の知能は、アフリカのサバンナで遭遇する問題に対処するために進化してきた。*私たちがニュートンの運動方程式を解かなくても飛んできたテニスボールをキャッチできるのは、動物に向かって槍を投げたり、落ちてきた獲物をキャッチしたりすることを何世代も続けるうちに、ごく自然に投げたりキャッチしたりできるようになったからだ。しかし、地中に棲む盲目のモグラには、飛んできたものをキャッチするという概念はないだろうし、そのような概念が存在することを理解するためには、アインシュタインのような抽象的思考力をもつモグラの数学者が第一原理から運動方程式を導き出すのを待たなければならないだろう。私たちにとっても、自分の物理的経験の外にある概念を発見するのは困難だろうし、地球外生命体の物理的経験が私たちの物理的経験とまったく同じであるとは考えにくい。

地球における数学の進化は、人類が置かれた物理的環境の制約を受ける一方で、技術的要請によって突き動かされてきた。より優れた神殿（壁が床に対して垂直に立ち上がっている）、より優れた水道橋（アーチで重量を支える）、より優れたカタパルトとその弾道（標的に向けて正確に石を飛ばす）、戦闘機、原子爆弾が作り出されてきた背後には、それらの要請に応える大勢の科学者と技術者の集団がいた。私たち人類の数学的な発見の軌跡は、建造物を作りたいという欲求と、好戦的な性分からくるそれらを破壊したいという欲求の両方によって、形作られてきたのだ。平和を愛する地球外生命体には弾道技術の概念がないかもしれないし、宗教をもたない地球外生命体には壮麗な寺院を建立する技術はないかもしれない。私たちとは大きく異なる道筋で「知能」を発達させた地球外生命体は、私たちには基本的で自明のものに思える数学的原理をそれほど重要なものとは思わないかもしれない。

しかし、数字そのものについてはどうだろう？　たとえば、すべての知的な地球外生命体は数を数えられるのだろうか？　たとえ指や、それに相当するものがなくても？　そもそも数学的な能力は地球上ではどのようにして進化してきたのだろう？　ほかの惑星でも同じような進化の道筋をたどるのだろうか？

数学的能力の進化

動物にとって、「いっぱい」と「少し」を区別する能力が大きな進化的利益をもたらすことは明らかだ。餌が「いっぱい」あるほうにいき、天敵が「いっぱい」いるほうから離れられれば、生き延びる可能性が高くなる。だから、複雑さの程度の差はあれ、ほぼすべての動物にこの能力が備わっているのは不思議ではない。ここで注意すべきは、山盛りの餌と少量の餌の違いを見分ける能力は、数学的な能力ではないということだ。たとえば量が多いほうが匂いも強くなるので、それを検知しているだけかもしれない。あるいは視野のなかで大きい部分を占めているほうが強いシグナルが伝わり、脳が「こっちにいけ」と命じているのかもしれない。

単純な感覚反応（一方からの匂いが他方からの匂いよりも強いとわかること）と純粋な数的能力（一方の

＊ リチャード・ドーキンス著『盲目の時計職人』を参照。

物体の数が他方の物体の数よりも多いと理解すること）との間には、進化的には大きな隔たりがある。科学者たちは実験室で、動物の真の数的能力を検査したり、数的能力と感覚反応とを切り離したりする方法を模索してきた。その結果、魚からハトやサルに至るまでの多くの動物が、漠然とした量の違いではなく数の大小を理解できることが明らかになった。これを「数学」と呼ぶことはできないが、数学的能力の本質的な基礎となっているのは確かである。動物であれ地球外生命体であれ、まずは基本的な数的能力を身につけなければ、高度な数学的能力を進化させることはできないだろう。私たち人類が代数学、微積分学、統計学で見せる驚異的な能力は、祖先が二頭のライオンと戦うことと五頭のライオンと戦うことの違いを理解できたからこそ実現したのかもしれない。

数の大小という基本的な概念をもつことは進化において有利だと考えられるが、そこから次の段階へのステップアップは、「数」そのものを理解することだ。これは知的能力の飛躍的な向上であり、進化の観点から説明するのははるかに難しい。ライオンの数が多いか少ないかが区別できるのであれば、厳密に三頭いることを理解する必要など本当にあるのだろうか？　そういうわけで、数を認識する能力をもつ動物は多くはない。しかし皆無でもない。ネズミを使った初期の実験では、レバーを三回引けば報酬をもらえるが四回ではもらえないなどのルールで訓練すると、正確な回数だけレバーを引けるようになることがわかった。ネズミは、「多ければ多いほどよい」といった単純なルールではなく、特定の数字を選択しなければならないというルールを理解しているようだった。

もちろん、迷路のなかでのネズミの行動についてはやや懐疑的になっていい。すでに見たように、連合学習を利用すれば、動物たちにスケートボード乗りなどのあらゆる種類の離れ業をやらせることはできるからだ。これはサーカスのゾウを訓練しておよそゾウらしくない演技をさせるといった、「集中的条件付け」の副産物である可能性はないだろうか？　動物は集中的条件付けによって理論的には「知的」な離れ業ができるようになるが、彼らが自然界で適応的優位に立つためにそうした能力を進化させるのかどうかはほとんどわからない。私たちの目標は、地球やほかの惑星に棲む動物たちの知能を生み出す、普遍的な道筋を明らかにすることだ。知りたいのは知能の進化の目的であって、私たちを楽しませるために動物たちがおこなう曲芸ではない。

より自然に近い状況でおこなわれた実験では、ひと握りの動物が優れた数的能力を示したが、それはほんの数種である。チンパンジーには書かれた数字を認識し、数字が表す個数と関連づけるよう教え込むことができる。これは数学的知能の実証としてははるかに説得力があるものの、この能力をもつ動物が地球上に、ひいては宇宙に、どの程度あまねく存在しているのかはよくわからない。チンパンジーはヒトに最も近縁の動物であり、結局のところヒトとたいして変わらないからだ。

しかしさらに驚くことに、ほかにもヒトと同じように数を数えられる動物がいる。それはヨウム（アフリカ原産の大型インコ）で、なかでも有名なのは、ハーバード大学のアイリーン・ペパーバーグ教授が一九八〇年代から一九九〇年代にかけて研究したアレックスだ。動物の知能を研究する際の最大の問題は、何を考えているのか動物に聞くことができないことだが、ペパーバーグ教授はアレックスに会話を教えることでこの問題を解決したのである。* アレックスは人間の言葉を模倣できただけでなく、単純な文の背景にある概念を理解し、五歳児程度の知的で明瞭な会話をすることができた。慎重にコントロールされた一連の厳密な実験の結果は驚くべきものだった。アレックスは色と形と素材が異なる物体を正しく識別して説明できただけでなく、それらを数えることもできたのだ。「一、二、三」などの言葉を機械的に唱えるのではなく、ひっかけ問題さえクリアして、そこにある物体の数を識別することができた。たとえばアレックスの前に、オレンジ色のチョークが一本、オレンジ色の木片が二個、紫色の木片が四個、紫色のチョークが五本入ったトレイを置いて（この実験のポイントは、四つの物体の色と素材に重複があることだ）、彼に「紫色の木片はいくつ？」と尋ねたところ、「四」と正しく答えたのである。動物に質問することでその認知能力を直接調べることができたというのは、驚くべきことであり、きわめてまれなことだ。このヨウムが数的能力をもっていたことに疑いの余地はない。だがこのことは、地球上での数学の進化について何を意味しているのだろうか？

書かれた数字を解釈できるチンパンジーと同じく、ヨウムも並外れた認知能力を備えている。彼らが知能をもっていると言明することにほとんど躊躇はない。だが、彼らは地球上の無数の動物種を代表するものではない。それでも知的な種——チンパンジーやヨウムやヒト——は確かに存在している。そう考えると、少なくともほかの動物たちも、同じような知能をもつようになる可能性はある。では、知能はどのようにして生じたのだろうか？　キンギョ並みの数的能力（つまり、たいしてない）の動物たちが人間の数学者になるまでに、どのような進化の段階を経たのだろうか？　ヒトの祖先は、いつ、どのようにしてカレドニアガラスとは違う方法を選ぶようになり、量的ではなく質的な意味で祖先とは異なる知能を進化させたのだろうか？　そして、それはなぜなのだろうか？　どのような選択圧がこの変化を促したのだろう？　数学的能力をもつ種がこんなにも少ない——とはいえ、たった一種ではない——のはなぜなのだろうか？　私たちと同じように知能をもつ生物、少なくとも私たちと同じような意味で知的な生物が、ほかの惑星で進化している可能性を推定したいなら、こうした疑問に対する答えを知る必要がある。

ひとつ考えられるのは、自然選択による進化の力が非常に強くはたらいて、そのような知能をもつことに大きなメリットがあるということだ。だがこの可能性は低そうだ。ヨウムのアレックスも彼の野生の仲間たちも、日常的にこうした数学的能力を活用しているとは思えないからだ。もうひとつの可能性としては、知能が跳躍的に進化したということだ。長い歳月の間に牙が徐々に長くなり、羽の色が徐々に鮮やかになっていくようなおなじみの緩慢な進化とは異なり、飛躍的な進化は通常、何らかの環境要因が突然劇的に変化し、動物たちがそれに合わせて急激に進化する必要が生じたときに起こる。

私たちの祖先の霊長類もこうした突然の選択圧――アフリカの気候の変化など――によって、樹上から地上での生活に適応し、ヒトの特徴である二足歩行を急速に採り入れることになった可能性が高い。同様に、私たちが高度な社会性をもつようになったり、言語を進化させたりしたときに、驚異的な数学的能力が急速に進化したのかもしれない。だとしたら、地球外惑星でもあるとき突如として数学的知能が必要になり、ひとつ（あるいは複数）の生物種が急速に進化してプロの（より正確にいえば、「日常的に」数学的能力を利用する）数学者を生み出すのかもしれない、と考えるのは不合理ではないだろう。

多くのSF作品を見れば明らかだが、私たちはテクノロジーをもつ地球外知的生命体に出会いたいと

＊アイリーン・マキシン・ペパーバーグ著『アレックス・スタディ　オウムは人間の言葉を理解するか』（渡辺茂ほか訳、共立出版）を参照。

思っている。あなたや私が生きている間に、生命が棲む系外惑星を訪問できるようになる可能性はゼロに等しい。恒星間の距離はあまりにも遠く、人類が近い将来開発できそうなテクノロジーではとうていたどり着けないからだ。だから私たちは地球外生命体に科学技術を使ってシグナルを送り、返事として科学技術を用いたシグナルを受け取りたいと願っている。一般に、科学技術の存在は数学の存在を意味するが、本当にそうだろうか？　数学のない科学技術は考えられないのだろうか？

微積分の発明によって三〇〇年前に近代数学が始まるずっと前から、人類は科学技術によってすばらしい成果をいくつもあげてきた。しかし微積分と電磁気学をじゅうぶんに理解できていなかったら、人類が月にいったり、コンピューターを発明したり、電波望遠鏡を建設したりすることはなかっただろう。でも、人類とは別のタイプの知能なら、ひょっとしたらそんなこともできるかもしれない。たとえば、地球の電気魚に相当するような動物が系外惑星に棲んでいて、日々の感覚から電磁場のふるまいを直観的に理解していたとしたら、電波のことも数学的な説明なしにわかるのかもしれない！　私たちが力学の法則など考えなくてもキャッチボールができるのと同じように、系外惑星の電気魚は、電磁気学の法則など発見しなくてもラジオを作れるのかもしれない。

こうした思索は頭の体操としては悪くないが、いささか非現実的である。仮にそのような生命体が存在していたとしても、遅かれ早かれ、数学なしではうまく理解できない自然現象に出くわすことになるだろう。地球の電気魚がすばらしい能力を進化させたのは、彼らが暮らす泥で濁った川底には光が届かないからだ。だからおそらく彼らは可視光のことは電場ほどには理解していない。地下で暮らすモグラは、きっとキャッチボールは下手くそだ。それぞれの種は、自分が暮らす環境に対応するために能力を進化させているのであって、考えられるすべての環境に同時に対応するために進化しているわけではない。すべてを理解できるように進化するのは、賢くはなれるだろうが、無駄なのだ。

しかし、科学技術には数学が必要だと認めるとして、数学だけで足りるのだろうか？　つまり、人類の技術的知能を形作る特性や、それなしには技術的な偉業はなかっただろうといえるような特性は、数学以外にないのだろうか？　好奇心はどうだろう？　哲学は？　文学は？　人類史における偉大な数学者は哲学者でもあり、科学と哲学はしばしば手をとりあって発展してきた。とはいえ、たまたま私たちの歴史がそうだったというだけかもしれない。電波望遠鏡を建設できても、詩の概念をもたないような生物種を想像できるだろうか？

興味深いことに、動物のさまざまな知的行動を観察していると、明らかに生き残りに有利である問題解決能力とは直接結びつかない、人間の行動の特徴を見出すことがある。アシカ類やバタン〔訳注：オーストラリア地域原産の冠羽をもつオウム〕のような知能の高いオウムは、音楽やダンスを楽しみ、熱狂的に踊ることもある。*　チンパンジーは笑い、ユーモアを解するようにみえる。こうした特徴は、それぞれの動物に特有な知能のタイプに由来しているようだ。アシカ類やバタンがダンスを楽しむのは、彼らの社会的コミュニケーションと身体運動との間に生物学的な結びつきがあるからだ。チンパンジーが（おそらく）笑うのは、彼らの社会的階層が複雑で、他者の行動に対して快や不快を表現することが重要だからだ。地球上の動物が社会的相互作用に応じて踊ったり笑ったりするなら、地球外生命体も同じ

＊ アシカ類の驚くべき行動については、コリーン・リークマス博士のウェブサイト https://pinnipedlab.ucsc.edu/ を参照。

ことをするはずだ。私たちが人間の革新的な発明と信じている行動（たとえば詩やダンス）は、有用な適応行動をほかの社会的な目的のために転用したものにすぎない。だから、身体運動によって意味を伝えあう地球外生命体の社会で、彼らがダンスを楽しんでいることを疑う理由はまったくない。

すでに見てきたように、知能はふたつの能力を組み合わせたもののように思われる。ひとつは、周囲の世界を予測するために進化した一連の特殊な能力で、もうひとつは、その起源が何であれ、これらの特殊な能力を統合してはるかに強力な能力にするのに使われる一般的な能力である。ほかの惑星でも地球と同じような道筋で知能が進化したとすれば、知能はおそらく、知的行動の前提条件であり必然的な結果でもある一連の能力や特性に関連しているだろう。その場合、地球外生命体の知能は、たったひとつの見事な特殊な能力ではなく、知能と呼ばれるものである以上、一連の能力を統合したものであることを疑う余地はない。好奇心が哲学を生み、社会的相互作用が芸術を生み、複雑なコミュニケーションが文学を生む。哲学も芸術も文学も、私たちと、おそらくほかのすべての地球外知的生命体がもつ、知的スキルの組み合わせからほぼ必然的に生まれてくるのだ。

地球外生命体の超《スーパー》知能《インテリジェンス》

私たちはたいてい、エイリアンは地球人より高い知能をもっていると考える。もちろん彼らの棲む惑星にも、賢いものからそうでないものまで、あるいは私たちのようなおしゃべり好きで科学技術をもつ種からクラゲのような種まで、認知能力のレベルもさまざまな多様な生物がいるだろう。それでも私たちはしばしば、そして合理的に、自分たちと会話ができるようなエイリアンは、自分たちよりも進んだテクノロジーをもっていると考える。人類が初めて無線通信を成功させてから、まだ一〇〇年余りしかたっていないからだ。私たちが科学技術の発達段階の初期にいるのは疑いようがなく、もし地球外生命体に遭遇することがあれば、彼らのほうが進んでいることはほぼ間違いない。彼らと私たちの文明のどちらがより古いか新しいかにかかわらず、出会ったときに両者の科学技術がちょうど同じ発達段階にある可能性はごくわずかだ。何百万年も存続しうる文明どうしが遭遇したときに、新入りの私たちのほうが彼らよりも賢い可能性はゼロに近い。

とはいえ、科学技術文明の歴史の長さが知能の高さを保証するわけではない。科学技術がより進んでいるからといって、彼らは知的であるといえるだろうか？　たとえば人類が今から一〇〇万年後まで生き残るとしよう。そのころには人類のテクノロジーはさらに進歩しているに違いないが、知的能力の進化についてはどうだろう？　種の存続期間が長くなるほど、知能は高くなるのだろうか？　それとも、ある一定の水準に達したら頭打ちになるのだろうか？　SF作品では人類が遭遇するエイリアンは非常に高い知能の持ち主として描かれるが、こうした「超知能」には少なくとも二種類ある。ひとつは技術的進歩の結果として生まれる超知能、もうひとつは種そのものの生物学的進化によって到達した超知能である。SFでいえば、強力な超高速宇宙船をもっているだけの文明と、生物学的進化によってそうした科学技術を必要としなくなり、テレパシーやテレキネシスのような超能力を獲得した文明の違いだ。

前者の場合、科学技術がとりわけ高水準に到達した地球外文明なら（あるいは人類文明であっても）、頭を使う仕事のすべてをコンピューターに任せて、自分の頭は仕事以外の用途にしか使わなくなるかもしれない。そうなったとき、人々はひょっとしたら宇宙の謎に思いをめぐらせたり、哲学的思索にふけったり、科学的真理を発見したり、新しい知的趣味を編み出したりするようになるのかもしれない。あるいは、テトリスに没頭したり、インターネットでネコの動画ばかり見たりするようになるかもしれない。極端に知的になるか、極端に怠惰になるか、どちらになるだろう？　前者の場合、生きるための日々の闘いを不要にして余暇（と、科学者にとっては研究のための時間）を増やしてくれた科学技術は、より大型で高性能の電波望遠鏡や、より高速なコンピューターや、『スター・トレック』の世界からそのまま飛び出してきたようなすばらしいスキャナーや検出器なども生み出すことから、科学の理解も進むと思われる。今日の人類が一〇〇〇年後の人類に出会ったら、「高度な」文明を築いていると思うだろう。

しかし、人類の生物学的知能は一〇〇〇年たってもたいして変わらないのかもしれない。今よりも洗練されているだろうが、本質的には同じ種だ。ロバート・ソウヤーの優れたSF小説『神を計算する(Calculating God)』では、高度な科学技術をもち、人類とは生物学的に大きく異なっているエイリアンが地球を訪れ、主人公の地球人との間で哲学的議論を延々と繰り広げる。彼らの高度なテクノロジーをもってしても、まだ宇宙の謎を解くには至っていない。

しかし第二のケース、つまり自然な生物学的進化のおかげで、私たちよりはるかに高い知的能力を手に入れた地球外生命体が存在する可能性についてはどうだろう？　こうした能力が、現実に進化してくる生物学的シナリオを示すことはできるのだろうか？　実際のところ、私たち自身がすでに獲得している知能をはるかに凌ぐ超知能を、自然選択が生み出す必要性はあるのだろうか？

地球上の動物は、おそらくごく典型的な道筋をたどってきた。周囲の世界を予測する必要に迫られた彼らは、生理学的・解剖学的な適応を発達させ、感覚情報とある種の処理装置（私たちが脳と呼ぶもの）を使って予測をおこなえるようにしたのだ。私たちよりも予測困難な環境で生きる地球外生命体は、より困難なニーズを抱えることになるため、より洗練された、より巧妙で柔軟で、より正確な「脳」を進化させるだろう。知的な動物が社会性をもっている――次章で見ていくように、私はその可能性が高いと考えている――のであれば、彼らは自分の脳で考えたことを仲間に伝えるために言語のようなものを進化させるはずだ。論理的に考えれば、いずれは科学技術が発達してくる可能性が高い。

知的な種が科学技術をじゅうぶんに発達させると、彼らは自分自身よりも強力な脳、すなわち人工知能のようなものを開発するようになるだろう（人工知能については第10章で論じる）。これは現在の人類が置かれている状況に近く、少なくとも今後一〇〇年、二〇〇年は続くとみられる。私たちはここから個人としても社会としても知的に発展していくのかもしれないが、種としての生物学的知能を高めるような選択圧は消滅してしまうだろう。コンピューターがすべての仕事をしてくれるなら、より高い知能を進化させる必要などないではないか？　超知能への選択圧はこの時点で消え失せてしまう。

では、知的だが社会性のない種が進化した場合はどうだろう？　私は、社会性なしに科学技術が発展することはないと思っている。どれほど知能が高くても、たったひとりで宇宙船やコンピューターを作ることなどできないからだ（なにしろスパナをとってくれる人もいないのだ！）。それでも、もし知能が高いほうがうまく解決できるような課題が環境によって与えられ続けるなら、彼らは、より大きく、複雑で、信頼性の高い脳を進化させていくかもしれない。超知能に至るそうした道筋は、非常に可能性は低いものの、絶対にないとはいえない。フレッド・ホイルの小説『暗黒星雲』に登場する知的生命体はまさにこのタイプだ。ひとりで宇宙を漂っているが、人間型の知的生命体にはどれほど進化し続けても到達できそうにないほどの高い知能をもっている。

ホイルの暗黒星雲型生命体は、生物学的にはきわめて非現実的だ。知能に選択圧をかけ続けるためには、知能が高ければ高いほどうまく解決できるような課題を、環境から常に突きつけられていることが前提となるからだ。日々の暮らしのなかで降りかかる課題に対して、知能が現実的な解決策を出し続けるような生態系は考えにくい。遅かれ早かれ、解決すべき日々の課題は尽きてしまう。実際、多くのSF作品に登場する超知能をもつ地球外生命体と同様に、ホイルの暗黒星雲の知能は、進化的適応度を向上させるための手段というよりは、それ自体が目的になっているようにみえる。これまで述べてきたように、進化というのはそれ自体が目的ではなく、生物がもつ現在の能力を相対的に向上させることを目的としている。だから残念ながら、超知能をもつ生命体が宇宙に漂っていて、純粋な知的快楽を求めて哲学的思索にふけっているという概念は、魅力的ではあるものの、生物学的にはあり得ない。環境から継続的に与えられる課題を解決することによって、生物学的な超知能が進化してくる、というシナリオはなさそうだ。生物の脳が進化する代わりに科学技術が発展してくるか、より高い知能を進化させるような知的な課題が解決され尽くしてしまうかのどちらかになるだろう。

しかし、真の超知能を進化させるメカニズムはもうひとつある。このシナリオでは、複数の個体が知的に強く結びついていて、思考過程がほとんど瞬時に完全に共有される。こうした知的なコロニーは、並列に動作する複数の小型コンピューターからなるスーパーコンピューターのように、超知能をもつひ

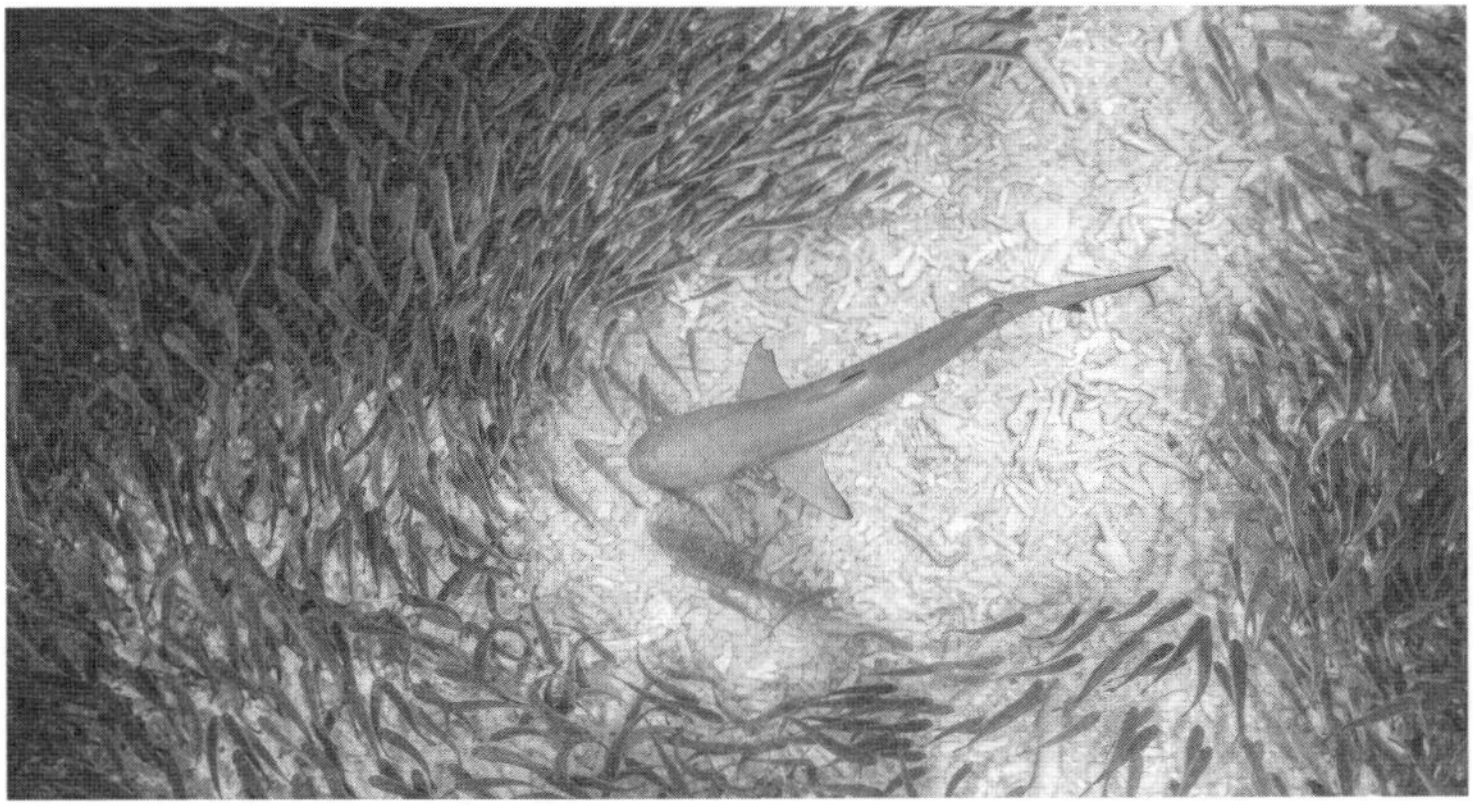

図 27　襲いかかってくる捕食者から逃れる魚の群れ。

とつの生命体のようにみえるだろう。実際、自然界にはこれに似たものがたくさんある。多くの生物はコロニーや群れや一時的な集団を形成するが、これらは個々のメンバーの能力を超越した独自の知能をもっているようにふるまう。視覚的に強い印象をもたらすのは魚の群れだ。個々の魚は、すぐ隣の魚の向きと距離にもとづくごく単純な規則に従って泳いでいるが、そうした魚が何百匹も集まると、群れ全体が知能を備えているようなふるまいをするのだ。サメやイルカなどの捕食者が小魚の群れの中心に突っ込んでくると、群れは魔法のように分裂し、捕食者はぽかんと口を空けたまま取り残されてしまう。魚の集団が、個々の魚にはできないような適応的で知的な行動をとることは、超知能の創発――全体が部分の総和以上のものになること――のごく簡単な例である。

知能の創発のもうひとつの例はミツバチの巣で見られる。コロニーが新しい場所に巣を作らなければならなくなったときには、まず数匹の偵察バチが飛んでいって、よさそうな物件を個別に調べてくる。それぞれの偵察バチは、巣に戻ると、自分が見つけた候補地のよさを周囲のハチに伝える。このとき、群れはふたつの問題に直面する。ひとつは、それぞれの偵察バチが別々の場所を勧める可能性があること、もうひとつは、偵察バチが持ち帰る情報は群れの全体ではなく周囲の少数のハチにしか伝えられないことだ。コロニーがばらばらの方向に飛んでいってしまっては悲惨なことになるので、何らかの合意を形成しなければならない。でもどうやって？　決断を下すリーダーのハチはいない。ここでもまた、単純な規則が複雑な行動を決定する。有望な候補地を見つけた偵察バチは、周囲のハチを説得し、仲間を引き連れてその場所に戻る。候補地を見せられたハチたちは巣に戻って自分の周囲のハチに情報を伝え、やがて、すべての候補地に関する情報が、群れの「脳」とでもいえるものに統合される。この「脳」はひとつの器官ではなく個体の集合体であり、それぞれの個体はほかの少数の個体としか連絡していない（私たちの脳のニューロンも同じで、ほかの少数のニューロンとしか接続していない）。初めは複数の候補地がこの「脳」の関心をめぐって競合するが、やがてひとつの候補地が優勢になって転換点に達し、群れ全体がひとつの合意を形成して、ついにその場所をめざして飛んでゆくのだ。

私たちは動物のコロニーを、それぞれに利害関係や処理能力をもつ個別の個体が集まったものとして捉えているが、人間を初めとする地球上のすべての多細胞生物の体も、日和見的な協力関係の積み重ねの結果であることを忘れてはならない。地球上で初めて多細胞生物が出現したのは、成長するコロニーのなかで細胞どうしがコミュニケーションをとる必要があったからだ。今日では、私たちの体を構成する細胞間のコミュニケーションは完全なものになっているため、私たちは自分自身を、独立の部分の集合体ではなくひとつの全体と捉えている。この類推をさらに広げると、多数の知的生命体が緊密に結びついて、もはや個体が集まったものとは考えられなくなったときに、ひとつの超知的生命体に進化すると考えることは確かに可能だ。

密接に協力しあう個体が単一の生物のようにふるまう地球外生命体という設定は、SF作品ではよく見られるが、実在する可能性はかなり限られている。これに相当する地球上の生物としては、第4章で触れたカツオノエボシがいる。カツオノエボシは単一の生物のようにしか見えないが、じつは個虫と呼ばれる個体が集まって緊密に結びついている群体である。しかし、SF作品の群体型エイリアンとは異なり、カツオノエボシの行動や構造はきわめて単純だ。コロニーの複雑さを主に制限するのは個体間で伝達できる情報の量であり、カツオノエボシの場合、その量はあまり多くない。これに対してハチやアリの群れははるかに複雑で、そのコミュニケーションも複雑である。とはいえ、同じ群れのアリやハチは遺伝的には「超近縁」であり、つまり進化論の観点から見れば、個々のアリやハチは、本当の意味ではあなたと私ほどには別個の個体ではない。『スター・トレック』に登場するエイリアン「ボーグ」のような真の群体型知能を実現するためには、個体どうしを結びつけて大量の情報をやりとりできる複雑なコミュニケーションチャネルが必要であり、実際、SF作品ではまさにそうしたシステムが描かれている。だが、そのようなシステムが自然に進化してくることなどあるだろうか？　おそらく意識的なエンジニアリングの結果として構築される可能性のほうが、はるかに高いだろう。この点については第10章で論じたい。

私は知能の普遍的な定義に到達したと主張するつもりはないし、そのような定義など存在しないのかもしれない。しかし、地球に生息する各種の知的な動物たちを考察することによって、宇宙の知的生命体に共通していると思われるいくつかの具体的な予測因子を特定することは確実にできる。すべての動物は周囲の環境を知覚し、しかるべく反応して問題を解決している。いわゆる「知的な動物」は、複数の感覚を通じて情報を収集し、学習という決定的なプロセスを使って情報を統合している。学習は知能とは異なるが、動物たちのもつ驚異的で特殊な認知能力をまとめ上げて、より大きなものにするメカニズムである。

学習がそれほど有用であるなら、地球外惑星でも見られるだろうし、そこには特殊な知的スキルも存在するだろう。どこかの惑星においしいけれどもとんでもなく硬い殻の実がなる木があれば、そこに棲む動物たちは木の実をこじ開けるための知的スキルを進化させるだろう。特殊知能は長い牙や保護色などのような形質のひとつにすぎず、それをもつことで適応度が上がるなら進化していくはずだ。

どんな惑星の動物でも、一般知能と特殊知能の両方を進化させる可能性がきわめて高いのであれば、彼らはどのような条件下でそのふたつを統合し、能力を組み合わせて、私たちがよく知る知能のようなものを作り出すのだろうか？　おそらく、ほぼどんな条件下でもよい。イヌ、カラス、イルカ、タコなど、地球上の動物の多くが特殊な知的スキルを習得し、統合していることを考えれば、これが地球に限った話だとはとても思えない。私たちの知る知能は、進化の過程で有利にはたらくからだ。

社会性とテクノロジー（木の幹の穴に小枝を差し込んで、虫を取り出すような単純なものも含めて）は、進化の必要条件であると同時に、知能の産物でもあるように思われる。両者は密接に関連しているため、どちらが先かを論じることに意味はない。しかし両者の相互作用は、知能の進化のメカニズムにおいておそらくきわめて重要な役割を担っている。知能の論理的な終着点は、コンピューターのような外付けの脳をもつか、生物学的進化の果てに「超知能」を獲得するかのどちらかである。

個体の知能について考察してみると、複雑な行動やコミュニケーションやさまざまな能力の進化を促すには、社会的な相互作用がきわめて重要であるといえそうだ。ということで、次章では社会性について考えていこう。

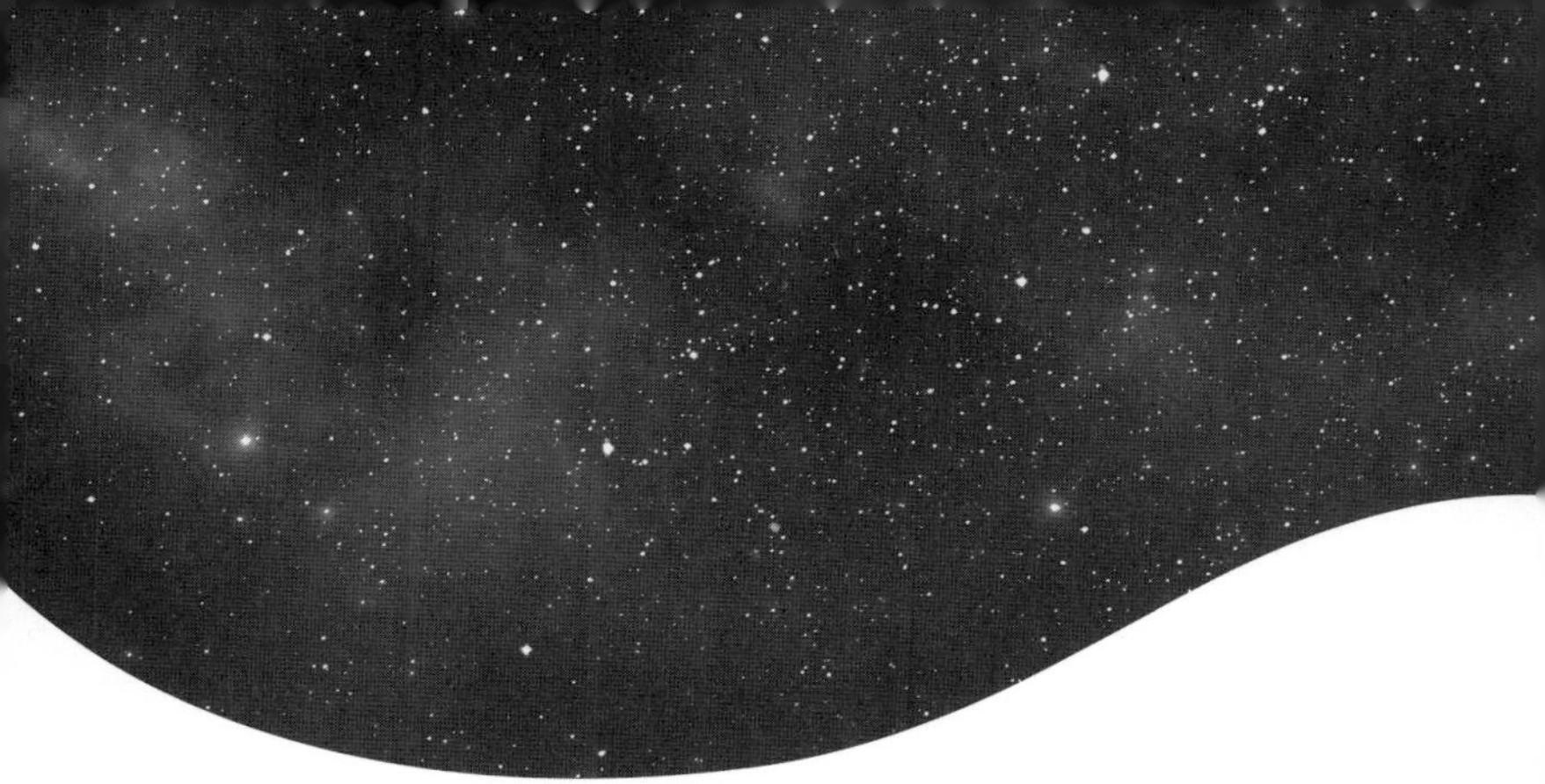

第 7 章

社会性

──協力、競争、ティータイム

エイリアンに社会性は備わっているのだろうか？　ひょっとすると、これは本書で最も重要な問いかけかもしれない。理由は彼らとお茶の時間《ティータイム》を楽しみたいからだけではない。彼らが高度なテクノロジー（電波望遠鏡や宇宙船など）をもっているのか、私たちとどのくらい共通点があるのか、私たちが彼らの考えや望みや恐れに共感できるかどうかは、社会性の有無によって決まるからだ。もし地球外生命体が家庭を築き、仕事をもち、ペットを飼い、スーパーに買い物にいくなら、いったい私たちとどう違うというのだろう？

これについて掘り下げるために、「社会性のある種になるための道筋はいくつあるのか？」という問題を考えてみよう。生命が誕生した惑星に社会的な動物が現れるのは必然なのだろうか、それとも環境がもたらす偶然なのだろうか？　地球にはアリからシマウマに至るまで、そこらじゅうに社会的な動物がいるのは何か特殊な事情があるのだろうか？　あるいは社会性というのは第一原理から理論的に導かれるものなのだろうか？　さらにいえば、地球上で見られる多種多様な社会的動物は、社会性が進化するすべての道筋を示しているのだろうか、それともほかの惑星にはまったく違ったタイプの社会的な組織があるのだろうか？　これに関しては、おそらく前者の可能性が高い。進化論は社会性が進化する理由とメカニズムを教えてくれるが、その進化論が予想するのは、今、私たちが見ている地球の姿である。つまりほかの惑星でも、地球で見られるような社会的動物が進化してくるということだ。そうであれば私たちは、地球外生命体のコミュニティの基本的な構造、ひいては彼らの本質について、予想を立てやすい立場にある。

本章では、取り組むべき重要な問題が三つある。第一の問題は、動物はなぜ集団で生活し、集団内で積極的に協力しあうのか。第二の問題は、動物はどのような条件下で協力的な社会を形成するように進化するのか、また、彼らが協力しあうのを妨げる制約とは何か。そして第三の問題は、動物が集団で生活することによってどのような結果が生じ、どのような進化的帰結が予想されるか、である。地球外生命体の社会性について何らかの結論を導き出したいなら、私たちはここでも、すべての生物学的進化を貫く唯一のメカニズムに立ち返らなければならない。自然選択だ。その際には、人間の社会性の特殊さや、人間に関する社会学的研究の知見に頼りすぎないように注意しなければならない。私たちは宇宙のあらゆる場所で動物たちの行動を駆動する、最も基本的で最も根源的な進化のプロセスにまで遡《さかのぼ》りたい。進化の視点から社会性を理解すれば、単に人間の行動にもとづいて地球外生命体の行動を類推するよりも、はるかに正確にそれを予想できるだろう。

なぜ集団で生活するのか？

それではひとつめの問題から始めよう。動物はなぜ集団で生活するのだろうか？　この問題について考察するために、まずは時間を大きく遡り、動物とはかけ離れた細菌の世界に目を向けてみたい。細菌でさえ集団で生活している――動物でもないのに！　ほとんどの細菌は生まれた場所から移動するのが苦手なので、集団で生きていること自体はさして意外ではない。しかし、彼らは実際に協力しあっているのだ。細菌は固体の表面に付着すると、環境から身を守るためにたいていぬるぬるした物質を分泌し、ごく薄い膜を生成する〔訳注：このような固体表面にできる微生物の集合体をバイオフィルムという。歯垢や台所のぬめりなどがその典型例」。そしてその膜のなかで増殖していく。ところが内部の空間は限られているのでどんどん手狭になって、常に相互作用するようになるのだ。栄養分を奪い合い、ときにはみずからのスペースを広げるために毒素を分泌して殺し合いをすることだってある。まさにミクロのゴッサム・シティだ。その一方で、ほかの細菌を助ける化学物質を分泌するものもおり、たとえば消化酵素を分泌して、周囲の細菌が餌を吸収できるようにする。またコロニーのメンバーどうしもコミュニケーションをとっていて、細菌がほかの細菌を助けるためにどの化学物質を分泌するかは、コロニーのほかのメンバーが産生する特別なシグナル伝達物質の濃度によって決まる。集団生活は、細菌にとって明らかにありがたいものなのだ。

集団生活のメリットは一見してわかる。社会的動物は、捕食者からよりうまく身を守ることができるし、単独では不可能な方法で食料を見つけることもできる。互いに協力すれば、ウサギの巣穴やシロアリの巣からヒトの摩天楼に至るまで、壮大な建造物を作り上げることもできる。配偶者も近くで見つかる。地球上の動物はつがうために集まる必要があるので、すべての動物にある程度の社会性があるということができるが、地球外生命体がどのようにつがうのかはわからないので、配偶者を近くで見つけられることが集団生活の普遍的なメリットであるのかどうかは定かではない。

社会性のメリットについては、ややわかりにくいものもあるが、それについては本章の後半で詳しく探ることにする。集団で暮らしていれば自分の家族をサポートすることができるし、ひょっとしたら、生まれた場所を離れることが危険すぎてひとりでは何もできない場合には、基本的に集団で暮らすようにできているのかもしれない。また、微生物や植物のようにまったく動けない、あるいはほとんど移動できない場合は、社会性を身につけないと生きていけないのかもしれない。典型的なミレニアル世代だって、実家の地下室から引っ越す金がないために、ある種の社会性を強いられているではないか。

しかし、社会性にそれほど多くのメリットがあるのなら、なぜ地球上の動物にあまねく備わっていないのだろう？　果てしなく続く大群で移動するヌーや、複雑に入り組んだ巣を作るシロアリ、ニューヨークのような巨大都市を建設するヒトなど、高度な社会性による離れ業をやってのける動物は一部だけで、トラやホッキョクグマやナマケモノなどは基本的に単独行動をとる。理由はもちろん、社会性には欠点もあるからだ。集団内に多くの個体がいると、資源をめぐる争いが激化して、衝突したり負傷したりするおそれがあるほか、寄生虫や伝染病が広まりやすくなるといったデメリットもあるかもしれない。このように社会性にトレードオフがあるのは明らかだが、何がそのトレードオフの性質を決めるのだろうか？　社会性はどのような条件下で進化しやすいのだろう？　そして何より、社会性の本質や、社会性を生じさせる制約について、どのくらい普遍的な結論が導き出せるだろうか？

社会的動物のメリットとしてすぐに思いつくのは、捕食を免れるということだ。シマウマは群れで生活する。ジャコウウシは円陣を組んで外を向き、角を下げて外敵から身を守る。ヒヒはヒョウにさかんに嫌がらせをして追い払い、ウサギは共同でトンネルを掘って身を守る。ミーアキャットや騒々しいカケスのように、捕食者の接近を知らせる警戒音を発する動物も多い。捕食はどんな生態系でも起こる。誰かが誰かを食べようとしなければ、どんな生態系もいずれ立ち行かなくなるからだ。できるだけ多くのエネルギーを取り込もうとする選択圧はとにかく強力だ。ライオンやシャチのような最上位の捕食者でさえ、一生のうちのどこかの段階で、ほかの動物に捕食される可能性がある。だから地球外生命体がいる世界には、（ハリウッドにとっては喜ばしいことに）貪欲な捕食者がうようよしていることは間違いない。

さらにいうと、捕食はただ不可避なだけでなく、適応の最も強力な原動力のひとつでもある。捕食されてしまったら当然ながら子孫は残せないので、捕食を回避することの進化上のメリットはとてつもなく大きい。すべての動物——と地球外生命体——は、捕食されない方法を進化させなければならない。捕食者の側も食べなければ死んでしまうので、より優れた捕食者になるような非常に大きな選択圧がかかる。捕食者が有能になれば、被食者の防御能力が向上し、そうなると捕食者はさらに有能になる。第4章で簡単に説明したように、進化の軍拡競争として知られるこの正のフィードバックは、動物の行動のなかでもとりわけ印象的な離れ業を生み出す原因となっている。侵入者から巣を守るために自爆するアリや、捕食者のコウモリのソナーを音で妨害する蛾《ガ》など、捕食を回避するための戦い方は何でもありだ。

しかし、かつての米ソの核軍拡競争が持続不可能なほど資源を食いつぶしてしまったように、動物世界の軍拡競争も永遠には続かない。被食者の防御能力が向上すると捕食者が生きていくのが困難になるし、捕食者が有能になると被食者の暮らしに大きな負担をかける。捕食者が常に獲物を探していたり、被食者が常に捕食者を警戒したりしていたら、どちらも食事や交尾をする時間すらなくなってしまう。「捕食の非致死的効果」として知られるこの現象は、ほとんどの被食者にとって、実際に捕食されることよりも重大な制約となっている。シカやウサギが野原の端のほうで捕食者を警戒しながら餌を探しているのを見たことがある人なら、捕食されることの恐怖がどれほど強いかがわかるだろう。彼らは捕食

図28　ティラノサウルスvsトリケラトプス。博物画家チャールズ・R・ナイトが描いた象徴的な絵。

者らしきものを見つけたら一目散に逃げ出すが、これではじゅうぶんなカロリーを摂取できない。

何かを犠牲にしなければならない。ティラノサウルスとトリケラトプスの象徴的な対決は、（そんなシーンが実際にあったかどうかは別として）この状況をよく表している。あまりにも獰猛な捕食者とあまりにも防御力の高い被食者の戦いは、やがて滑稽なほどの軍備への投資が持続不可能となって、永遠にエスカレートすることはない。

ティラノサウルスのような有能な捕食者と対決するには、もしかしたら、巨大な角を振りかざすよりも集団で暮らすほうが安全を確保しやすいかもしれない。第一に、単独で行動するよりも集団の一員になるほうが、捕食される不運に見舞われにくくなるのは単純な統計学から明らかだ。だだっ広い場所で大勢の動物が捕食者に追いかけられる状況では、群れを作ること、つまり捕食を逃れるために集団のなかに紛れてみずからの存在感を薄めることは、当然のなりゆきのように思われる。大暴れしているティラノサウルスから身を隠すために、仲間の群れに飛び込まない動物などいるだろうか？　群れは地球以外の場所でも見られるはずだ。なぜなら群れを作ることは、みずからのリスクをいかにして減らすかという単純な計算にもとづく、簡単で消極的なプロセスだからだ。もちろん、すべての動物が群れを作るわけではない。体が小さく敏捷で、走るのが速い動物なら、単独で行動したほうが有利になるかもしれない。それに、捕食者が密林のなかで待ち伏せしているのなら、被食者が群れをなすことにあまりメリットはない。しかし、群れを作ってリスクを減らすという原理は、それだけでもじゅうぶんに動物が社会的集団を形成し始める端緒となる。

消極的に身を寄せあう以外にも、捕食されないように集団を作る方法がある。実際に協力しあうことだ。たとえば、見張りをするとか、警戒音を発するといった行動は広く見られる。見張り役がいれば、ほかの個体は警戒に時間をとられずに食事に集中することができる。ミーアキャットの見張り役は、仲間たちが餌を食べている間、ときおり後ろ足で立ったりしながら捕食者がいないか警戒に当たり、危険を察知すると警戒音を発して仲間に知らせる。私が研究しているロックハイラックスもそうだ。ロックハイラックスは大きなモルモットのようなふさふさした毛をもつ小動物だが、実際にはゾウの近縁である。ハイラックスが属するイワダヌキ目には、かつてはウマほどの大きさの動物もいたが、今は三種のハイラックスしか残っていない。ハイラックスは集団で巣穴から出てきて採餌するが、一部の個体は常に目立つ岩の上にいる。これは食事をするためではなく、外敵がいないか見張り、何か見つけたら大きな警戒音を出すためだ。警戒音を聞いた途端、群れのすべての個体が身を隠す。

見張り行動は消極的に群れを作るのとは大きく違う。見張り役の動物は、仲間のために実際にきわめて大きな代償《コスト》を払うのだ。彼らは採餌の機会を逃すだけでなく、捕食者の注意を惹きつけるために最も目立つ場所に身を置く。なぜ、そんな利他的な行動をとるのだろう？　自然選択によって進化するのは、他者ではなく自己の生存を有利にするような行動だ。それでも利他的な行動が進化してきたということ

図29と30　見張り役のハイラックス（左）とミーアキャット（右）。

は、それは自己にとって好ましい行動であるはずだ。こうした一見、利他的な戦略を進化させた原動力とは何なのだろうか？

単純に集うことと利他的に協力しあうことは、捕食者にも見られる。たとえばオオカミは、自分自身よりも大きな獲物を襲うときには特に協力しあう。そうしないと誰も生き残れないからだ。一緒に狩りをすれば、倒した獲物を独占することはできないが、単独では倒せない獲物を少しでも食べられるのは、何も食べられないよりはマシなのだ。しかし、真に利他的と思われる行動を見せることもある。ライオンの雌は、ほかの雌の子どもの世話をする。ミーアキャットは、自分が捕らえた獲物を仲間の子どもに食べさせる。オオカミも、仲間の子どもの世話をしたり、餌を吐き戻して食べさせたりする。こうした行動は消極的に集うということだけでは説明がつかない。そこには地球のオオカミであれ、異星のオオカミであれ、動物たちが単独で暮らすよりも集団で暮らすほうがうまくやっていける基本的なメカニズムがあることを示している。

捕食者でも被食者でも、集団で助け合いながら暮らす動物はとても多い。地球上では利他的とおぼしき行動は広く見られ、巣箱で暮らすミツバチから福祉国家で暮らすヒトまで、利他的な社会的行動が最大の特徴となっているような種もある。しかし、地球の動物たちの利他行動は、改めて考えてみると奇妙な行動様式であり、どれほど普遍的なものなのかと疑問が湧いてくる。オオカミやヒトやハイラックスに見られる利他的な社会的行動は、地球に特有の奇妙な現象にすぎず、ほかの惑星では見られないのだろうか？　もしそうだとしたら、たとえ宇宙のなかで生命がごくありふれた存在であったとしても、社会性はめったに見られないことになる。そしてもし社会性が珍しいのであれば、高度な協調性を必要とする科学技術的な偉業（宇宙船の建造など）を成し遂《と》げている地球外生命体が存在することなど、期待できないのかもしれない。ほかの惑星にいるかもしれない、私たちに相当する生物の行動について知りたければ、利他行動に関する基本的な理解が明らかに必要となる。

　利他行動の存在は、初期の進化生物学者たちを困惑させた。見張り役は食べる量が少なく、捕食される可能性も高い。彼らはなぜ、見張りの任務を拒否して、ほかの個体にリスクを負わせることをしないのだろうか？　巣穴を掘るにもエネルギーが必要だが、彼らはなぜ、ほかの個体に仕事を任せて、共同作業の成果だけを手にしようとしないのだろう？　ズルやタダ乗りは、自分の欲しいものを手に入れる方法として非常に効果的にみえる。自然選択の冷徹な数理計算においては、利己的な戦略が常に勝つはずで、ズルをした個体はより多くの子孫を残し、ズルをする遺伝子は集団全体に広まることになる。[*]悪事は「やったもん勝ち」だ。

　コンラート・ローレンツは一九六三年の著書『攻撃　悪の自然史』（日高敏隆ほか訳、みすず書房）のなかで、ひとつの解決策を示した。彼を含む初期の生物学者の一部は、「集団の利益」のために動物に行動を起こさせる何らかの重大な力があるのではないか、と考えたのだ。しばらくの間、この説は議論を呼んだが、集団の利益が動物に利他的な行動をとらせる具体的なメカニズムが存在しないため、曖昧できちんとした説明になっていないこの説が科学界で長く影響力をもつことはなかった。じつは、この難問には厳密な答えがある。動物の利他行動について広く受け入れられている説明は、じゅうぶんに一般的な数学的原理にもとづいたものであり、その存在と不在について、間違いなくほかの惑星にまで広げることができる。利他行動の進化を促す最も重要なふたつの要因は、特に地球の私たちにとって妥当なものだが、ほかの惑星でも同じように作用している可能性が高い。

集団がまとまるメカニズム

地球における利他行動の進化のしかたを理解することは、何が動物たちに協力的な行動をとらせるのか、というふたつめの問題に対する答えの第一歩となる。ポイントは、集団で生活する動物の間には血縁関係があり、多くの遺伝子を共有しているということだ。ミーアキャットの群れでは、多くの雌は最上位の雌〔訳注：ミーアキャットは群れには最上位の雄と雌がいて、基本的にこのペアのみが繁殖活動をおこなう〕の姉妹なので、彼女たちから見ると、最上位の雌の子は姪や甥に当たる。下位の雌は子をもたない。最上位の雌がそれを許さず、妊娠した姉妹をいじめて群れから追い出したり、その子を殺したりするからだ。しかし下位の雌にとっては、最上位の雌の子育てを手伝うことは、自分の遺伝子の一部を残すことにつながる。もちろん、自分自身の子をもつほうが多くの遺伝子を残せる——もし子どもを残せ

＊ 進化的行動についてわかりやすく説明したリチャード・ドーキンスの『利己的な遺伝子』は必読の書。

たらの話であって、実際には子はもてない——のだが、そうはいっても、最上位の雌の子は赤の他人ではなく血のつながった親族だ。下位の雌は、姪や甥の生き残りを助けるか、それとも、次世代に自分の遺伝子を残すことを完全に諦めるかを選択することになる。

第2章で簡単に説明したいわゆる血縁選択は、いまだに多くの細部については議論の余地があるものの、その数学的基礎は非常にシンプルだ。かいつまんでいうと、自分の血族を支援するためにおこなう努力は、血縁関係の近さに比例するということだ。真偽のほどはわからないが、J・B・S・ホールデンはロンドンのパブで、お得意の簡潔かつ皮肉なスタイルでこの法則を要約し、「私はふたりのきょうだいのために喜んで命を投げ出すだろうということだ。いとこなら八人という計算になるね」といったという。[*]血縁選択は動物行動学研究に革命をもたらした。動物たちのすべての協力について血縁選択で直接説明することはできないにしても、血縁選択なしにはどんな協力についても説明を始めることができないからだ。オオカミの群れも、ライオンの群れも、ハイラックスのコロニーも、血縁関係にある個体の割合が過剰に高く、このことが動物の意思決定に影響を及ぼしているのは明らかである。他者がもつ自分の遺伝子を優遇するのは進化的に有利な行動であり、逆に、他者を助けるかどうかを決める際に血縁度を無視する傾向は進化的コストとなる。

血縁選択が最も顕著に見られるのは、ミツバチやアリなどの社会性昆虫である。こうした種では、共同生活のメリットは圧倒的に大きい。共同体による保護が得られるだけでなく、ミツバチが尻振りダンスによって餌場の位置を知らせあうように、効率よい採餌も可能になるからだ。一部のアリは、食料を共同生活に完全に依存している。固くて消化しにくい植物性のセルロースを食べるのは栄養的にもよくないので、このアリたちは葉や草を集めてきて地中の巨大な部屋に運び込む。そこでは仲間が葉や草のセルロースを分解する菌類を栽培していて、アリたちは菌類のはたらきで消化しやすくなった餌を食べるのだ。農業は人間だけの発明ではない。菌類の農場の維持と保護は共同でおこなわなければならないので、この種のアリは単独では生きていけない。昆虫のなかには面食らうような秘策をもっているものもいて、彼らの家族内の血縁関係は私たちのものとはまったく異なっている。雌は、ヒトと同じように遺伝子の五〇パーセントずつを両親から受け継ぎ、その遺伝子の五〇パーセントを娘に受け継がせる。しかし、雄は未受精卵から孵化するため、父親はおらず、その遺伝子の一〇〇パーセントを母親と共有している。その結果、コロニーの大多数を占める姉妹たちは、遺伝子の七五パーセントを共有するのだ（ちなみに、ヒトの姉妹は遺伝子の五〇パーセントしか共有していない）。この雌たちは「超近縁」であるため、協力への血縁選択の圧力はそのぶんだけ強くなる。

これらの種が高度な共同社会を形成する理由が、本当にこの遺伝的影響によるものなのかはまだわかっていないが、血縁度が動物たちの行動を決定づけ、彼らが営む社会生活に影響を及ぼしていることは明らかである。実際、本章の話のしょっぱなで触れた細菌のバイオフィルムのように、クローンのみからなる種がいたら、きわめて高い協調性を示すことだろう。進化論的には、一個体が自分とまったく同

＊この原理は「ハミルトンの法則」と呼ばれている。私の子どもたちは遺伝子の五〇パーセントを私と共有し、残り五〇パーセントを妻と共有している。私が子どもたちに一〇〇ポンドを与え、彼らがこれにより二〇〇ポンド以上の利益を得ることができれば、彼らがもつ私の遺伝子は一〇〇ポンド以上の利益を得たことになり、（私の遺伝子を一〇〇パーセントもつ私自身にとっても）一〇〇ポンドを自分で持っているよりも価値ある投資をしたことになる。

じ遺伝子をもつ多数のきょうだいを差し置いて、自己の命を守ろうとする理由はまったくない。極端な例は、ヒトのような多細胞生物だ。肝細胞が血液細胞に反抗したところで、何も得るものはないのだ！　自爆するアリも、コロニーの仲間と共有する遺伝子を残すために、自分の命を投げ出して本能の指示に従っている。何らかの理由で血縁度が非常に高い地球外生命体がいれば、非常に社会性のある種となるのはほぼ必然である。とはいえ、地球外生命体の血縁度が高いかどうかを、どうやって知ればよいのだろう？　地球外生命体の「家族」について知ることは、地球外生命体がどのようにして「子をなすか」を知ることである。

鳥とハチとエイリアン

残念ながら、私たちは地球の動物を例にとって地球外生命体の暮らしを類推しようとして、みずからを困難な状況に追い込んでしまったようだ。私たちは人間の行動のきわめて重要な一面である社会性を地球外生命体にも見出したいと願っているが、社会性は血縁度に強く依存しており、それゆえ性に依存している。そしてその地球外生命体の性について、私たちにいえることはほとんどない。そもそも地球外生命体に性があるかどうかさえわからないし、それがどのようなものかもわからない。私たちの生化学的性質は遺伝を規定する分子（ＤＮＡなど）を定め、その分子が、私たちが何を受け継ぎ、どのような性生活を送るかを定める。

しかし、私たちの生化学的性質は地球に特有のものだ。ＤＮＡとその姉妹分子であるＲＮＡは、地球上に生命が誕生したまさにそのときに、おそらく途方もない偶然の化学反応の結果として生まれた。この宇宙で「遺伝」に利用できる分子がDNAしかないのかどうかは、まったくわからない。DNAの構造は、染色体が親の形質を子へどう伝えるのかを規定する。地球上の動物のほぼすべてに父親と母親がいるのは、それぞれの親から一組ずつ染色体を受け継ぐからだ。では、地球外生命体がDNAを使っていないとしたらどうだろう？　ほかの惑星で、私たちとは異なる生化学的性質にもとづいて誕生した生命体は、私たちとは異なる制約の下で子をもうけるのかもしれない。ひとりの地球外生命体に三人、四人、五人の親がいるとしたらどうだろう？　また、三つ以上の性別があるとしたら、あるいは、まったく性別がないとしたらどうだろうか？

地球外生命体の性がどんなに奇妙なものであったとしても、（地球の動物と同じように）世代を経るにしたがって祖先との関係性が薄まっていくかぎり、地球外生命体の世界でも血縁選択によって社会性が生じ、地球で見られるような利他行動や協力関係が必ずや育まれるはずだということはできる。もちろん、血縁選択が具体的にどのような影響を及ぼすのかは遺伝の厳密なメカニズムしだいであり、私たちにそれを知るすべはない。社会性昆虫に見られるように、血縁度が五〇パーセントから七五パーセントへわずかに変化しただけで、社会構造は大きく異なるものになるのだ。私たち哺乳類には、クローン男子と超近縁女子の群れのなかの暮らしがどのようなものになるのか、想像することすらできない。地球外生命体の遺伝の仕組み――「遺伝的特徴」といってもよい――が私たちとは大幅に違っているなら、遺伝法則も大きく異なっているはずで、血縁選択の結果を予想することはほとんど不可能である。しかし、地球外生命体とその孫との関係が子どもとの関係よりも薄くなっているかぎり、何らかの形で社会性は進化するはずだ。

幸い、社会的行動を生じさせる普遍的な法則は血縁選択だけではない。地球外生命体が社会性をもつかどうかを予測する手段はまだいくつか残されている。

まず第一に、社会性は動物が直面するほかの制約の副産物である可能性がある。たとえば、外の世界が危険であるなら、子どもにとって親元を離れる意味はないのかもしれない。いつかは広大な世界に出ていくにしても、できるだけ長い間、安全な家にいたいと思うだろう。アナウサギは群生地で暮らしていて（ただし、協力して子育てをすることはない）、下位の個体は雄も雌も、上位の個体からひどくいじめられたり暴力をふるわれたりしながら暮らしている。博物学者のロナルド・ロックレイは、リチャード・アダムスの児童文学『ウォーターシップ・ダウンのうさぎたち』（神宮輝夫訳、評論社）の着想源となった著書『アナウサギの生活』（立川賢一訳、思索社）で、血みどろの暴力を含むアナウサギたちの行動を、見事な、そして親しみのこもった目線で描写している。これだけ暴力が蔓延しているにもかかわらず、群生地の外はもっと危険なため、アナウサギたちには単独で生きてゆくという選択肢はない。そしてよくいわれるように、生きてさえいれば希望はある。もしかしたら下位の雄にも、どこかでこっそり交尾ができたり、上位の雄が死んだときに後継者になれたりする可能性がある。社会性があるとは思えないような動物にも、必要に応じて社会性が生まれてくることがあるのだ。

一方、シマウマの場合は、一頭の雄と複数の雌がハーレムを作る。雄は雌がハーレムから出ることを許さないため、雌は強制的に集団のなかにとどまっている。こんな単純なメカニズムでも、動物たちを否応なしに社会的にし、単なる集合を「集団」にする。とはいえ、単純に集まることは協力することとは違う。威圧によって作られた集団内では協力関係は生まれにくいし、ヒトが実現したような複雑で技術的な社会を形成することはできない。

　ほかの協力のメカニズムを理解するためには、利他行動についてもう少し考えてみる必要がある。利他行動とは、ある個体がほかの個体の利益のために何かを犠牲にする行動であるが、双方が利益を得る「ウィンウィン（Win-Win）」の状況もありうる。確かに、ウサギが巣穴を掘るには多くのエネルギーが必要だが、どのウサギにとってもその投資は同じであり、どのウサギも同じく捕食者や悪天候から身を守ることができる。このような相互協力はきっとありふれたことに違いない。社会のためにはたらこう、そうすればみんなが得をする！

　実際、この相利共生は血縁関係の恩恵がなくても存在しうるが、それは特定の状況下に限られる。一九七〇年代に放送されたホームコメディー『ゆかいなブレディー家』を覚えている人は、どういうことかわかるだろう。物語では、それぞれ子持ちで再婚した男女が、（血のつながりのない）子どもたちを協力して育てている。地球外生命体の性についての仮定は必要ないのだ。

　数理経済学者のジョン・ナッシュ*らが理論的な枠組みを作ったゲーム理論によって、なぜ動物たちが協力するときと、しないときがあるのかについて、基本的な理解が得られるようになった。ゲーム理論は、複数の主体（動物や人間や地球外生命体など）ができるだけ多くの利益を得ようとする状況において、それぞれが長期的にどのような行動をとるようになるのかを数学的に予測するもので、その手法は非常

＊アカデミー賞を受賞した映画『ビューティフル・マインド』は彼の半生を描いたものだ。

にシンプルだ。アイザック・アシモフのＳＦ小説『ファウンデーション』シリーズに登場する数学者ハリ・セルダンと同様、私たちは個々の決定を予測することはできないかもしれないが、進化は長い歳月を要するため、この理論を用いることで、それぞれの種がどのような行動をとるようになるのか、特に、どのように協力するのか、あるいは競争するのかを予測することができる。[*1]

この問題はしばしば「タカ・ハトゲーム」と「囚人のジレンマ」というふたつのシナリオを使って説明される。[*2]名称は怪しげだが、どちらのシナリオも美しくシンプルで、細菌からヒトまで、あるいは繁殖戦略から国際外交まで、幅広い生物種や分野に応用することができる。

タカ・ハトゲームは次のようなものだ。例として、完全に協力的で平和的な（つまりハト派の）個体からなるシカの群れを考えてみよう。この群れの雄は第三者の干渉を受けることなく、気が向いたときに雌と交尾をする。伝説の音楽イベント「ウッドストック」に集まったヒッピーのような感じだろうか。この群れに、交尾を独占したいという攻撃的な傾向をもつ利己的な（タカ派の）個体が一頭加わると、彼はほかの雄が交尾をする機会を容赦なく奪い、大きな成功を収めるだろう。カントリー・ミュージックの歌詞によくある「奪うばかりで与えない」の状況だ。彼の利己的な遺伝子を受け継いだ雄のシカは、ほかの雄の交尾を妨げるため、この遺伝子は群れ全体に広まる。平和を愛するヒッピーの雄に勝ち目はなく、最終的には自然選択によって群れのすべての雄が利己的なタカ派になる。

しかし攻撃的な雄ばかりになると、群れは暴力的な場所になる。誰もが交尾を独占しようとすれば、争いが起こり、怪我をするおそれもある。雄たちが角を生やすのは、ほかの雄を威圧して戦意を喪失させたり、必要な場合に武器として使用したりするためだ。これは、最初の平和な共同体に比べて暮らしにくい、「悪い」場所のようにみえる。しかし、雄たちが争っている群れのなかに一頭だけ平和的な（ハト派の）シカがいれば、その個体はある種の優位性をもっている。ほかの雄たちが巨大な角を生やしたり、互いに争ったりしてエネルギーを浪費しているとき、平和的な雄は傍観してエネルギーを節約し、怪我を免れることができるからだ。ほかの雄たちが忙しく挑み合っている間に、あちこちでこっそり交尾をすることもできるかもしれない。そう考えると、ハト派はタカ派の集団のなかでもかろうじて生きていけそうだ。

ここで重要なことが見えてくる。ある個体が成功するかどうか、つまり進化的適応度は、その個体の形質だけでなく、同じ集団内のほかの個体の行動にも依存するということだ。ほかのみんなが利己的であるなら、平和的であるのはよいことだ。ほかのみんなが平和的であるなら、利己的であるのは得策だ。絶対にベストの戦略というものはない。どの戦略が最善であるかはほかの個体の戦略によって変わってくるし、ほかと違うことにはメリットがある。ナッシュは、利己的な戦略と平和的な戦略を混ぜた混合戦略は、ほかのどんな戦略にも負けることがないのかもしれないと見抜いた。たとえば、二〇パーセントのハト派と八〇パーセントのタカ派からなる集団の場合、八〇パーセント以上の確率でタカ派的な行

＊1『ファウンデーション』三部作によれば、じゅうぶんに複雑な数学を用いれば、人類の歴史も、文明の盛衰も、銀河帝国の興亡までも予測することができる。もちろん歴史の詳細については、人間の行動に影響を及ぼすランダムな事象が多すぎるため予測はできないが、長期的に見ると、おぼろげながらも明確なパターンが現れてくる。

＊2 ゲーム理論の概念の詳細については、ジョン・メイナード＝スミス著『進化とゲーム理論　闘争の論理』（寺本英ほか訳、産業図書）を、より一般向けにはドーキンスの『利己的な遺伝子』を参照。

動をする、あるいは、二〇パーセント以上の確率でハト派的な行動をする混合戦略をとる個体は、ほかの個体よりも不利になる。特定の比率で両方の行動を盛り込んだ混合戦略は安定している。なぜなら、その比率では、より極端な戦略をとる個体は、ほかと違う行動をするメリットを失うからだ。

このナッシュ均衡は、生物学の世界ではしばしば「進化的に安定な戦略」と呼ばれる。単純に利己的に行動するほうが有利そうにみえるにもかかわらず、ほかの個体と協力したほうが適応度が大きくなる理由は、これによって説明できる。ナッシュ均衡はゲーム理論の基本的な帰結であり、生殖システム、交尾、血縁度、性だけに当てはまるものではない。したがって、これらの行動を取り巻く法則は、地球でもほかの惑星でも同じだと確信できる。

よく取り上げられるゲーム理論におけるもうひとつのゲームは、「囚人のジレンマ」である。これもまた、協力と競争の進化的帰結が当初の予想どおりになるとはかぎらないことを示している。「囚人のジレンマ」では、共犯者であるふたりの囚人が、外部との連絡を断たれた状態で、別々に取り調べを受けている。有罪になれば長い懲役刑となる可能性があるが、自白がなければ無罪放免となる。ふたりの囚人はそれぞれ、相手の犯罪について密告すれば自分の刑期は短くしてやるともちかけられる。ふたりはどうするべきだろう？　一方が黙秘していても他方が密告すれば、「正直者」は馬鹿を見る。ふたりとも黙秘すれば、どちらも無罪ですむので、それが最も有利なのは明らかだ。しかし、仲間がどのような決断をするかはどちらにもわからない。簡単な数学的分析からは、最終的には、密告するのが最良の戦略ということになる。つまり、互いに協力するのが最善である（ふたりとも黙秘すれば、警察は証拠を摑むことができない）ことがわかってはいても、それはリスクの高い選択肢（仲間が密告すれば自分の刑期だけ長くなる）であるから、囚人たちは仲間を裏切る（有罪にはなるが、刑期は短くなる）ことを選択する。協力という最善の解は、必ずしも安定な解ではないのだ。

同様の効果は自然界でも観察され、特に子育てにおいて顕著である。親にとって自分の子が生き残ることが望ましいのは明らかで、両親が協力するときに、子は最も確実に生き残ることができる。しかし、自分が巣に残って子の世話をしていたら、パートナーに捨てられて、自分だけで子育てをすることになるかもしれない。自分が捨てられるリスクを負うくらいなら、先手を打ってパートナーを捨てて、ほかの誰かと交尾をしにいくほうがいい。このような行動はトビやシジュウカラなど、鳥たちの間では驚くほどよく見られる。その割合はひょっとすると、すべての鳥種の四〇パーセントにも上るかもしれない。両親が協力することが最善なのだから、一見すると、パートナーを捨てることは自然選択に反しているように思えるかもしれない。しかし進化は長期的な結果を重視するのであり、ゲーム理論の予測は、人間がおこなう「両賭け」によく似ている。私たちはより確実な投資をするために、低い投資収益を受け入れたり、投資をより確実なものにするために、複数の銘柄に分散投資したりする。現実の世界には、パートナーを捨てるメリットや協力するメリットに影響を及ぼすような、相反する要素がいくつもある。ひょっとするとこの先、同じ人と付き合うことになるかもしれないし（その場合、彼らの怒りを買いたくない）、もしみんなが安全策をとっているなら、自分はリスクのある投資をする価値があるかもしれない、というように。しかし、これらは方程式を複雑にする付加的な要素にすぎず、方程式自体は普遍的に適用できる。自然選択は適応度にもとづいてはたらき、適応度は自分とほかの個体との間で繰り広げられるゲームによって決まるのだ――地球でも、ほかの惑星でも。

社会性の先にあるもの

ここまで見てきたように、地球外生命体どうしの「血縁」のあり方が私たちの家族関係とは大きく違っていたとしても、ほかの惑星の動物が協力しあうかどうかについては多くを語ることができる。地球外生命体の血縁のあり方が私たちのものと似通っていれば、より多くの類似点を期待できる。とはいえ、そろそろ第三の問題に取り組もう。協力関係はどのような結果をもたらすのだろうか？　地球の動物の行動を観察することで、ほかの惑星の動物の行動について何らかの結論を導き出せるのだろうか？　それとも宇宙には、私たちの予想を超えたものがあるのだろうか？　地球外生命体どうしの協力から、地球上では見られないような行動や社会構造が生じてくることはあるのだろうか？

捕食から身を守るために協力することの重要性については、警戒音や物理的な抵抗といった積極的な防御や、巣穴やその他の形状の巣などの消極的な防御の話として、すでに取り上げた。協力することは採餌にとっても重要だ。餌の在りかに関する情報を共有できれば餌探しに役立つし、捕食者が集団で狩りをすれば狩りの効率が上がる。しかし、群れで狩りをおこなうことは、単に採餌の効率が上がるという話にとどまらない。ほかの多くの場面でも協力しあう社会集団の基礎になるからだ。たとえばオオカミは、狩りだけでなく、子育てや、ほかのオオカミの群れやクマなどの捕食者から自分たちの縄張りを守るためにも協力する。どんな理由であれ、ひとたび協力関係が確立すれば、結果はついてくる。協力は協力を生む。とりわけ、（一緒に狩りをするために）集団で暮らす必要がある動物たちは、互いにうまくやっていかなければならない。ソーシャルスキルが必要になってくるのだ。

社会性は大きな恩恵──個体の保護、資源集めの効率アップ、科学技術の発達など──をもたらす可能性があるが、その反面、食物を分け合わなければならないなどのコストも伴う。たとえば、オオカミたちが協力してヘラジカを仕留めたあと、その死骸をめぐって殺し合ってしまっては、誰の利益にもならない。そのため、社会的動物はさまざまなソーシャルスキルをもっており、シグナルや相互作用を利用して平和を維持したり、手痛い失敗をする前にお互いの意図を察知したりする。イヌを飼っている人なら、こうした複雑な相互作用の存在を実感しているはずだ。私たちはイヌと共通の言語をもたないので、「撫《な》でてもいい？」と直接尋ねることはできない。期待にピンと立った耳や、怯《おび》えて見開いた目や、遊びに誘うプレイバウ（前足を伸ばして尻を上げる姿勢）や、後ろ足の間に挟んだ尾などを見て、イヌが発するメッセージを読み取らなければならない。これらのシグナルが進化したのは、人間と一緒に暮らすためではない。動物たちが互いに競争し、同時に協力もしながら仲間と一緒に暮らしていくには、相手の反応を予測できなければならないからだ。（まだ理論的にも実験的にも検証されていないと思われるが、）すべての社会的動物は社会的シグナルを発達させているはずだ。なぜなら、あらゆる協力には本質的な対立が内在するからである。他者を助けるために自分を犠牲にするとき、自分は搾取されるおそれがあるのだ。

協力的な動物社会に自然発生的に生じてくると思われるもうひとつの特徴は、「あなたが私を助けてくれるなら、私もあなたを助ける」という互恵の感覚だ。これもまたかなり説明を要するタイプの行動である。誰かに助けてもらったとき、なぜ助けてもらいっぱなしにしないのだろうか？　恩返しをせずに、ズルしたほうが得のような気がするのに。人間に関していえば、答えは明白だ。もし私が恩知らずであることが知れ渡ってしまったら、次からは誰も助けてくれなくなるからだ。しかしほとんどの動物は、集団内の各個体を記憶したり、各個体が助けてくれた回数とズルをした回数を数えたりするような認知能力をもっていない。それでも信じられないことに、血縁度が低く、ズルをした者を認識できないような集団を含め、多くの動物の集団には互恵関係が存在している。互恵は協力するのによい方法のように思えるが、それはどのように進化してくるのだろうか？

動物における互恵の最も有名な例は、非常に魅力的なのに忌み嫌われているチスイコウモリだ。この小さな空飛ぶ哺乳類は、飛行中に多大なエネルギーを消費するため、一晩でも餌にありつけないと餓死してしまうおそれがある。チスイコウモリはねぐらに戻ってくると、採餌ができた個体が「腹ぺこ」で戻ってきた個体に吐き戻した血を少しばかり分け与える。これは血縁関係の有無にかかわらずおこなわれる。もちろんチスイコウモリには、ねぐらにいる数千匹の仲間のそれぞれが過去に助けてくれたかどうかを記憶する能力はない。チスイコウモリのこの行動は感動的だが、はたして普遍的な傾向を示しているのだろうか？

この現象についてはまだ生物学者が熱心に研究しているところだが、ひとつ考えられるのは、餌を分けあうかどうかは集団全体における協力のレベル、つまり集団内の「雰囲気のよさ」に左右される、という解釈だ。協力するコウモリが増えれば増えるほど、さらに多くのコウモリが協力するようになる。餌を分け与える側のコウモリにとってのコストは現実のものだが比較的小さく（少しぐらい分け与えても自分が飢えることはない）、受け取る側の利益はきわめて大きいので（餌を分けてもらえないと死んでしまう）、ズルをすることは最終的には逆効果となる。明日、餌を分けてもらわなければならないのは自分かもしれないのだから、ズルをしないことで、誰かが自分を助けてくれる可能性を高めることが自分の利益になる。明日の自分の命を救えるかもしれないのなら、仲間に少しばかりの血を分け与えてコロニーによい雰囲気を作り出すコストなど安いものだ。こうした複雑な相互作用は、集団内での協力がいかに強い力であるかを示しており、それゆえ、地球以外の惑星にも何らかの形で存在している可能性が高い。

この一〇年ほどの動物行動学研究から、動物たちの単独および集団における社会的行動においては、個体の性格が非常に重要な役割を果たしているという認識が高まっている。最初は単なる擬人化として片付けられていたが、現在では、異なる個体は異なる傾向をもっていることが明らかになっており、特定の個体のそうした傾向が長期にわたって一貫している場合には、それを「性格」の一部とみなすようになっている。たとえば、魚類から鳥類や哺乳類に至るまでの幅広い生物種では、集団内のほかの個体に比べて、危険かもしれない見慣れない物体に接近しやすい個体や、集団内のほかのメンバーに対してより攻撃的な個体がいることがわかっている。

性格をもつ動物は、家のラグの上で寝そべっているペットだけではない。ゼブラフィッシュにさえも「大胆さ」「探求心」「活発さ」「攻撃性」「社会性」という五つの性格傾向があるといわれている。庭の餌台にやってくる鳥を観察する人は、すぐに餌を食べ始める鳥もいれば、しばらく躊躇してから食べ始める鳥もいることに気づくだろう。これは驚くべきことではない。私たちはみな、ホルモンや環境の刺激に対して違った反応を示し、それらの違いの大半は遺伝子や幼少期の経験に起因している。だから、たとえば攻撃性に個体差があるのは当然なのだ。では、このような個体差は普遍的なものなのだろうか？　その可能性は相当高い。特に一部の性格特性——攻撃性など——は、適応度や子孫の数と密接に関係しているからだ。タカ・ハトゲームで見たように、平和的な個体しかいない惑星では、少し攻撃的な動物のほうが有利になるかもしれない。

動物の性格における個体差は協力関係に重大な影響を及ぼす。生活をともにする動物の群れのなかには、ほかの個体よりも攻撃的な者がいて、多くの場合、その割合は安定していない。これが表すのは、集団内でナンバーワンのタカ派には好都合だが、戦い続けて負け続けるナンバーツーのタカ派には残念な状況だ。この状況では、攻撃的な個体はより攻撃的に、消極的な個体はより消極的になる。その結果、ひとつの個体が大ボスとなる支配の構造が生まれる。各個体は階層のなかでそれぞれの地位につき、ある個体に対しては優位だが、ほかの個体に対しては劣位となる。集団内に優劣の順位ができるのはゲーム理論から予想される結果であるため、ほかの惑星にも存在する可能性が高い。しかし、階層構造にはさらに厄介な問題が伴う。動物たちが階層を理解するための複雑な脳が必要になるのだ。

地球上では、協力的な動物の社会がより複雑になり、個体数が増え、血縁度の多様性が増すほど、動物たちはより複雑なシグナルを発するようになる。五、六頭のオオカミの群れでは、それぞれの個体はほかの個体のことをよくわかっており、プレイバウをしたり、毛づくろいをしたり、肉を横取りしたときの、相手の反応を予想するのは比較的たやすい。しかし五〇頭のチンパンジーの群れになると、課題ははるかに難しくなる。社会の複雑さが増すと、複雑なシグナルをやりとりする必要に迫られるだけでなく、それぞれの個体とその性格、自分とほかの個体との過去の交流について記憶する必要性も高まる。

また、動物の社会構造が複雑になればなるほど、その社会に属する各個体に求められる認知機能も複

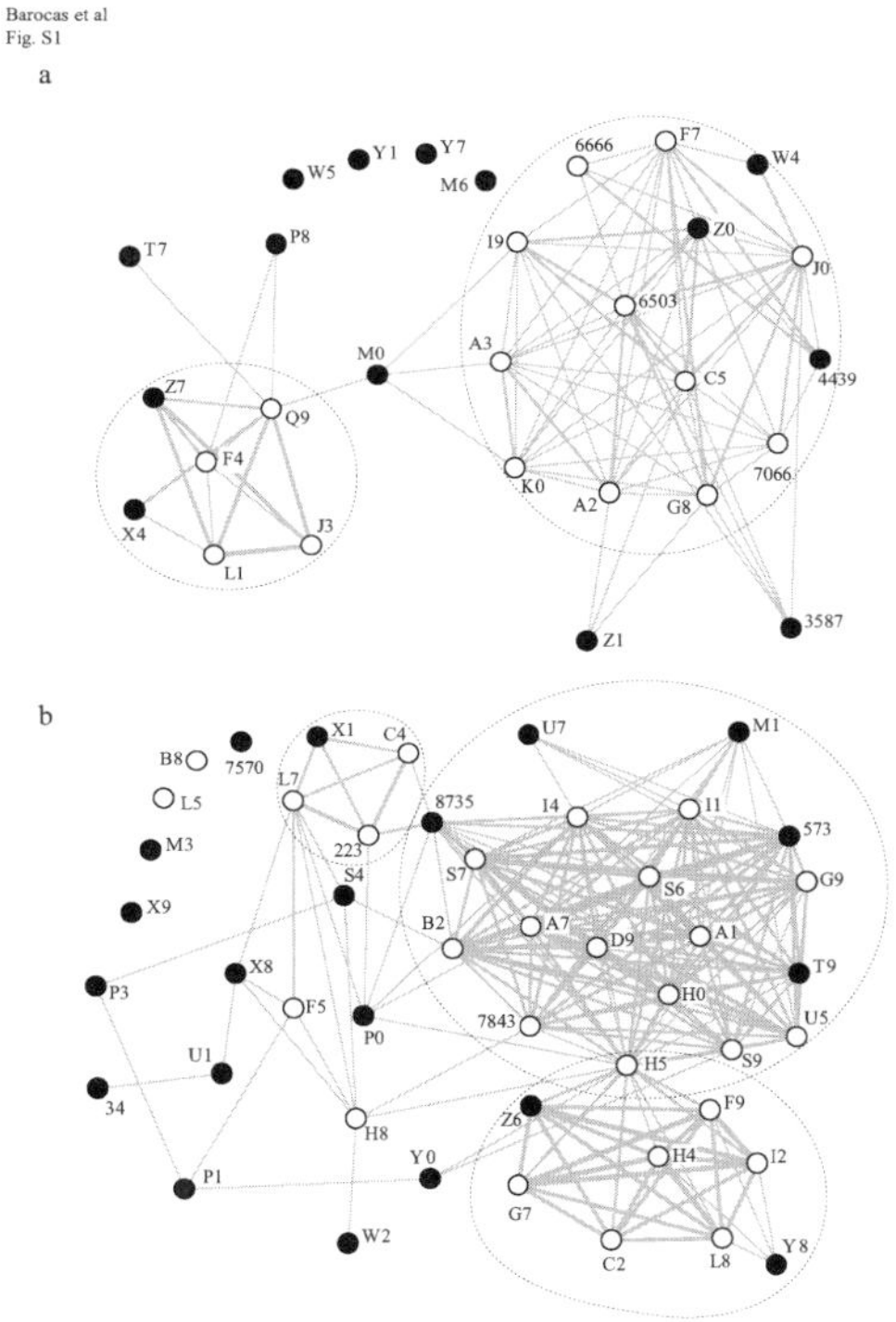

図31　動物たちがうまく付き合っていかなければならない複雑な社会的ネットワークの例。図はロックハイラックス（黒丸が雄、白丸が雌）の個体間の社会的関係を示しており、線の太さはふたつの個体がどれだけ強く結びついているかを示す[*1]。ヒトと同じように、ほかの個体よりも明らかに仲間からの人気が高い個体がいることがわかる。

雑になっていくとみられる。これは、コミュニケーションの複雑さや、集団内のほかのメンバーに対する反応の多様性、さらには脳の大きさにも表れている。社会性がとりわけ高い動物のなかには同盟を結ぶものもいて、どうやら過去に自分に協力してくれた個体だけでなく、なんとほかの個体に協力していた個体のことも覚えていて、その第三の個体が自分にとって敵なのか味方なのかまで記憶している。イルカは何年も何十年も前に協力した相手を覚えており、何度も同じ個体に協力する（雄のイルカはしばしば集団になって雌を襲い、むりやり交尾する）。[*2]ヒヒは群れのなかの個体の社会的関係を把握しており、どの個体が戦いに協力してくれ、どの個体が協力してくれそうにないかわかっている。[*3]

協力的な社会が発展するにつれ、各個体が社会で起きていることを常に把握しておく必要性はどんどん増大していく。同様に、互恵から得られる利益も曖昧になる。誰がズルをして、誰がズルをしなかったかを覚えていられないと、協力するべき場合とそうでない場合の判断を効果的におこなうことができないからだ。これは何も地球の特定の生物に限った話ではない。『スター・トレック』に登場するふさふさの毛玉のような地球外生命体「トリブル」一〇〇匹のコロニーでは、地球のヒヒ一〇〇頭のコロニーと同じくらいの選択圧がはたらいて、複雑な認知機能や同盟の構築を進化させるだろう。

動物の社会性から論理的に導き出される帰結のひとつとして、動物たちはお互いに学び合えるようになるということがあげられる。チンパンジーの赤ちゃんは、周囲のおとなたちの採餌の様子をじっとうかがい、さまざまなテクニックやスキルを目の当たりにしながら成長していくことだろう。集団で暮らしていると、単独で暮らしていては得られない情報にさらされる。社会生活を送ることで、「よい餌場はどこにあるのか？」、「この木の実はどうやって開ければいいのか？」、「このヘビは危険なのか、安全なのか？」といった情報が伝わりやすくなる。これもまた社会性の利点のひとつだ。個体にとって情報は力なのだ。

前章で見てきたように、観察による受動的な学習は、どの惑星の動物の行動にとっても絶対に必要なものであるし、社会集団は学習の機会をさらに増やしてくれる。親の群れに長くいるオオカミほど、最終的に群れを離れるときには、生き延びるために必要なスキルをより多く身につけている。社会集団は教育の機会を提供するのだ。たとえば、チーターの母親は傷つけた獲物を子どもに与えて狩りの方法を根気強く教えるが、これは子どもだけではなかなか学べないことだ。ミーアキャットも、傷ついているがまだ生きているサソリを子どもに与え、捕まえる練習をさせる。社会集団がより大きく、より複雑になり、脳（あるいは地球外生命体の脳に相当するもの）が情報の処理と保存に長けてくると、教えることのできる情報も複雑になっていく。社会生活を営むことで教育の可能性が広がるほか、集団内で長期にわたって維持される情報、すなわち文化を伝えられるようになる。そして情報がより速く、より効果的に伝わるようになれば、いわゆる技術《テクノロジー》も促進される。それは餌をとるために棒の形を整えることであったり、地球にいる人間に会いにくるために宇宙船を建造することであったりする。

■

さて、本章の冒頭に掲げた三つの問題に戻ろう。なぜ動物たちは協力するのだろうか？　これまで見

＊1「ロックハイラックスの社会的ネットワーク内の中心性の分散から成体の寿命を予想する（Variance in Centrality within Rock Hyrax Social Networks Predicts Adult Longevity）」A. Barocas, A. Ilany, L. Koren, M. Kam and E. Geffen (2011) PLOS ONE 6 (7): e22375 より転載。
＊2 ジャスティン・グレッグ著『「イルカは特別な動物である」はどこまで本当か　動物の知能という難題』を参照。
＊3 ドロシー・チェイニーほか著『ヒヒの形而上学　社会的な心の進化（Baboon Metaphysics: The Evolution of a Social Mind）』参照。

てきたように、動物たちは互いに協力することで、捕食者から身を守りやすくなったり、餌を見つけて確保する能力が向上したりするなど、さまざまな利益を得ることができる。集団が進化するプロセスは消極的な理由――集団から離れられない、あるいは離れたくない――から始まることもあるが、協力関係はそうした状況から生じ、進化していく可能性がきわめて高い。動物たちはどのような条件のときに、協力的な社会を形成するのだろうか？　それは、協力的な社会を作ることが進化的に有利になる場合だ。それは血縁選択（ほかの惑星に血縁選択があればだが）のせいかもしれないし、より抽象的なゲーム理論のせいかもしれない。ゲーム理論は進化的優位性がどのように現れ、展開していくのかを予測できるシンプルな方法であり、どの惑星にも適用できる。血縁選択は、宇宙のほかの場所では地球のそれとは大きく異なっているかもしれないが、どんな形であれ血縁関係が存在していて血縁度に差があれば見られる現象であり、地球上と同じように家族を基盤とした協力関係を生み出すだろう。

動物たちが一緒に暮らすということから、どのような結果が導き出せるのだろうか？　ここがおそらく本章最大の驚きだ。社会性が地球上でもたらした一連の進化的帰結は、どうやらこの惑星だけに限られたものではないということだ。異星の動物たちも同様の道筋をたどるだろう。つまり社会集団がより大きく複雑になるにつれ、複雑な社会構造、互恵、優劣の順位、社会的学習と教育は、ますます洗練されていくということだ。これはおそらく協力の進化によってもたらされる基本的な特徴であり、そういうわけで、私たちは宇宙のどこかに私たちと同じように自然を操る方法を見つけた生物がきっといるに違いないと楽観視してよい。地球では至るところで多様な社会性が見られるのだから、ほかの惑星にも社会性はあると単純に思いたくなる。幸い、社会性が進化した理由とメカニズムを理論的に考えると、地球外生命体にも社会性はきっとある。エイリアンの「ご近所さん」とのティータイムは、やはりできるのかもしれない。

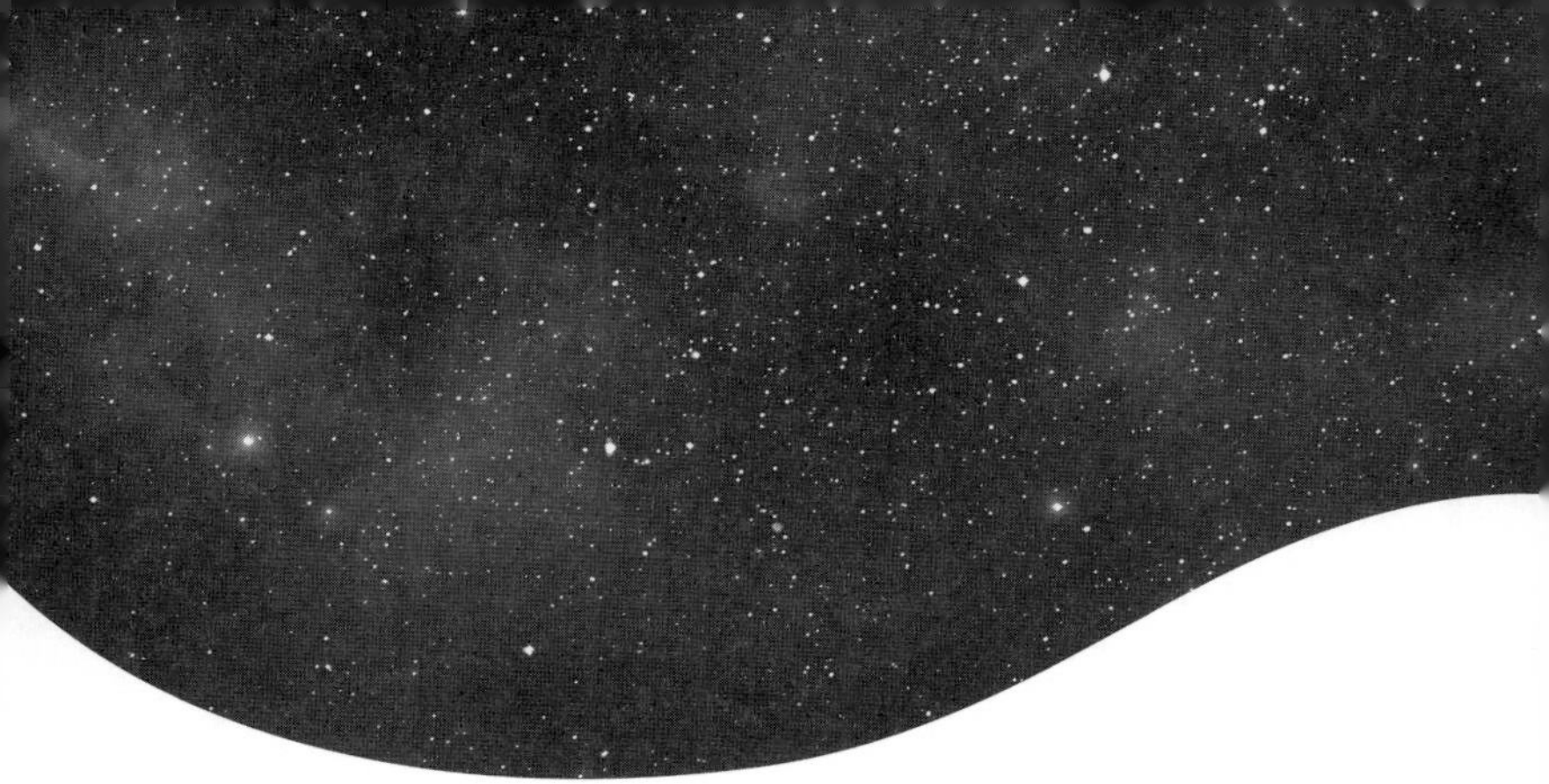

第 8 章

情報

——太古からある商品

私たちはある種のゴールに近づきつつある。ここまでの議論で、異星の動物たちがどのように動き、どのようにコミュニケーションをとり、どの程度の知能をもち、どのような集団生活を送る可能性があるのかについて、理解を深めてきた。私たちが描いてきた異星の動物たちは、多くの点で地球の動物に似ているが、それでも私たち人間とは違っている。まだ答えるに至っていないのが、彼らは「しゃべる」のか、という問題だ。だが、いつまでもそれを後回しにすることはできない。地球外生命体がどのような存在で、私たちとどのような関係を築く可能性があるのかは、彼らが言語をもつかどうかでなにもかもが変わってくるからだ。しかし言語そのものについて考察する前に、コミュニケーションの本質と特に個体間で共有される情報の種類について、さらには伝えられる情報の量について、もう少し掘り下げておく必要がある。

私たちは、情報が商品であることを常に意識している――つまり、情報が金銭的価値をもつ世界に暮らしている――が、動物にとって情報の共有がどれほど重要なのかを考えることはめったにない。しかし、それは重要なのだ。フェイスブックやX（旧ツイッター）を使う人間にとって情報の共有が欠かせないように、動物にとってもそれは必須である。動物にとっては、情報の善し悪しが生死を決するのだ。その深刻さに比べれば、あなたの母親がSNSに投稿した写真のせいで赤っ恥をかかされる羽目になることなどたいしたことではない。情報はまさに生死を分かつがゆえに、自然選択の強い圧力を受ける。動物たちが情報――人間の場合と同じく、信頼できるものもあれば虚偽のものもある――を入手したり伝達したりする方法は、地球でもほかの惑星でも多様で強力だ。どの惑星であれ、どの生態系であれ、知識は力なのである。

動物どうしがやりとりする情報のなかには、彼らを取り巻く受動的環境に関するデータもあるが、はるかに重要なのは、ほかの動物（必ずしも会話に参加しているとはかぎらない）の状態や活動に関する詳細な情報である。すべての動物は、正しい情報、誤った情報、偽りの情報の網のなかで能動的に行動している。動物たちの間には相反する利害関係があり、偽りの事実を伝えることもあるため、彼らが情報をやりとりする方法や理由について理解するには、ここでもまたゲーム理論が重要な役割を果たすことになる。私たちにとってはありがたい状況だ。なぜなら基本的なゲーム理論の考察から導き出される結論は、宇宙のどこでも通用する可能性が高いからである。彼らの棲む世界は物理的には地球と大きく違っているかもしれないが、情報戦で相手を打ち負かすための数学的な法則はほとんど変わらないのだ。

人間どうしの「コミュニケーション」からどのように「言語」が進化してきたのか（そして、なぜ人間だけが言語を進化させたのか、また地球以外でも言語は進化するのか）について本格的に論じる前に、「コミュニケーション」についてしっかりと定義しておく必要がある。地球におけるコミュニケーションについて多くの仮定を設けてしまうと、その概念を異星に適用できなくなってしまうからだ。

コミュニケーションとは何か

私たちが毎日自然におこなっていることのなかには、定義など必要ないと思われるものがある。眠る、目覚める、歩く、話す、自転車に乗るということがどういうことか、誰でもわかっている（とはいえ、倒れずに自転車に乗る方法を言葉で厳密に説明するのは非常に難しい）。定義など勿体ぶった学者のためのものだという人もいるが、私たちが慣れ親しんでいる一貫性のある世界から、未知の異質な領域へと踏み出すときには、定義がきわめて重要となる。人間と動物の活動を比較するときはもちろん、地球外生命体の行動や、私たちとの「共通点」について探りたいのであればなおさらだ。動物や地球外生命体の行動を分類する際に、人間の日常的な行動を基準にすることはできない。私たちの行動のなかでも自明に思えるものほど、ほかの種にとってはそうではない可能性が高い。

私たちはみな、日常生活におけるコミュニケーションとは何かを知っている。しかし、ほかの動物とのコミュニケーションについてもその定義でじゅうぶんだろうか？　オックスフォード英語大辞典によると、コミュニケーションとは、

音声、文字、機械的または電子的媒体などによる、情報、知識、観念《アイデア》の伝達または交換

である。

仮に媒体の部分を削除したとしても、私のような動物学者にとっては、「情報、知識、観念の伝達または交換」という定義では曖昧だ。観念とは実際、何だろう？　動物が「知識」をもつとはどういう意味だろうか？　さらに重要なのは、科学が求めるのは「何？」よりも「なぜ？」という疑問に答えられる定義であるということだ。コミュニケーションが情報の伝達を伴うことはわかる。しかし何かを観察するだけでは、その現象の本質に迫ることはできない。そのうえ観察というのは、視点が異なれば結果も大きく変わってくる。ひょっとすると、シグナルが伝わる速度が動物の動きよりも遅い惑星では、

「情報交換」という観念には意味がないかもしれない。情報が到達するころには、動物たちが置かれている状況は一変しているかもしれないのだから！

議論を進めていくには、コミュニケーションを進化の観点から定義するほうがはるかにうまくいく。少なくともこの方法なら、進化が起きる場所ならどこでも妥当性があると確信できるからだ。そこで私はコミュニケーションの定義を、

> ある動物が発し、別の動物が受け取るシグナルであり、その結果、受け手の行動が変化して、送り手の適応度が高まるもの

と提案したい。

ここで重要なのは、日常のコミュニケーションの定義に必要だと思われる内容に加え、受け手の行動が変化して、送り手の適応度が高まるものというメカニズムが付加されている点だ。要するに、ある動物がほかの動物に情報を伝えるだけでは不十分で、その情報が影響を及ぼさなければならないということだ。しかも、影響なら何でもいいというわけではなく、送り手の利益にならなければならない。意外に思われるかもしれないが、これはまさに普遍的な原理だ。なぜなら、動物の適応度を低下させるような行動が進化することはないからである。もちろんこれは、不利な情報は伝達されない、ということではない。シカはうっかり足元の小枝を踏んで音を立てれば、トラに自分の存在を知らせてしまうが、こうした不利な情報が特定の形質を進化させていくことはないということだ。この場合は、シカがもっと

ひっそりと歩くようになることはあっても、その逆の進化はないのである。

この新しい定義が、自然選択の存在以外のどんな特殊な条件に対しても、完全に中立であることに注目してほしい。シグナルの伝達速度が極端に遅い仮想の惑星でも、進化のメカニズムによって、この定義はやはり有効となる。この場合だと、シグナルを受け取るタイミングが遅すぎて役に立たないなら、送り手の利益にはならないので、進化してこないのだ。

なぜコミュニケーションは受け手ではなく送り手にとって有益でなければならないのか、と疑問に思われるかもしれない。私たちの定義では、送り手に利益がありさえすれば、受け手への影響については中立だ。つまり、受け手は利益を得てもいいし、得なくてもいい。実際のところ、地球上のコミュニケーションシステムの多く――もしかすると、ほとんど――は、送り手と受け手の双方にとって有益である。特に両者が同じ種であったり、なかでも家族であったりする場合はそうだ。ミーアキャットの群れの見張り役は、捕食者を見つけると警戒音を発してほかの個体を逃がし、そうすることで自分の家族、つまり自分の遺伝子を守っている。また鳥のひなは口を大きく開けて鳴き、餌が欲しいことを親に伝えることで、自分が飢え死にするのを防ぎ、親鳥の投資が無駄にならないようにしている。これらは双方に利益をもたらす相利共生的なコミュニケーションのシグナルであるが、相利共生はオプションであって、コミュニケーションの進化にとって必須のものではない。電話であなたの銀行口座を聞いてくる詐欺師は、受け手であるあなたの利益など間違いなく考えていないし、育ての親の卵を巣から放り出して餌をねだるカッコウのひなは、育ての親の遺伝子のためになることはしていない。行動が存続して広まるためには、受け手の利益はともかく、送り手に利益がなければならないのは確かである。直観に反するかもしれないが、コミュニケーションが存在する理由を解明したいなら、常に送り手の利益を探す必要があるのだ。

自身の適応度を最大化するためにみずから決断する二匹の動物の間に利害の対立（またはその可能性）があるときは、常に進化のゲームが繰り広げられている。それぞれの個体は相手を出し抜こうとしたり、もしかすると利己的な理由から、相手に協力したりする。長い目で見れば、最適なゲーム戦略とは進化する可能性のある戦略である。だから行動が進化していくメカニズムの多くは、こうした単純な数学的ゲームを用いて説明できる。ゲーム理論による説明は、実際の世界に存在するごちゃごちゃした細部には依存しない。その動物は飛ぶのか、這《は》うのか？　海に棲むのか、陸に棲むのか？　ティラノサウルスのように大きいのか、ノミのように小さいのか？　温かい塩水の海を泳ぐのか、摂氏マイナス二〇〇度の液体メタンの上を滑るのか？　こうした細部はもちろん重要だが、ゲームはどんなものにもほぼ同じようにはたらく。そういうわけでゲーム理論による説明は、ほかの惑星の生命のあり方を理解するのにとりわけ適しているのだ。宇宙は無数の生物種の小さなマーケティング・マネージャーであふれているのだと想像してほしい。コミュニケーションの媒体や、相互作用の物理的・時間的スケールがどのようなものであっても、すべての惑星の動物たちは、自分の結果を最適化するべく、また自分の利益のために情報を使ってほかの動物に影響を及ぼすべく、進化していく。自己の利益のために他者に影響を及ぼすこと。これこそがコミュニケーションの本質である。

コミュニケーションはどのように進化するのか？

動物がコミュニケーションをとるためには、まずは環境に反応できなければならない。そんなことはいうまでもないことだし、実際、当然のことだ。環境に反応することは、まさに動物の本質だと思われる（第3章参照）。しかし、動物が厳密に何に対してどのように反応するかは、惑星ごとに異なるだろう。地球ではほとんどの動物が光や振動に対して何らかの反応を示すが、それはこの惑星の海も大気も（比較的）透明であり、振動も伝えるからだ。ほかの惑星でも、その物理的特徴によって、どの感覚が有効であるか、あるいはそもそも可能なのかが変わってくる。真空中では音は伝わらない。（大半の）固体中では光は伝わらない。たとえシグナルが物理的に伝わったとしても、コミュニケーションに適しているとはかぎらない。自転と公転の周期が等しいために、主星に対して常に同じ面を向けている「潮汐ロック」の状態にある惑星では、主星に向いた面は永遠に昼となって高温になり、永遠に夜である反対側の低温地域に向かって常にハリケーンのような強風が吹いていることだろう。このような環境では、音は感覚刺激としてあまり適していないかもしれない。たいていの場合、惑星を見れば、そこに棲む動物にどのような感覚器官が進化してくるかが推測できる。

では、動物のコミュニケーションは、環境を感知するために進化した能力からのみ現れるのだと断言できるだろうか？　それとも感覚とは別に、コミュニケーションに特化した器官がおのずと進化する可能性はあるのだろうか？　私たちが話したり聞いたりすることができるのは、私たちの祖先が水中を伝わってくる振動を頼りに獲物や捕食者の存在を察知していたからだ。しかし、もし私たちが生まれたのが宇宙のほかの場所だったら、私たちは既存の感覚能力をコミュニケーション用に適応させるのではなく、コミュニケーションのために聴覚や言語を進化させた可能性はあるのだろうか？　また、以前の章で論じたテレパシーについてはどうだろうか？　この特殊な能力を、ほかの道筋で進化させた地球外生命体はいるのだろうか？

可能性はゼロではないが、非常に小さい。獲物を探知する耳をすでにもっているのであれば、これを使って同種の動物が発するシグナルを聞くこともできるわけで、それは飛躍的な進化ではない。一方、何らかのコミュニケーション能力がひとりでに進化してきたという考え方も、進化がそこに至るまでにたどらなければならない段階的な道筋をうまく説明することができない。もともと誰もコミュニケーションをとっていなかったのなら、そんな世界に最初に現れたコミュニケーション器官はいったい何のメリットをもたらしたというのだろうか？　これは、ＳＦで描かれるテレパシーなどの超能力に対する強烈な反論である。もしその能力が最初に、コミュニケーション以外の何らかのメリットを動物にもたらすものでなかったとしたら、その能力への道筋がどうして始まったのかまるでわからない。だからといってあり得ないという意味にはならないが、現時点では科学的な考察の対象にはならない。実現可能な進化の可能性だけ考えるようにすれば、地球外生命体のコミュニケーション方法に関する私たちの仮定は、すべて捨て去ることができる。

ひとたび動物が環境に反応するようになると、そのうちの一匹がこの反応を利用してほかの動物の行動を操ろうとし始める。前述したように、コミュニケーションは情報の送り手が利益を得る場合にのみ進化するが、利益を得る方法はいくらでもある。サシガメというカメムシ科の昆虫はクモを捕食する際に、クモの巣に這い上り、巣に囚われた虫の動きを真似て糸を引っ張る。クモにとってこの感覚入力は、進化の過程で餌があることを意味する魅力的なものになっているため、当然サシガメに近づいていき、これをサシガメが捕食するのだ。こうした攻撃的な擬態は最初に進化してきたタイプのコミュニケーションではないかもしれないが、ほかの動物の反応を操作すればほぼ確実に自分の利益にできるという事実から、否応なく発生してくるものだ。いずれにせよ、地球外生命体も他者の騙《だま》されやすさを利用することだろう。

そのような単純なコミュニケーションが始まると、送り手と受け手の双方がシグナルの発信や応答のしかたを洗練させ、もっと自分の役に立つ、より豊かな一連の行動を確立していく。送り手はシグナルの音を大きくしたり、目立たせたり、環境内のほかのノイズ源と区別しやすくしたりして、より明瞭に伝わるように調整する。たとえば鳥類は、環境内でよく通る特定の音を優先的に用いる。森林ではピッチの速い単純なさえずりが効果的であり、草原ではメロディアスな美しいさえずりが適している。受け手もまたその応答を洗練させ、自分と同種の鳴き声だけに反応したり、複雑なデュエットのシステムを進化させて、シグナルのやりとりを通じて相手を信頼できるか（たとえば繁殖相手になるか）どうかを判断できるようになったりする。私たちが地球上で目にする動物たちの複雑で多様なコミュニケーションは、こうした相互作用によって突き動かされている。周囲を見渡してみると、相手の動物の感覚特性を利用して欺《あざむ》くメッセージを送るサシガメのような動物ばかりではないことは明らかだ。動物たちは特定のメッセージを伝えるために、まったく新しい独自のコミュニケーションシステムを進化させてきた。鳥のさえずりという現象は鳥が出現する前には存在しておらず、むしろ鳥は音を知覚するという生得の能力を基礎にして、さえずりを発する複雑な方法と、その意味を解釈する複雑な方法の両方を進化させてきたのだ。

動物たちのこの多様なコミュニケーションは、ほかの惑星の生物にも共通する進化のメカニズム（すでに獲得した感覚による合図を利用して、相手を操るメッセージを作り出すこと）から生じるが、その細部については完全に地球に固有のものだ。ほかの惑星に棲む動物が、地球上の動物たちとまったく同じ理由からコミュニケーションをはかっているだろうということは確信できるが、そのコミュニケーションが厳密にどのようなものなのか、たとえば、地球の鳥のさえずりに相当するものが実際にはどのようなものなのかは、その惑星の大気の密度や組成などの物理的条件に左右される。これらの物理的制約については第5章で重点的に取り上げた。本章では、地球外生命体がコミュニケーションをどのようにとるのかよりも、なぜとるのかについて語る必要がある。

決断につぐ決断

コミュニケーションが進化するのは、動物たちが決断をしているからだ。どこにいこうか、何をしようか、何を食べようか、そして（少なくとも地球上では）誰と交尾しようか、といった決断だ。彼らの間で伝達される情報がこれらの決断に影響を及ぼすがゆえに、コミュニケーションは進化していく。その影響は搾取的な――送り手に利益をもたらし、受け手には不利益をもたらす――ものだったり、双方に利益をもたらすものだったりする。動物のコミュニケーションでは、利己主義と利他主義は表裏一体だ。人間どうしなら相手を欺くことは（政治家にかぎらず）よくあることなので、私たちは、欺瞞は人間に特有のものだと考えがちだ。また、思いやりや共感を切に願う崇高で利他的なメッセージも、人間性の最良のものを表しているようにみえる。

もちろん、動物の世界にも真実と虚偽はたっぷりある。地球外生命体の世界にもあるだろう。じつは真実と虚偽には、みなさんが思うほど大きな違いはない。進化論的にいえば、これらは結局のところ、適応度を高めるための手段の違いにすぎないのだ。紀元前五二二年、アケメネス朝ペルシアのダレイオス一世はこのように語っている。

人は、嘘をついて何かを得られそうなときには嘘をつき、真実を語って何かを得られそうなときには真実を語る。*

意思決定は搾取につながりやすい。これはすべての意思決定に共通する特徴である。なぜなら、完璧な意思決定というものはないからだ。完璧など望むべくもないのは、すべての利益にはコストが伴い、コストと利益は互いにトレードオフの関係にあるためだ。これは進化の基本原理であり、意思決定も何ら変わりはない。もしかしたら、絶対確実な情報を摑《つか》むまでは意思決定をおこなうべきではないのかもしれない。私が投資をするなら、ある会社が成功することを一〇〇パーセント確信できてから投資の判断をするとか、クモだったら、巣のなかでもがいているものがサシガメではないと一〇〇パーセント確信できてから獲物に近づくべきなのかもしれない。しかし、そのような戦略が最適であるとは思えないし、実際に採用したらひどいことになるだろう。一〇〇パーセント確実になることなど絶対にないからだ！　情報は不完全で、間違いも多く、まったく当てにならない。大切なのは、情報をうまく利用し、しくじる可能性も含めて、それぞれの判断におけるコストと利益を考慮することだ。バランスのとれた意思決定、すなわち慎重だが慎重すぎない意思決定が、進化に最も有利にはたらくのである。

私たちは、コミュニケーションをはかることで情報へのアクセスが広がり、よりよい意思決定につながると期待している。情報の送り手は、コミュニケーションを通じて他者の意思決定に影響を及ぼすことができる。たとえば、どんな服を着て、どんな行動をとるかが、他者が自分を雇用するか、解雇するか、自分とベッドをともにするか、相手のサッカーチームのファンだと思ってぶん殴ってくるか、に影響を及ぼす。コミュニケーションは、他者の意思決定に影響を及ぼせるかどうかしだいなのだ。

もちろん搾取だけがすべてではない。動物はしばしば協力のためにコミュニケーションをとるし、人間は常にこれをやっている。しかし表面的には協力のためのコミュニケーションであっても、さらなる搾取を招いてしまうことがある。すでに前章の「囚人のジレンマ」で見たとおりだ。協力するのはすばらしいことだが、最終的に好ましい結果になるとはかぎらない。情報の受け手はそのシグナルがどのくらい信頼できるのか、つまり「自分は欺かれていないか？」を判断する必要がある。送り手からのシグナルのすべてを額面どおりに受け取り、相手が自分の利益も考慮してくれていると信じている受け手は、

＊古代ギリシャの歴史家ヘロドトスの説明によれば、これは簒奪者から王位を奪い返そうと企てるダレイオスが共謀者たちに語った言葉である（『歴史』第三巻、七二）。

間違いなく搾取される可能性が高い。お人好しを騙して利用する者が現れることは（進化的には）不可避である。当然ながら、すべてのシグナルを完全に信頼することも完全に疑うこともできないので、意思決定は妥協の産物となる。では、地球でもほかの惑星でも、疑うより信じたほうがいい状況はあるのだろうか？

進化ゲーム理論によれば、私が他者からのシグナルを信頼するべき普遍的理由はふたつあり、これらは異星の動物どうしのコミュニケーションにも当てはまる可能性が高い。ひとつは、シグナルの送り手と私が共通の利益をもっている場合だ。地球上ではこれは通常、血縁関係があることを意味する。血縁選択により、シグナルの送り手は利益の一部を共有している私の利益を害することに慎重になる。私は自分の子どもを害するような嘘は絶対につかない！　地球外生命体に子どもがいれば、私と同じように思うだろう。しかし、利益を共有するのは血縁関係だけではない。

私と対話相手がひとつの重大な任務を負っていて、失敗すればどちらも困ったことになりそうなときには、利益を共有していることになる。最もわかりやすい例は、ヘラジカなどの大型の獲物を倒したいが、単独では目的を達成できない動物たちが、群れで狩りをする場合だ。どの個体が狩りに参加しなかったかは群れの仲間にはわかっているので、全力を尽くして狩りに参加した個体は、参加しなかった個体に獲物を分け与えるのを拒むことがある。動物たちが群れで狩りをする理由の一部は血縁選択で説明できる（オオカミの群れは血縁関係のない個体を受け入れることも多いが、基本的には血縁関係のある個体からなる）が、理由はそれだけではない。たとえば、イルカの雄たちは血縁関係があまり近くない個体どうしで同盟を結ぶし、五〇頭以上のシャチの群れがシロナガスクジラを襲って殺した事例では、群れのシャチたちには血縁関係はなかったと考えられている。全員が協力しなければ誰も利益を得られないような状況では、シグナルは虚偽ではなく信頼できるものである可能性が高い。そしてこれは個体間の血縁関係に関係なく、どの惑星でも当てはまる。もしどこかの惑星で大勢が協力して冒険的な事業に取り組んでいる兆候——それは都市のような建造物とか、宇宙探査機かもしれない——が見つかったら、私たちが真っ先に導き出す結論は、地球外生命体が知能やテクノロジーをもっているということではなく、彼らが協力しあうためにコミュニケーションをとっているということになるだろう。

作るのに多大なコストがかかるシグナルも信頼できる。これがふたつめの理由となる。今日のフェイクニュースの時代では、「地球は平らである」とか「ワクチンを打つと自閉症になる」といったいい加減な情報を簡単かつ手軽に広めることができる。こうした嘘は、安いコストでつくことができる。だが、高いコストをかけて作られたメッセージが虚偽であることはめったにない。「クフ王は絶大な権力の持ち主である」ことを物語る巨大なピラミッドを見れば、私たちはそのメッセージを信じるだろう。クフ王が実際に大勢の奴隷を所有していなかったら、ピラミッドを建設できたはずがないからだ。同様に、巨大な角をもつアカシカや、色鮮やかな長い飾り羽をもつクジャクなど、単純にコストが高すぎて嘘とは考えにくいシグナルを発する動物は多い。適応度の高さや健康であることを示すこうしたシグナルが偽物で、その個体が本当は適応度が高くも健康でもないとしたら、これほどコストの高いメッセージを出せるだろうか？　シグナル伝達の進化の背景には、「地球と根本的に異なる惑星であっても、シグナルが信頼できるかどうかは、そのシグナルの適応度コストと、送り手と受け手による利益の共有というふたつの要素によって決まる」という普遍的な原理がある。これは地球外生命体のコミュニケーションに関する、きわめて本質的な主張だ。すなわち異星の動物が発するシグナルは、コストが高いか、基本的な共通の利益を反映したものであれば、信頼できるといえるのだ。

では、地球上の動物たちはどのくらいの種類の情報をやりとりしているのだろうか？　これらの多様な情報は、宇宙のどこかに存在しうるあらゆる種類のシグナルを代表していると考えてよいだろうか？　どの惑星に棲む動物にとっても重要な情報には、少なくとも三つの「テーマ」があると考えられる。それは、環境に関する情報、シグナルの送り手（個体）に関する情報、集団に関する情報である。それぞれ個別に見ていこう。

環境に関する情報

ほかの惑星の動物たちは、自分たちが暮らす世界について何を教えあうのだろうか？　どんな惑星の環境にも、彼らの関心を惹く特徴があるはずだ。たとえばすべての動物は食べ物を必要とし、捕食者から逃げなければならない。だからほかの惑星の動物が発する食べ物や危険に関するシグナルは、地球の動物が発するシグナルから考えることができる。とはいえ、ひょっとしたらほかの惑星には地球には存在しない危険やチャンスがあるかもしれず、その場合、そこに生きる動物たちは私たちには想像もつかない環境条件に関する情報をやりとりしているに違いない。たとえば地球上のほとんどの動物が気づかない、磁場の歪みの発生を警告し合っているとしたら、私たちがそうしたやりとりを理解するのは難しいのかもしれない。地球外生命体のコミュニケーションのなかには、私たちにはどうしても理解できないものがあるだろう——たとえその意味を「解読」できたとしても。

それでも、あらゆる生命体がエネルギーを必要とするのは確実なので、どの惑星の生物にとっても食べ物についての話題は重要なはずだ。というわけで、食料と捕食者に関する情報について考察することから始めていこう。

あなたが森のなかでおいしそうなキイチゴが実っている茂みを見つけたら、誰彼かまわず声をかけて一緒に食べるだろうか？　そういう人もいるかもしれないが、ふつうは自分の家族に教えるだろう。ここでもまた、血縁選択が食べ物に関する情報伝達を促す。地球外生命体の血縁関係がどのようなものかはわからないが、血縁以外に、新たに見つけた食料源に関する情報を他者に教える理由はあるのだろうか？　じつはある。動物が食べ物の在りかを他者に教えて一緒に食べるのは、集団で食事をするほうが安全だからだ。仲間と一緒に食べていれば、捕食者に不意打ちされる可能性は低くなる。確かに仲間と分かち合えば、自分の取り分は減るが、自分自身が誰かの食べ物になるよりはマシだ。アメリカコガラのような小鳥は、ゴジュウカラやシジュウカラなどを含む集団で餌を食べる。異なる種の小鳥は目や耳の特性も異なり、それぞれに警戒することで安全性が増すため、餌を分け合う価値があるのだ。

集団で餌を食べれば、同じ餌を狙っているほかの動物、特に自分たちより大きな動物から身を守ることもできる。カラスはほかの動物が食べている最中の死体など、手を出すのが難しい餌を見つけると大声で鳴く。その声で仲間を呼び寄せ、群れとなることで、先客にプレッシャーをかけるのだ。仲間は食べ物を入手し、確保し、食事中の安全を守るのに役立つ。

より複雑な採餌パターンをもつ動物では、食べ物に関する情報の共有はさらに複雑になる。なぜなら彼らは食べ物について話すことができるからだ。チンパンジーが特においしい食べ物について仲間に教える鳴き声は明確に識別できる（「マンゴーがあるよ！」の鳴き声は「バナナがあるよ！」の鳴き声とは違う）が、それほどおいしいわけでもない食べ物を見つけたときには、もっと一般的な鳴き声（「にんじんとか、りんごとかがあるよ」）を使う。重要なシグナル（「おいしいものがあるよ！」）は、あまり重要でないシグナル（「食べられるものがあるよ」）よりも、はるかに明確かつ具体的でなければならない。確かに、ほかの惑星にここまで魅力にばらつきのある食べ物があるかどうかはわからないが（ひょっとしたら、その惑星には果物は一種類しかないかもしれない）、どんな生態系にとっても食べ物は常に制限要因であり、少なくとも、食べ物がどのくらいあるのかは興味深い話題となるだろう。

シグナルはまた、そこに含まれる情報の時間的文脈によっても変わってくる。たとえば、どの異性を配偶者に選ぶかといった長期的な判断の材料となるシグナルは、時間がたってもあまり変化しないものでじゅうぶんだ。鳥の羽毛は雄の適応度を反映するシグナルであり、たとえ加齢とともに多少色褪せたとしても、シグナルの持続時間は判断のタイムスケールと一致している。これに対して、捕食者の接近を知らせる警戒音は即座に発せられなければならない。逃げるかどうかの判断は瞬時におこなう必要があるからだ！　捕食者がどのように近づいていてどんなふうに危険であるかを長々と説明するような警戒音だと、メッセージの受け手がそれを解読し終える前に捕食者の餌食になってしまうため、進化に有効なシグナルにはならない。

実際、動物が発する警戒音は、おおむね短くて聞き取りやすく、非常に効果的に仲間の注意を惹くことができる。また不穏な危険を知らせる警戒音は、それ自体が「不穏な」ものであることが望ましいという証拠もある。警戒音はまさにその本質そのものによって、ほかの動物の注意を強く惹きつける。ほとんどの警戒シグナルが音によって伝えられる地球上では、多くの警戒音が本質的に不安や恐怖を抱かせる音響特性をもっており、「恐怖の音」と呼ばれているのだ。* 私たち人間は金切り声や悲鳴に不安を覚えるが、それはほかの動物も同じである。雌のシカに人間の赤ちゃんの泣き声を聞かせると、赤ちゃんジカの警戒音を聞かせたときと同じような反応を見せるし、私たち人間も動物の悲鳴を聞くと、人間の悲鳴を聞いたときと同じように心がかき乱される。

そこには地球外生命体にも当てはまる、一般的な進化の原理がはたらいているのかもしれない。私たち人間――と母ジカ――が不快に感じる音には決まった音響特性がある。私たちが悲鳴を表現するのに使う「鋭い」とか「耳をつんざくような」とか「耳障りな」といった形容詞は、その音の周波数が予測不可能な変化をすることを表している。警戒音の周波数は無秩序で、ほぼでたらめといっていいような変動をする傾向があり、そうした音は基本的に聞く者の心をかき乱す。その理由のひとつは予測ができないせいかもしれない。これは合理的な仮説だ。どんな動物にとっても、予測ができないことはうれしい状況ではないからだ。しかし、こうしたでたらめでカオス的な周波数の変動は、単純に、突然極端なノイズを発することによって機械的に生じたものでもある。人がパニックになって叫ぶときには、声帯は不規則に振動する。アンプのボリュームを最大にしたときに音が歪むのと同じで、音を出す機構は限界を超えるとカオス的なノイズを発するのだ。だから、ほかの惑星に棲む動物が音によって警戒シグナ

* これについては、ダン・ブラムステインの TED × UCLA トークの動画「恐怖の音（The Sound of Fear)」の視聴をお勧めしたい（https://tedx.ucla.edu/talks/dan_blumstein_the_sound_of_fear/）。なお、講演は英語である。

ルを発するなら、その叫び声はおそらく私たちの叫び声と非常によく似ているだろう。誰かに「お前が悲鳴をあげても誰にも聞こえない」などといわれても信じないように。悲鳴は、誰かの耳に聞こえるように、そして、聞く者の心をかき乱すように進化してきたのだから。地球外生命体が音を使っていないとしても、彼らの警戒シグナルは悲鳴と同じようにカオス的なものになる可能性が高い。岩陰から突然飛び出して地球外生命体を驚かせてみれば、彼らのシグナル生成器官の特性に則った警戒シグナルを発するだろう。「びっくりした」ときには、どの惑星の動物も同じような反応をするはずだ。

　地球のホタルを例にとって考えてみよう。ホタルは、雄の腹部にある発光器を使って、注意深く制御されたパターンで光を明滅させている。明滅のタイミングはホタルの種ごとに決まっているので、雌が異なる種の雄の光に惹かれて気まずい思いをすることはない。同じ種のホタルが同じ場所に何百匹も集まると（初夏のテネシー州のグレート・スモーキー山脈が有名だ）、壮観な現象が起こる。それぞれの個体の発光が同期して、同時に光ったり消えたりするのだ。さてここで、異星に同様の視覚的コミュニケーションシステムをもつホタルのような生物がいると想像してみよう。* 仲間と同期して光を明滅させていたホタルの一匹が、捕食者を発見するや、ただちに明滅パターンを変化させる。すると近隣の仲間との同期が失われ、この同期の乱れはホタルのネットワークを介して連鎖的に広がってカオス的な明滅となり、「恐怖の音」ならぬ「恐怖の光」とでも呼ぶべきものが発生するだろう。私たちが赤ちゃんの泣き叫ぶ声を聞くと頭が痛くなるのと同じように、異星のホタルもおそらくこのめちゃくちゃな光の明滅に不安を覚えることだろう。

個体に関する情報

二匹以上の動物の間でおこなわれるコミュニケーションが搾取にも協力にもつながることを考えれば、彼らが相手についてできるだけ多くのことを知りたいと思うのは当然である。その情報はアイデンティティ（身元）のような単純なものかもしれないし（ここでは動物は個体に関する情報を記憶できることとする）、彼らがどこにいて、どのくらいの大きさで、どのくらい怒っているのかといった重要な内容かもしれない……。どんなときも、口を開く前に相手のことをできるだけ多く知っておくに越したことはない。

個体に関する情報のいくつかは本質的に信頼できる。動物が後ろ足で立てば、体の大きさを相手に伝えることができる。もちろん、怒ったネコのように毛を逆立てて大きさを誇張することもできるが、それには限界があって、体の大きさを完全に欺くことはできない。アカシカの雄は吠え声で自分の大きさを知らせることができる。シカの吠え声の音高は、パイプオルガンのパイプの長さとそこから出る音の関係と同じで、体の大きさによって変わるからだ。雄のシカは、より低い声を出せるように（つまり、実際より大きく思わせられるように）声道を長くする方向に進化してきたが、すべてのシカが同じごまかしをしているため、やはり本当に大きいシカのほうが小さいシカより低い声を出すことになる。アイデンティティを偽ることもまた難しい。ヒトを含む多くの動物は、外見や声の響きの微妙な違いで自分の配偶者や子どもを見分けることができる。オウサマペンギンの親子は数千羽のコロニーのなかでお互い

＊ ちなみに地球のホタルの発光は、複雑な情報を伝えているわけではないらしい。

を見抜かなければならず、鳴き声の個体差を利用してそれをおこなっている。実際、驚くほど多くの動物がこのようなアイデンティティによって個体を識別している。

もちろん、信頼できそうなシグナルがあるところには、必ずその信頼を利用しようとする不心得者がいる。宿主のひなになりすますカッコウのひなはその一例だ。この場合、気の毒な育ての親はその窮地から抜け出すために、単純な戦略をとる。すべての情報を無視して、とにかく自分たちの巣にいるひなに餌を与えるのだ。情報が必ずしも解決策につながるとはかぎらない。動物たちがシグナルを信じるべきか疑うべきかという判断のはざまで踊らざるを得ないダンスは、めまぐるしく、終わりがない。このトレードオフは地球の動物に限った話ではない。ほかの惑星に棲むすべての動物たちが、それぞれの疑り深さ――情報を信じて得られる利益と騙されるリスクとのバランスをとること――を進化させていくのだろう。地球上にはカッコウのひなを育てる「お人好し」のヨシキリから、自分のひなにしか餌を与えないペンギンまで、あらゆる種類の戦略が見られる。この事実は、ほかの惑星にも、疑うことを知らないヨシキリや個体識別力に優れたペンギンに相当する動物がいることを強く示唆している。

個体に関するシグナルのなかで信頼できないものは、コストがほとんどかからないか、コストが管理できるところで進化してくる可能性が高い。コストのかかるメッセージは信頼できることが多いように、コストのかからないメッセージは信頼できないことが多い。すぐに撤回して変更できるようなメッセージも、虚偽の可能性がある。身近な例は、地球上の多くの動物たちによる儀式的なディスプレイ（誇示）である。たとえば多くの鳥種にとって、ライバルの歌を真似ることは明らかに攻撃の意思表示だ。人間でいえば、パブにいる誰かの言葉を（訛《なま》りを含めて）真似することに等しい。そんなことをすれば、かなりの確率でケンカになる。こうした行動は、本当にコストのかかる投資（たとえば、大きな角を生やす、カラフルな羽毛をもつ、毎日ジムに通って筋肉をつけるなど）とは決定的な違いがある。パブで相手をからかうコストは、負うことも負わないことも選択できる。別の言い方をすると、このコストは管理することができるのだ。鳥の例なら、ライバルのさえずりを真似るのは今日にしてもいいし明日にしてもいい。そして、ライバルが手強そうだったら、いつでも引き下がることができる。虚偽のシグナルである「はったり」にはリスクが伴うが、ときにはリスクを冒す価値もある。ほかの惑星に棲む動物もほぼ間違いなく、一種のコミュニケーションとして、儀式的にはったりをきかせるだろう。シグナルのコストを管理できる場合には、こうした行動をとるのはほぼ必然だからである。地球外生命体が必ずポーカーをするとまではいわないが、いつ勝負に出て、いつゲームを降りるべきかについては、地球の動物と同じように判断しなければならないはずだ。

自分の集団に関する情報

集団のなかでは、話すべきことがたくさんある。コミュニケーションは集団力学《グループダイナミックス》における頂点に達し、認知能力が向上して思考が複雑になるにつれて、いいたいことやいうべきことの複雑さはどんどん増してゆく。集団どうしが互いに対立している場合には（あからさまに暴力的なものでなくても、集団間には常に対立があるものだ）、集団を見分ける方法が必要だ。また自分の集団とよその集団を区別するメリットが明白なときには、集団がうまく機能するように協力しあう仕組みができていることが多い。自分もほかのメンバーも、メンバー間の長期的な関係を理解しているため、社会構造は安定した状態を保っている。

　動物の集団内に優劣の序列がある場合（あるいは、もっと平等に暮らしている場合でも）、メンバー全員がルールをわかっていれば社会の歯車はスムーズに回る。ハイエナやチンパンジーなど高度に社会的な種の多くには明確な支配関係があり、序列から外れたことをするとかなり痛い目に遭う。ハイラックスのようにもっと平等な社会を築く種もある。彼らのニッチにはこうした社会がよく合っているのだ。いずれにしても、社会構造は集団の存続にとってきわめて重要である。集団に新たな個体が入ると、その力関係が乱れてしまう。自分がどの集団に属しているかを理解し、違う集団に入らないようにすれば、不用意な争いを避けることができる。

　集団のアイデンティティに関するシグナルを発するメリットはほかにもあるが、それほど明白ではない。鳴鳥の多くは自分の縄張りを激しく守るが、周囲の雄の縄張りは尊重する。彼らは隣人の歌を認識し、自分の縄張りへの脅威とは考えない。これを人間の政治にたとえれば、「デタント（緊張緩和）」と呼べるかもしれない。ところが見知らぬ雄がやってくると、それぞれの縄張りのなかにいる鳥たちは、互いに協力しあうような集団ではないにもかかわらず、全員がこれを「よそもの」と認識して攻撃する。これは「親敵効果」と呼ばれるもので、彼らにとって隣人は理屈のうえでは「敵」なのだが、それなりにうまくやっていける相手なのだ。集団内や集団間の社会的関係についての情報は、そうした関係を安定させる傾向がある。資源が限られている場合には縄張りをもつことが基本となるため、ほかの惑星にも縄張り意識の強い鳴鳥のような動物がいることだろう。彼らもまた、親敵効果に従ってメッセージを発したり、メッセージに反応したりしているはずだ。

総じて、集団のアイデンティティに関するシグナルを発することは、動物がほかの個体を信頼すべきかどうかを判断するうえできわめて重要である。イルカは群れで生活しているが、群れはばらばらになったり集まったりを何度も繰り返す。イルカは、かつて社会的関係を築いたことのある群れと再会したときに、彼らと協力しあうことができたか、どの個体をより信頼できたかを思い出せることが重要となる。これは単に仲良くやっていくだけではなく、協調して活動する必要がある場合には特に当てはまる。その際、彼らはお互いの名前を呼び合っている。イルカには各個体の名前に相当する特別な鳴き声があるのだ。それは「シグネチャーホイッスル」と呼ばれる鳴き声で、名前の持ち主であるイルカも、そのイルカに呼びかけるほかのイルカも、個体を識別するために使っている。驚くべきことに、イルカは数十年ぶりに再会した個体のシグネチャーホイッスルを覚えていて、認識することができる。

しかし集団の規模が大きければ、全メンバーのアイデンティティを認識することは、動物の脳にとって大きな負担となる。一部の動物（特にヒトを含む霊長類やイルカなど）が非常に大きな脳を進化させるに至ったのは、「友達リスト」の経過を追うためだったという可能性はじゅうぶんにある。もっと「ローテク」な方法もある。集団に所属するすべての個体が、その集団のメンバーであることを示すシグナルを発していれば、各個体の名前を覚えておく必要はない。実際、スズメバチは巣の匂いで仲間を認識する。同じ巣に棲むスズメバチの体には同じ匂いがつき、自分たちの家の匂いがする者は家族である。個体を認識する必要はない。サッカー観戦のあと、青い服を着た人が多いパブと、赤い服を着た人が多いパブを見れば、自分がどちらのパブに入ったらどんなことが起きるのか、すぐにわかるのと同じことだ。

とはいえ、もちろん人間の集団は酒を飲んだり歌を歌ったりするだけではない。大聖堂を建てたり、電波望遠鏡や宇宙船を建造したり、いつか地球外生命体に出会いたいと願い、彼らを理解する方法を模索したりしている。私たちは集団で協調して活動する。そのためには数式から設計図、書籍の原稿に至るまで、非常に複雑な情報をやりとりする必要がある。意外かもしれないが、このタイプの協調を示す動物の集団は非常に少ない。地球上には、複雑な方法で協調できるほどじゅうぶんな情報をやりとりしている動物は多くはないのだ。

社会性昆虫は違うのか、と思われるかもしれない。第6章では、ミツバチがどのようにして巣の引っ越し先についてコロニー内で合意を形成するのかを説明したし、アリもシロアリも数千匹が共通の目標に向かって協調して事に当たらなければ、とうてい実現できないと思われる壮大な巣を作り上げる。しかしこの協調は、たとえばケンブリッジ大学のマラード電波天文台の建設のような、私たち人間が考える協調とは性質が異なるのだ。いつもキッチンに入り込んでくる厄介なアリについて考えてみよう。彼らは少し曲がりくねった道をたどり、障害物を置くとそこだけ道を変化させて、きっちり隊列を組んでやってくる。彼らは協調している。確かに。しかし彼らの協調は非常に単純なプロセスによる創発特性であり、複雑な行動にみえるが、じつは行動に関するとても単純な決定から生じている。彼らは、先に通過した数百匹のアリの足跡の匂いを嗅ぎながら進んでいるだけなのだ。協調のためのシグナルは、「私はここにいた」というものひとつしかない。確かにこの複雑な行動は、シグナルの匂いが蒸発することで、仲間のアリがどれくらい前にそこを通ったのかがわかるという事実もよりどころにしている（そうでなければ、キッチンの床は矛盾するシグナルでめちゃくちゃになってしまう）が、そのシグナルが発しているのは、匂いの強弱はあるものの、たったひとつの情報にすぎない。それを使ってアリができることは、食べ物（あるいは敵）を見つけることだけだ。

次に、氷河期の人類が協調しておこなっていた狩りについて考えてみよう。マンモスを仕留めるには、グループ内の各自がこの大仕事における自分の役割を理解し、獲物のマンモスだけでなくほかのメンバーの動きにも対応しなければならない。それぞれのメンバーが、ほかのメンバーたちの反応に対応していく必要があるのだ。手や音声を使ったジェスチャーは、おそらく自分が相手に求めている行動を理解してもらいやすくするために進化した。これは非常に複雑な協調性が求められるタスクであり、おそらく地球上のほぼすべての動物の能力を超えたものだ。必要とする情報は濃密で、めまぐるしく変化し、矛盾していることもある。しかしこれは、地球外生命体が私たちに会いにくるために宇宙船を建造することになるなら、彼らが進化させなければならないタイプのコミュニケーションである。

これまでのところ、チンパンジーが狩りのなかで特定の役割を担うことができるといういくつかの限られた証拠はある。また、聞いた話ではあるが、シャチが音声シグナルを使って仲間と協調し、みなで大波を起こしてアザラシを流氷から洗い流す、という証言もある。しかし、動物たちがどのようにして複雑な情報を伝えあっているのかについてもっと理解が進まないかぎり、コミュニケーションによって活動を協調させるこのような事例はごくわずかしか得られないだろう。概して、このような協調を日常的におこなっているのはこの地球上でたった一種、私たちヒトだけである。ほかの惑星ではどうだろうか？　協調はまれなものかもしれないし、綿密に協調してタスクを実行している生物がうようよしているかもしれない。しかし地球では、これは例外的な行動である。

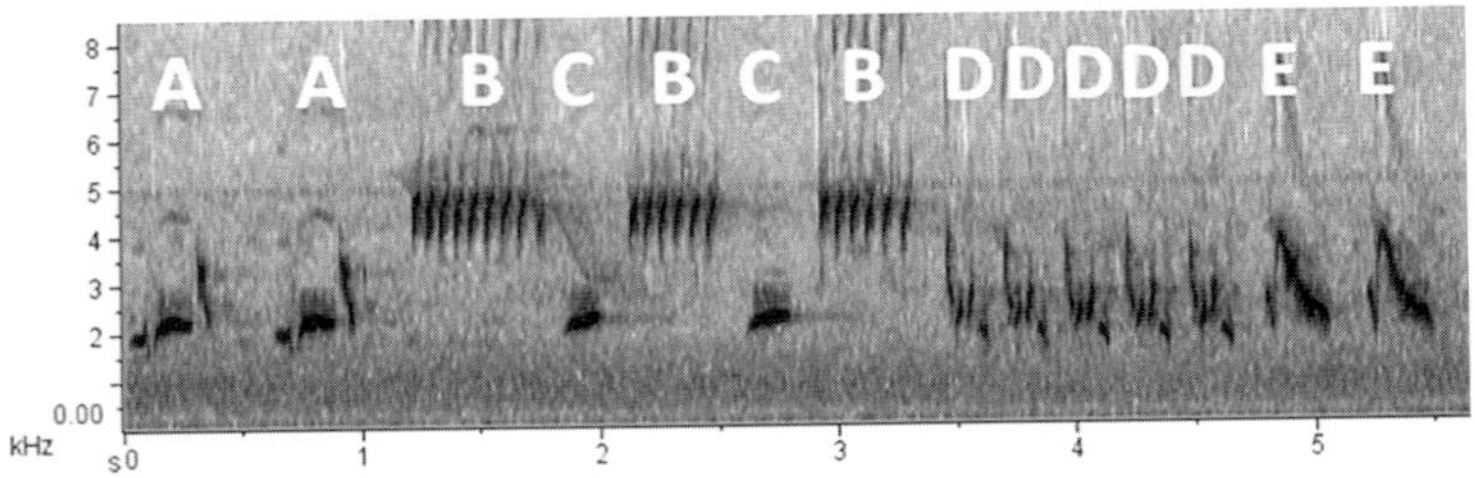

図 32　不連続な音節の繰り返しと組み合わせを示すマネシツグミの歌。この歌には 5 種類の音節が 14 回出現している。これらの音節をどんな順序で並べてもよければ、その組み合わせは 60 億を超える。

ところが信じられないことに、動物たちにこうした協調が見られないことと、動物が伝達しうる情報量には何の関係もない。イルカやオオカミなどの多くの知的な種はもちろん、大半の鳴鳥は活動を協調させるために必要とされる情報量よりも、はるかに多くの情報を潜在的に収容できるコミュニケーションシステムをもっている。四六時中ぺちゃくちゃいっているのに、なんの話もしていないようなものだ。情報が欠如している。利用できる帯域幅はあるのに使われていない。なぜなのだろう？

情報量——どのくらいの量が話せるのか？

ムクドリはヨーロッパの多くの地域でよく知られる騒がしい鳥で、長く複雑な歌をさえずる。雄は口笛のようなもの、声を震わせて歌うようなもの、音高が上がるもの、下がるものなど、数十種類の異なる「音節」を発することができる。彼らは複数の音節をセットにして歌の「モチーフ」を作ることが多く、それぞれの雄はそれぞれ特定のモチーフを繰り返し使用する。これらのモチーフ（とモチーフのなかの音節）をさまざまな順序で並べると、天文学的な数になる。クロウタドリも同じように複雑な歌をさえずるが、同じ歌を二回歌うことはめったにない。マネシツグミは、最大一〇〇種類もの歌のレパートリーのなかから取り出した音節を使う。これらの鳥たちは間違いなく、シェイクスピアの全作品を暗唱できるほどじゅうぶんなレパートリーをもっている。情報伝達の潜在能力はある。なのに彼らは数種類のモチーフ――利用可能なモチーフのうちの、ほんのひと握り――しか使っていない。なぜこれほど莫大な潜在能力がありながら、使わないのだろうか？

それは情報伝達の潜在能力が進化したからなのだ。それがどのように使われるかによって、ほかの惑星で言語がどのように進化するか、あるいは進化するかどうかが決まる。ムクドリからハイラックス、ザトウクジラに至るまで、地球上の多くの生物種はさまざまなタイプの「不連続な音（鳥の場合は音節）の配列」によって、コミュニケーションをはかっている。もちろん、私たちもそうだ。英語にはおよそ四〇種類の音素と呼ばれる基本的な音（母音と子音）があり、これらを組み合わせてあらゆる単語を作り出している。使える音素を五種類に限定したとしても、作り出せる単語は一億個以上に上り*、実際に存在する単語の数をはるかに上まわる。私たち人間でさえ、必要以上に莫大な情報容量を備えているのはなぜだろう？　実際に必要とする以上の情報容量をもつのは、ムクドリの歌やクジラの咆哮とも共通しているように思える。

もちろん言語は、無限とはいかなくても莫大な情報量を支えられるコミュニケーションシステムがあって初めて進化できる。ほかの惑星でも、コミュニケーションに使われる感覚（第5章参照）が何であ

＊（四〇種類の音素から選んだ）異なる五つの音素の組み合わせの数は 40^5 = 102,400,000 通りとなる。

れ、多種多様なシグナルを支えられなければ、どんな生物種も言語をもつことはできない。ただ不思議なのは、地球上には不連続な音――英語なら音素――の配列を利用してコミュニケーションをとる生物は数千種もいるのに、そのなかのたった一種、ヒトしか言語を獲得していないことだ。情報容量を備えているだけでは、それを使っているという意味にはならない。自然選択がムクドリに必要以上に多くの音節を与えるのはあまりにも無駄で、少々困惑させられる。

本書でたびたびおこなってきたように、ほかの惑星で起こりうる現象について最も一般的かつ普遍的な洞察を得たいなら、特定の行動が進化する理由を理論的に考察するのがよさそうだ。数理モデルによれば、必要以上の情報を他者と共有できることと、これらのシグナルを生成したり解釈したりする複雑な脳を発達させて維持するコストは、トレードオフの関係にある。そこには当然、最適なバランスが存在する。たとえばムクドリの場合、雄はほかの雄と自分とを区別したいので、歌にはある程度の複雑さが必要となる。これを（脳にとって）最もコストをかけずにおこなう方法は、おそらく不連続な音の配列を作り出すことだ。音節の配列は特徴をつけやすく、注意を惹きやすく、容易に識別できる。

対照的に、代替案があるとすれば、それぞれの雄は自分の歌のなかの「連続的に変化する」何らかの特徴――たとえば歌の長さ――だけで、自分とほかの鳥との違いを示そうとするだろう。そうなると、数羽の個体を識別するだけでも非常に複雑な耳と脳が必要となる。想像してみてほしい。〇・一秒だけ長さが違う同じ歌をさえずる二羽の鳥を聞き分けなければならないことを！　実際、不連続な音節の配列からなる複雑な歌は、生成も識別も非常に容易なので、それは進化的には最も効率的にメッセージを送る方法となる。ただ、不連続な音節で構成された歌はシェイクスピアを暗唱できる潜在能力を秘めているかもしれないが、進化の理由はそれではない。おそらくそれが進化したのは、単に、より単純な仕事をもっと楽におこなうことができ、より複雑になっていける可能性をコストをかけずに得られるからである。特定のメリットをもたらすために進化した形質がほかの能力の基礎として再利用されるという進化現象は、驚くほど一般的だ。おそらく鳥の羽は、もともとは祖先である恐竜の体温を保つために用いられていたが、のちに飛行に役立つということがわかった。多様な音の配列は個体の識別を容易にしてくれるが、それは言語自体の力をめいっぱい引き出すことにもなるのだ。

しかし、ここからふたつの重要な疑問がわいてくる。第一に、ある惑星が、私たちの聴覚のような複雑な感覚（鳥の歌はその複雑さの好例だ）に適しているとしたら、遅かれ早かれ一部の生物種がその感覚を言語として利用するように進化するのは必然なのだろうか？　ひとたび情報伝達の潜在能力が備わったら、いずれ進化はそれを活かすことになるのだろうか？

第二に、私たちが「言語」と呼ぶコミュニケーション方法を生み出すのにじゅうぶんな情報を組み立てるには、音素や音節のような不連続な要素の配列を介するほかないのだろうか？　ひょっとしたら異星には、音素を使わずに莫大な量の情報をやりとりする方法があるのだろうか？

これらの問いは、地球外文明とはどのようなものかという問題の核心を突くものだ。そのような文明が何らかの言語を使用するのは必須とみられるからである。第一の問題――もしある惑星が複雑な感覚に適しているのであれば、言語は必ず生じるのか――については、答えは「イエス」だと私は信じている。難しいのはタイミングだ。「遅かれ早かれ」にはさまざまな数学的解釈がありうる。[*1]しかし、第二の問い――不連続な要素の配列が、言語を生じさせる唯一の方法なのか――については、答えは「ノー」であると考えるじゅうぶんな理由がある。

私たちは地球にいる高度に知的な種のいくつかは、音素のような不連続な音の配列は使わずにコミュニケーションをとっていることを知っている。音の配列は複雑なメッセージを作るための方法のひとつにすぎない。鳥など一部の種には有効だが、すべての種にとって有効なわけではない。特にイルカは、非常に複雑な音声コミュニケーションシステムをもっていると一般に考えられている。確かに彼らは、先述したように、各個体をシグネチャーホイッスル、つまり名前で呼び合う、私たちが知る（ヒト以外の）唯一の種だ。しかし重要なのは、このシグネチャーホイッスルが、私たちが使っている名前——たとえば「チャ・アル・ウズ（ch-ar-uls）」、「ダー・ウィン（dar-win）」——のような不連続な音の配列ではなく、警察のサイレンのように音高が勢いよく連続的に上下するということだ。それにもかかわらず、シグネチャーホイッスルはそれぞれ異なっている。このことは、イルカがより複雑なコミュニケーションの基礎を形成できることを意味している。

さきほど私は、もしムクドリが歌の長さや音高など、連続的に変化する何らかの特性によって個体を識別しようとしたら、苦労することになるだろうと書いたが、じつはイルカは常にこれをおこなっている。オオカミもそうだ。彼らの遠吠えも、不連続な音の配列にはもとづいていない複雑なシグナルの好例だ。オオカミとイルカという非常に知的で社会性のある二種類の動物が、コミュニケーションのために音の配列を利用するという明白な傾向に抗《あらが》ってきた理由はまだじゅうぶんに解明されておらず、これが私自身の主な研究分野のひとつとなっている。自然界のなかで彼らの行動を観察し、同時に彼らが発する音を分析することによって、ふたつの異なる遠吠えには本当にふたつの異なる意味があるのかを考えることができる。彼らは本当に、ひとつは「こっちにきて」、もうひとつは「あっちへいけ」といっているのだろうか？　ひょっとするとそれはあまりにも人間になぞらえた見方であって、動物が必要としている意味ではなく、私たちがメッセージから読み取りたいことなのかもしれない。

オオカミとイルカがそのようなシンプルな情報チャネルを用いる理由は、彼らがコミュニケーションをはかる環境の物理的性質にあると考えるのが妥当である。オオカミの遠吠えやイルカのホイッスルが使われるのは、音が弱まったり歪んだりしがちな長距離のコミュニケーションだ。メッセージが厳密な要素の配列に依存していれば、相手に送っている最中に要素の一部が失われて、メッセージ全体が壊れてしまう可能性が高くなる。連続的に変化するホイッスルや遠吠えは、この歪みの問題を回避する方法なのかもしれない。聴覚や視覚、あるいはほかのどの感覚を用いるにせよ、コミュニケーションチャネルがノイズだらけ——風がびゅーびゅー吹いている、大気がほこりっぽいなど——の惑星では、遠吠えやホイッスルのような、より単純で、より遅い方法でないと、情報を確実に送ることはできない。

ところで、不連続な音の配列ではなく、連続的に変化するシグナルが最終的に言語に進化していく可能性はあるのだろうか？　ほとんどの言語学者は、それはないと考えているが、[*2] 私個人としては、その

＊1　知能の進化といった難しい課題にどれくらいの時間を要するかについては、ディルク・シュルツェ＝マクッフとウィリアム・ベインズの共著『宇宙動物園』に詳述されている。本質的には、任意の長い期間内に結果が生じることが保証されない「ランダムウォーク」モデルと、ある一定の期間内に結果が生じる可能性が高い「多くの道筋」モデルの違いだ。

＊2　スティーブン・ピンカーは有名な著書『言語を生みだす本能』（椋田直子訳、ＮＨＫ出版）のなかでこの点を強力に指摘しているが、それを裏付けるじゅうぶんな証拠があると誰もが思っているわけではない。

ような明白な主張ができるほど、まだイルカやオオカミのコミュニケーションについてじゅうぶんにわかっていないと考えている。不連続な単語の配列と連続的に変化するホイッスルの違いは、じつはそれほど明確ではないことは覚えておいたほうがいいだろう。私の子どもたちは、「It's a dog-eat-dog world《ドッグ・イート・ドッグ》（食うか食われるかの世界だ）」というフレーズを「It's a doggy-dog world《ドギー・ドッグ》（犬犬の世界だ）」だといい、二〇一八年のウェス・アンダーソン監督の映画『Isle of Dogs《アイル・オブ・ドッグズ》（犬が島）』のことを「I Love Dogs《アイ・ラブ・ドッグズ》（犬が大好き）」だと言い張っていた*。印刷された文字で確認できる単語と単語の間のスペースは、発話のなかに必ずしも存在するとはかぎらない。私たちはある意味、連続的な音で話しているのだ。

　動物が特定のコミュニケーションチャネルを進化させる主な理由は、物理的制約である。彼らは広い谷を越えて話しているのだろうか？　海底の狭い亀裂を挟んで話しているのだろうか？　それとも氷の惑星の半分凍ったどろどろのベンゼンのなかでしゃべっているのだろうか？　しかし情報の中身を決めるのは物理的環境ではなく、動物たちの社会的ニーズである。話す必要があるなら、話すのだ！　進化は実用的な既存のコミュニケーション媒体があれば、何でも適応させるだろう。だから、連続的に変化するシグナルでは情報が明らかに不足しているとしても、地球外生命体が実際にそれを用いる可能性を排除すべきではない。地球では連続的なシグナルを使った複雑なコミュニケーションが（たとえ、真の言語にはなっていないとしても）複数の種で進化してきたのだから、ほかの惑星にそのような方法で情報を表現するのに有利な環境条件があれば、選択圧によって、ホイッスルや遠吠えが複雑なメッセージをやりとりする主要な方法になっていく可能性はじゅうぶんにある。そこに可能性がある以上、ホイッスルが言語の基礎となってはいけない進化的な理由はないように思える。

本章では、動物たちの情報交換の方法を考察することで、地球外生命体の行動を予測できそうな方法がかなり多く示された。おそらく地球外生命体は、感覚器官として進化させた物理的なチャネルを通じてメッセージを送ることだろう。彼らのコミュニケーションは地球と同じく基本的に利己的なものであり、最初は送り手に利益をもたらすように進化し、その後は特定の条件の下で、協力的で相利共生的なコミュニケーションが発生してくるだろう。

彼らがどのような種類のメッセージをやりとりする可能性があるのかについては、ゲーム理論にもとづいて一般的な予測を立てることはできるが、鳥のさえずりやホタルの明滅の厳密な詳細については、それぞれの惑星の具体的な条件――彼らが音を使うか、光を使うか、電場も使うか――によって変わってくる。しかし第5章で見たように、特定の惑星における有効なコミュニケーションチャネルは、環境の物理的性質にかなり制約される。地球外生命体が音を使ってやりとりしていることがわかれば、その音の周波数の組み合わせのなかから情報を探せるはずだ。地球外生命体のコミュニケーションを解読するプロセスは、私たちが地球の動物たちのコミュニケーションを解読する方法と似たものとなるだろう。シグナル内のどこに情報が含まれ、その情報が状況に応じてどのように変化するのかがわかれば、メッ

＊これらは「オロニム」〔訳注：連なっている単語の切れ目の位置を誤り、別の意味だと解釈してしまうもの〕として知られている。

セージの解読に着手できる。

もし個体間に「血縁関係」があるなら、家族からのメッセージを信頼する可能性が高くなる。血縁関係がない場合でも、「コストの高い」メッセージは信頼性が高いと期待できる。異星のシカは大きな角をもち、食べ物や捕食者について互いに話し、捕食者からのメッセージを「怖い」と感じるだろう。ただし、彼らが私たちとはまったく異なる感覚を使ってコミュニケーションをとっている場合には、私たちにはその怖さはわからないかもしれない。また、彼らはシグナルを使って互いを識別している可能性が高く、もし集団生活を送っているのであれば、おそらく集団を見分けられるはずだ。

最後に、私たちは地球外生命体と話してみたいと思っているわけだが、その望みどおりに言語を発達させつつある地球外生命体のコミュニケーションは、本質的に無限の情報量を支えられる構造の上に構築されるだろう。地球上ではこれは主に不連続な要素の配列によって実現されており、この方法はおそらく宇宙全体でありふれたものだと思われる。しかし、情報を伝達する方法はほかにもあるという可能性に目をつむるべきではないし、私たちが知っている言語が言語形成の唯一の方法ではないこともほぼ確かである。この最後の指摘が次章のテーマとなる。言語とはいったい何なのだろうか？

第 9 章

言語

——唯一無二のスキル

「彼らはひとつの民で、みながひとつの言語を話しているから、このようなことをし始めたのだ。今や彼らが成し遂《と》げたいと思うことは、何ひとつ不可能ではない」
『旧約聖書』創世記一一章六節（バベルの塔）

地球上の生物のなかで私たちを唯一無二の存在にしているものは、言語だけのようだ。人間にしか備わっていないとされるほかのもの――道具や文化、感情、計画性、ユーモアでさえも――は、おそらく動物たちにもある。言語だけがこの地球上のどこを探しても、今のところ人間以外に見つかっていない。言語は私たちに唯一無二の能力を与えている。それは他者の心の内を見るということであり、私たちはこの方法では決して動物の心の内を見ることはできないだろう。言語はまた、私たちの思考を具現化し、私たちを私たちたらしめてもいる。人類がさまざまな偉業を成し遂げてこられたのは、言語が他者との協力を促し、可能にしてくれるからだ。しかし言語とはいったい何なのか、いまだによくわかっていないのだ。

言語を定義することによって、人間とほかの動物とを明確に区別できるようにしたいのだが、意外にもそれは非常に困難だ。言語にしかない一連の特徴をあげることさえできない。困ったことだ。言語に明確な特徴があれば、地球外生命体に遭遇したときに彼らが言語をもっているのかどうかを見分けられるだろうに。それなのに私たちは、言語が特定の生物種に備わっていたり備わっていなかったりするひとつの能力なのか、種によって言語に大小がある、つまりグラデーションがある（ひょっとしたら、イルカやチンパンジーがこれに該当するのかもしれない）のかさえわかっていない。じつのところ、言語が単体で存在するものなのか、宇宙全体の「しゃべる」文明には必ず存在する一種の基本構造であるのかすらわかっていないのだ。あるいは言語とは、単なる能力、つまり多くの方法のなかのひとつの方法によって獲得できる、ひとつの機能にすぎないのかもしれない。

それほど重要なものなのに、私たちは言語について多くを知らない。もしかするとそれは驚くことではないのかもしれない。多くのSF作家も科学者も、エイリアンの言語は未知であるだけでなく本質的に理解できない、要するに、根本的に性質が異なるのだから認識も解読もできないという考えを弄《もてあそ》んでいる。これらのジレンマに対処するため、本章ではまず地球上の言語とは何かを問い、次に地球の内外を問わずあらゆる場所で言語はどのようなものでなければならないのかを検討していく。そして言語の本質が明らかになったところで、言語が進化しうるさまざまな道筋について考察していきたいと思う。

言語についてあまりよくわかっていない、という私の主張に異議を唱える科学者(たとえば言語学者)は多い。実際、私たちは人間の言語については総じてかなり多くのことを理解している。人間の言語が何からできていて、どのように組み立てられ、さまざまな部分がどのような役割を果たしているのかわかっているし、名詞や動詞、文節、音素のような基本的な音など、言語ごとに若干異なる構造を、それぞれの言語がどのように用いているのかも理解している。しかし、人間の言語はじつはどれも非常によく似ているのだ。もしあなたが私と同じように、人生の後半になってなじみのない言語を習得しようとしてストレスを溜めているなら、こんなことをいわれてもたいした慰めにはならないだろうけれども。

でも私たちの言語は本当に似ているのだ。名詞と動詞を組み合わせるという概念ですら、別に言語の間で共有する必要はないのに、実際、共有している。ノーム・チョムスキーなどの科学者らの主張によれば、どの言語も単に構成要素（名詞や動詞など）が同じであるだけではなく、数学的に表すことさえできる明確な法則に従って、それらを非常によく似た方法で組み合わせているのだ。だからといって、アムハラ語（エチオピアの公用語）の話者ではないあなたが、アムハラ語を理解しやすくなるわけではないが、頭とコンピューターを全力ではたらかせれば、地球外生命体を理解する助けにはなるかもしれない。

さて、これは最初の重要な（そしてまだ答えの出ていない）ジレンマを生み出す。地球だけでなく宇宙に存在するすべての言語は、一連の明確な数学的関係によって、つまり「言語」と呼べるものなら必ず従う一連の法則によって、定義されるのだろうか？　それとも言語とは「複雑な概念を他者に伝えられるようにするもの」といった、機能面から定義されるべき能力なのだろうか？　もし本当にすべての言語が必ず従うひとつの（あるいは一連の）普遍的な法則があるなら、ラッキーだ。人間の言語に目を向ければそれらの法則を導き出せるはずだから、地球外生命体の言語についても多くのことがわかるだろう。しかしそのような基本構造が存在しない場合、言語とは単に「べらべらしゃべっている」だけのものとなり、地球外生命体の言語は私たちがコミュニケーションに関して知っていることとはまったく共通点がなく、永遠に理解できない可能性がある。人間の言語には一連の基本的な法則があるのだろうか？　それらの法則は動物のコミュニケーションにも共通しているのだろうか？　また、それらは地球外生命体とも共通していると考えるべき理由はあるのだろうか？

有限から無限へ

言語の法則を導き出すにあたって言語学者が設ける基本的な仮定のひとつに、言語は無限でなければならない、というものがある。言語が無限だと思うとうれしくなるのは、書籍やユニークなアイデアが今後も尽きることはないと直観的に感じるからだ。言語の無限性は当然のことだと受け止められていて、それこそが言語と「単なるコミュニケーション」との違いだとされるほどである。私たちが知るかぎり、地球にはわずかな数以上の概念を伝えあうことができる動物はヒトしかいない。私たちは、本や詩、歌詞、政治演説を書くことができるという点で、稀有な存在なのだ。

しかし、この無限性はどのように達成されるのだろうか？　私たちが使える単語の数はほんの少しだ。いや、実際にはかなりある。英語には控えめに見積もっても一七万語があるのだ。[*] 非常に多く感じるが、じつはイギリスで毎年出版される書籍の数より少ない。だから明らかに私たちは、使える単語の数よりはるかに多くの概念を表現している。ノーム・チョムスキーは一九六〇年代にこの点を指摘し、言語と非言語の根本的な違いについて、言語とは単語のたわいもない組み合わせによって文を長くしていくこと以上の何かである、と主張した。無限の数の概念を表すのに、無限に長い文を用いる言語を処理できるほど大きな脳をもつ動物はいないし、地球外生命体だっていない。これこそが、言語のジレンマの核

＊これは一九八九年に、オックスフォード英語大辞典があらゆる種類の派生語と時代遅れの言葉を除いて編纂された際の単語数よりも少ない推定値。

心である。つまり、無限に長くはない文を使い、有限の語彙から無限の組み合わせを作る方法は、理論的にはそれほど多くないのだ。確かに「とても」という単語を好きなだけ繰り返して、「あのネコはとても、とても、とても……とても大きい」ということはできるが、それは無限の文とはみなされない。少なくとも、言語に無限の情報を付加してはいない。有限の語彙から実のある無限の言語を生み出すには、何らかの賢いトリックが必要だ。

無限の言語を作る最初の手がかりとなるのは、まったく同じ単語の組み合わせでも、並べ方を変えるとまるで別の意味になるという事実である。「My dog smells like the babies.（私のイヌは赤ちゃんのような匂いがする）」と「My babies like the dog smells.（私の赤ちゃんはイヌの匂いが好きだ）」という文は、使われている単語は同じなのに意味はまるで違う。一七万個の英単語をどんな順序で並べてもよければ、潜在的には天文学的な数の文を、つまり天文学的な数の概念を思うままに作り出せる。たとえばわずか五単語からなる文に限っても、作り出せる文の数は膨大で、すべてを列挙するには宇宙がビッグバンから始まって以降ずっと、一マイクロ秒ごとに三〇〇文を読み上げなければならないほどになる。[*1] それは事実上、無限の数の概念といえる。さて、これにて一件落着だろうか？

盲点はもちろん、ランダムに単語が並べられたこれらの文の意味をすべて覚えられるほど巨大な脳をもつ生物はいないということだ。これは普遍的な制約である。たとえ超越的な知能をもつ生物だらけの惑星であっても、それぞれ固有の概念に対して、それぞれ固有の「言い方」が存在することなどあり得ない。表現できる概念の数が二倍になると二倍の大きさの脳が必要になるのなら、無限の数の概念を表現するには無限に大きな脳が必要になる。架空のＳＦに登場する超人類であっても、異星のスーパーコンピューターであっても、こんなことは不可能だ。

　そういうわけで、強引な力技《ちからわざ》ではなく、賢いトリックが必要となる。その賢さは文法に現れる。「Pooh and Piglet go hunting and nearly catch a Woozle（プーとピグレットは狩りにいき、ウーズルを捕まえそうになる）」という文に使われている単語の並びの組み合わせは、三〇〇万通りを優に超える。[*2] ものすごい数だ。しかし、これらのうち元の文ほどの意味をなすものはごくわずかで、ほとんどは「hunting and Pooh nearly and catch a Woozle Piglet go（狩りとプーはもうすぐで、ウーズル・ピグレットがいくのを捕まえる）」とか、「nearly go catch and Woozle a Piglet and Pooh hunting（捕まえにいきそうになって、ピグレットとプーが狩りをするのをウーズルする）」というように意味をなさない。どの文が意味をもち、どの文が意味をなさないのかを決めるのは、非常に明快な法則である。だから文法というのは私たちの言語に制約を設けるとともに、言語となるために必要な柔軟性を与えてくれるのだ。そしてそのおかげで、私たちは膨大な数の文に頭を爆発させることなく、さまざまな意味を作り出すことができる。

　チョムスキーが画期的だったのは、脳に無限の負荷をかけることなく、単語がいっぱい詰まった袋を豊かな無限の言語に変えることができる、文法というものの性質を数学的に説明したことだった。さらに彼は非常に特殊なタイプの文法だけが、これらの基準によって言語を作り出せることを示した。特に彼が感じたのは、有限の語彙から無限の言語を生み出す鍵は、文中の単語は直前の単語だけに依存して

＊1　組み合わせの総数は $170{,}000^5 = 1.4 \times 10^{26}$ となるが、宇宙はおよそ 4×10^{17} 秒しか存在していない。
＊2　一番目の単語は文中で使用されている一〇個の単語のいずれかにし、二番目の単語は残りの九つの単語のいずれかにし、……というように続けていくと、組み合わせの数は合計で $10 \times 9 \times 8 \times 7 \times 6 \times 5 \times 4 \times 3 \times 2 = 3{,}628{,}800$ 通りとなる。

はならないということだった。もし単語が本当に直前の単語だけに依存するとしたら、その言語は非常に制限的なものとなるだろう。「既定の」組み合わせしか使えなくなってしまうからだ。たとえば、「Pooh and（プーと）」という単語のあとに必ず「Piglet（ピグレット）」という単語が続くとしたら、プーは決してイーヨーと一緒に狩りにいくことはできない。

このような制約を回避する方法が、階層構造だ。たとえば「Pooh and Piglet go hunting（プーとピグレットは狩りにいく）」は、「Pooh and his pink friend go hunting（プーとピンク色の友達は狩りにいく）」といってもいいし、「Pooh and his pink friend with whom he spends much of his time go hunting（プーと、大半の時間を一緒に過ごすピンク色の友達は、狩りにいく）」でもいい。特定の語順に縛られることなく、本質的に無限の言語を構築したいのなら、このたぐいの入れ子構造の文法が不可欠だと思われる。

チョムスキーは形式文法を複雑な文を生成できる順に階層化して整理した。* そしてそうすることで、多くの人が真に普遍的な定義だと信じるものの基礎を築いた。しかし（本書での探求にとって）非常に残念なのは、チョムスキーが「普遍文法（universal grammar）」という用語を、すべての人間に生まれながらに備わっている文法能力を意味する言葉として使ったことだ。のちにチョムスキー自身がこの「universal（普遍）」とは「宇宙全体」を意味するものではないと言明したが、この概念も用語もすでに定着しており、依然として多くの科学者が、地球外生命体は私たち人間と同じような文法を使うはずだと信じている。

動物のコミュニケーションの研究者たちは、チョムスキーの文法を健全な猜疑心をもって受け入れている。彼の推論の背景には多くの仮定があり、それらの仮定が動物に当てはまらないのなら、地球外生命体にも当てはまらない可能性が高い。人間の言語に限らず、すべての言語が同じ基準を満たさなければならないのかどうかについては、慎重に考える必要がある。言語が階層になっているという考え方は非常に説得力があるが、案外、将来の言語学者は無限に表現できる文法を新たに見つけ出すかもしれないし、おしゃべりな地球外生命体に出会ったら、彼らがチョムスキーの形式文法にこだわらずに話していることがわかるかもしれない。私たちは、チョムスキーが推論を構築するのに用いたまさに最初の仮定――言語は無限でなければならない――から着手する必要がある。

言語は無限でなければならないのか？

まあ、そうだろう。言語が無限でないとしたら、どうして無限の数の書籍を手にできるだろうか？　これは一見もっともな主張に思われるが、言語は無限でなければならないという仮定は進化論の観点からきわめて慎重に検討する必要がある。もちろん、自然選択は何らかの洞察をもってはたらくわけではない。形質（言語を含む）は、特定の目的をもたずに優れたものへと徐々に進化していく。実際に無限の数の本を書いた人はいないのだから、進化がその無限の能力に有利にはたらくとは思えない――その能力が試される機会は絶対にないのだ！　確かに振り返ってみると、私たちや地球外生命体のエンジニ

＊言語に最低限必要とされる特殊なタイプの文法は文脈自由文法と呼ばれるが、この名称をここで出す意味はない（ので、本文中では言及しない）。

アが宇宙船の取扱説明書を書けるほど言語が有用なものになるには、言語は非常に大きくなければならない。しかし非常に大きいとは、どの程度のことだろうか？　また、石器時代の黎明期に人間の言語が狩猟採集をおこなう集団で初めて現れたとき、その言語がいずれ宇宙船の取扱説明書を書けるほど大きくなる必要があることを、自然選択はどうやって「知る」のだろうか？

　この問題には暫定的な答えがあるかもしれない。言語のきわめて重要な特性とは拡張性の高さである。それは石器時代の狩猟採集民にとっても変わらない。そしてそれを実現するための最良の方法は、おそらく最初から言語を無限にしておくことだ。前章で考察したように、鳥の歌には大量の情報を収容できる潜在能力があるが、鳥はその潜在能力を利用しない。その代わりに鳥は、その膨大な情報収容能力のおかげで、歌を――音節とモチーフを使って――非常にシンプルに整える方法を得た。同様に、柔軟性がきわめて高い言語は、最初から無限の拡張性を備えていれば、たとえその無限の能力がまったく使われなくても、おそらく非常に容易に進化する。「左側のマンモスを囲め」とか「ブラウドには右側のマンモスを囲んでもらう」といった程度のことがいえればじゅうぶんなら、無限の言語は必要ない。しかし、これらふたつの文を作ったり、両者の違いを聞き分けたりするには、文法があれば簡単かもしれない。それは偶然にも、生まれたばかりの言語に無限の柔軟性をもたらす。私たちは言語の無限性を厳格な決まりごとのように考えているが、それは複雑な文法による創発特性にすぎないのかもしれない。

　宇宙のどこでも、すべての言語が無限でなければならないのかどうかは、まったく定かではない。しかし確実なのは、地球外生命体の言語は、それぞれの惑星における生態学的圧力にさらされて、より単純な生物の単純なコミュニケーションから段階的に進化していったに違いないということだ。そしてコミュニケーションが広がり、それはより複雑に、より言語らしくなっていったはずだ。だから言語への進化の道を歩み始めるには、無限性よりも拡張性を備えていることのほうが、より基本的なことのように思える。

ずっと主張し続けていることだが、動物には真の言語はない。いくつかの概念を組み合わせて新しい意味を作り出すくらいのことはなんとかできるようだが、これは無限の言語ではないし、「無限とまではいかなくても、大きい」言語でさえない。野生における動物の行動についてのみ話すのなら（実験室ではあらゆる種類のトリックを教えてやらせることが可能なので除外する）、彼らのもつ概念のレパートリーはほんのわずかな数にとどまるようだ。動物が「単語」を組み合わせて新しい意味を作り出す最も洗練された立証ずみの例のひとつは、オオハナジログエノンという西アフリカに生息するサルが示すものだ。彼らはヒョウを見つけたときに「ピョー」という特別な鳴き声（警戒音）を発し、ワシを見つけたときは「ハック」という別の警戒音を発する。ところがふたつを組み合わせて「ピョー、ハック」と発声すると、「群れのみんなで別の場所にいこう」というまったく異なる意味になるのだ。この行動には驚かされる（野生でこのような複雑なコミュニケーションが確認されるのはきわめてまれだ）が、それでも「無限の」言語にはほど遠い。結局のところ、三つの意味しかないのだ！　そういうわけで、地球の動物には、私たち人間の言語のような無限のものと、サルの鳴き声のようなかなりささやかなものの「間」には何も見当たらないのである。

言語が本当に無限でなければならないのかはまったく明らかではないが、そうである可能性は高い。そのような無限性を可能にしてくれるチョムスキーの文法の制約は、確かに言語かどうかを判断する優れた指標に思える。もし宇宙からのシグナルのなかに無限性を実現する文法が見つかったら、それはおそらく地球外生命体の言語だろう。しかし、そのような文法が絶対に必要とはかぎらない可能性はじゅうぶんにある。明らかに無限の柔軟性をもたないシグナルを受け取ったとしても、それが言語ではないという意味にはならない。地球外生命体は、無限とまではいかなくてもきわめて柔軟な方法で話す可能性があることを、私たちは先入観をもたずに受け止められるようにしておくべきだ。

　言語の無限性について考えるとき、もうひとつ興味深い疑問がわく。チョムスキーによる文法階層分類は、（人間、動物、地球外生命体が使う）自然言語だけでなく、コンピューター言語にも当てはまる。地球外生命体は完全に機能するけれども無限ではない言語をもっているかもしれないと推測することはできるが、有用なコンピュータープログラミング言語は無限でなければならないので、チョムスキーの階層分類の上位のカテゴリーに入ることはほぼ間違いない。では、もし地球外生命体の文明が無限ではない自然言語をもっているとしたら、はたして彼らはソフトウェアを理解したり書いたりできるのだろうか？　もしかしたら、彼らにはコンピューターの設計やプログラミングをおこなえるような洞察力はなく、それらを開発できない彼らは私たちに接触することはかなわないのだろうか？　地球外生命体を探索している私たちにとって幸いなことに、単純なおしゃべりしかできない彼らも、おそらくインターネット時代から完全に排除されるわけではない。私たちの言語（人類のあらゆる言語）は文法階層の中程度のカテゴリーに分類されるが、それでも私たちは、より複雑な文法が含まれる概念を理解できる。エイリアンのチョムスキーが現れて、彼らに欠けているものを見つけ出すまでには少し時間がかかるかもしれないが、いずれ彼らはインターネットを構築して稼働させることだろう。

そもそも言語に文法は必要なのか

単語を無限に組み合わせることができるチョムスキーの特殊な文法が、じつは言語に必要でないとしたら、ある種の文法が必要になるはずだ。英語に一七万語しかないのなら、それらを何らかの方法で組み合わせる必要があるし、その方法は秩序立ったものでなければならない。「統語法《シンタックス》」とは、記号（単語など）の組み合わせやそれによる意味の違いを表す、やや漠然とした概念（法則）のことだ。統語法は、たとえば鳥のさえずりやザトウクジラの鳴き声における音節の組み合わせを説明するのによく使われる。ザトウクジラの声はとてつもなく複雑なのだが、それでもなお、異なる構成要素の並べ方を決める一連の法則に対応している。また、特定の二音が連続できるかどうかを決める一連の法則も、（最も広い意味での）統語法である。たとえば英語話者は、「myanggh」がナンセンスな単語だと瞬時に認識する。一方、モンゴル語話者は単語の最後に子音が三つ連続することをなんとも思わない（ちなみに「myanggh」は「千」という意味）。

実際、動物のコミュニケーションでは、統語法は人間の言語の文法のように厳密なものではなく、たいてい曖昧だ。ハイラックスは五種類の音節で構成される長い歌を歌うが、その順序は決してランダムではないものの、固定されてもいない。「ギャー」という物悲しい音節のあとには、「ココココッ」よりも「フフン」と鼻を鳴らす音節が続く可能性が二倍に上る。だが「チュッチュッ」が続くことはほとんどない。一方、「キー」という鋭い音節のあとには、さらに「キー」が続く可能性が最も高い。それはまるでハイラックスが頭のなかで、次にどの音節を発するのかを、特定の目が出やすいように重りが入ったサイコロを振って決めているようなものだ。そしてこの重りこそが、彼らの統語法を作っている。多くの点で、動物の世界はそれ自体が人間の世界よりも曖昧だ。私たちは「緑色のボールを拾って、右から三番目のボウルに入れなさい」といった厳密な指示を理解する。イヌは訓練すれば、ボールを拾ってボウルに入れることはできるかもしれないが、あなたの指示の厳密なニュアンスまで理解することはできないだろう。地球と同じく、異星の動物たちも、より単純なコミュニケーションのニーズをもつ、より単純な動物から進化するので、その生態系は曖昧な統語法をもつ単純な動物と、より複雑なコミュニケーションをとる、すなわちより厳密な統語法をもつ複雑な動物から構成される可能性が高い。

統語法は、意味をもつシグナルとランダムで無意味なシグナルとを識別する。「nearly go catch and Woozle a Piglet and Pooh hunting（捕まえにいきそうになって、ピグレットとプーが狩りをするのをウーズルする）」が適切な文ではないことを教えてくれるのは、英語の統語法だ。多くの人は、ランダム性と対立するものとして統語法の兆候を探せば、宇宙から届く地球外生命体のメッセージを特定できるのではないかと考えている。私たちが目撃する統語法の形式がチョムスキーの文法に似ていれば、メッセージが立派な言語であることを示す有力な兆候となる。一方、ハイラックスの歌に似ていれば、メッセージに構造はありそうだが、それが言語かどうかは確定できないだろう。ランダム性と統語法の識別はじつはそれほど簡単ではないが、不可能なことではない。シグナルが何らかの（未知の）法則に従って生成されていれば、その統計的特性はランダムに生成されたものとは異なっている可能性が非常に高い。しかし、それが厳密にどのように異なるのかはわからない。そのため科学者たちは、今この瞬間も地球外生命体からメッセージが届くことを期待しながら、識別に役立つより優れたアルゴリズムの開発に取り組んでいる。ブレイクスルー・イニシアチブプロジェクトのひとつ、ブレイクスルー・リッスン*は、一〇年間で一億ドルの資金をかけて地球外生命体のシグナルを受信しようとしている。その事業のひとつは、宇宙からのシグナルが本当に言語であることを示す統計的異常を探すことだ。

　統語法はほぼ必然的に言語の一部である。しかし、ここまで説明してきたどの統語法とも根本的に異なっていて、それゆえに科学者が研究しているようなタイプの分析を受けつけない、何らかの統語法が存在する可能性はあるのだろうか？　地球外生命体の情報処理方法が私たちとは大きく異なるかもしれないことを考えると、人間の言語モデルに必ずしも適合しない統語法が存在する可能性を心にとめておく必要がある。

　ここまでの話はすべて、統語法を記号――人間の言語なら単語、ハイラックスの鳴き声や鳥の歌なら音節――を順序づける方法として扱っている。この文脈における「順序づける」とは、私たちの言語を例にすれば、声に出したり、書かれたものを読んだりする際に、単語を時間順に並べるという意味だ。私たちは文を読んだり書いたりするとき、文頭からスタートして文尾まで進む。時間の直線性は私たちにとって避けがたい人生の現実である。ほぼすべてのものが時間順に配置されるのは、時間が容赦なく先へと進んでいくからだ。さて、二〇一六年の映画『メッセージ』では、時間が直線的ではないエイリアンの言語の問題がかなり空想的に扱われていたが、残念ながらそれは興味深いかもしれないが非常に観念的なＳＦである。ということで、より強固な科学的根拠に立って、この問題について考えてみよう。

＊ https://breakthroughinitiatives.org/initiative/1

図33　レオナルド・ダ・ヴィンチの『最後の晩餐』。

記号（必ずしも単語でなくてもよい）を時間順ではなく、統語法に従って並べる方法はあるのだろうか？

もちろんある。私たちはそれを毎日身の回りで見ている。記号は時間順ではなく、空間のなかに秩序立てて並べられている。それは単に紙面上の空間に単語が配置されているのとは違う（紙面上に並んだ単語は、特定の順序で読むことになるので、まさに時間順の配置である）。レオナルド・ダ・ヴィンチが描いた『最後の晩餐』を考えてみよう。あるいはビートルズの一九六七年のアルバム『サージェント・ペパーズ・ロンリー・ハーツ・クラブ・バンド』のジャケットを思い浮かべてほしい。これらはどう考えても、キャンバスに描かれた単なるランダムな色の斑点ではない。そればかりか、単にイエス・キリストと弟子たちがテーブルを囲んでいるとか、『サージェント・ペパーズ』のジャケットでジョージ・ハリスンのすぐそばにマレーネ・ディートリヒとジョージ・バーナード・ショーが立っているといった、ランダムな記号の配置でもない。それぞれの人物は画面上の特定の位置に描かれていて、その位置は作品の意味と関連しているのだ。だが、それらの関係は間違いなく時間順の関係ではない。絵画は言語の一形態だといえるだろうか？　地球外生命体が絵画を言語として使う可能性はあるのだろうか？

答えは「イエス」だ。私たちはすでに第5章でこのような生物に出会っている。頭足類、特にイカは、特別な皮膚細胞が作り出す渦巻きや脈打つ色彩のパターンを使ってコミュニケーションをはかっている。イカは体表に描き出される絵を使った完全な言語を実際にもっているわけではないが、その魅惑的なパターンがランダムなわけでもない。つまり、そこには何らかの統語法が存在しているのである。これらのパターンを詳細に分析して、空間的な統語法にどれほどの情報を符号化できるのかを確認した人はまだいないが、頭足類が空間的な統語法を用いたコミュニケーションシステムを地球上で進化させたという事実だけをとっても、そのような言語が宇宙のどこかに存在するという可能性を決して否定することはできない。絵画的な言語をもつ地球外生命体は、私たちが言語にはあるはずだと思いがちな文法のようなものには則っていないため、検出は難しく、理解はさらに困難だろう。とはいえ、なんと驚くべき可能性だろう。このタイプの言語はかなりありそうではないか！

言語は抽象芸術だ

言語が時間順に並べられた単語や音節からなるものであれ、空間内に互いに関連づけられて配置された画像やパターンからなるものであれ、言語の力の源となるのは記号の組み合わせである。英語にはおよそ一七万語しかないが、私たちはそれらを無限に組み合わせている。『サージェント・ペパーズ』のジャケットでは、ジョン・レノンはポール・マッカートニーの隣に立つこともできただろうが、実際には立っていない。言語を作るには記号を組み合わせなければならないという事実は、おそらくきわめて重要だ。しかしそれ以上に、人間の言語には、普遍的かどうかわからないもうひとつ重要な特性がある。それは、人間の言語で用いられる大半の単語は、単語が表す対象や動作とは何の関係もないということだ[*1]。「ドッグ（dog）」という音声は私にとっては「イヌ」を表すもので大きな意味をもつが、英語を知らないフランス語やアラビア語の話者にとって、あるいはその音声から単語の意味を推測できるはずもない地球外生命体にとって、イヌの意味はない。たいていの場合、単語は恣意的な表現である。印象派の芸術のようにただ抽象化されているだけではなく、恣意的なのだ。モネの絵をぼんやり眺めてみれば何が描かれているのかわかるが、「dog」という単語をいくら眺めたところで、イヌには見えない。

　あらゆる人間の言語は、何らかの理由により、単語と意味との間にこのような断絶を生むように進化してきた。さらにいうと、単語には意味がある（たとえその意味が恣意的であっても）が、単語自体はまったく意味のない音、つまり音素でできている。「free《フリー》（自由な）」という単語のなかの「ee《イー》」という音と「meerkat（ミーアキャット）」のなかの「ee《イー》」という音は、まったく何の関係もない。「ee」自体は単語に組み込まれるまでは意味をもたないのだ。言語学者はこれらふたつの現象——単語は恣意的であることと、意味のない部分《パーツ》でできていること——は、言語そのものの基本であると考えている。

　さて、これらは普遍的な現象なのだろうか？　宇宙のどこでも、記号と意味との間には同じような断絶があると期待してよいのだろうか？　それとも、これはこの地球で生じた単なる幸せな偶然にすぎないのだろうか？　地球外生命体の言語では、すべて（あるいは大半）の単語が、単語が表す対象や動作と関係があるのだろうか？　それとも、そのような体系には真の言語と呼ぶにふさわしい柔軟性や拡張性はないのだろうか？

一部の言語学者は、言語が現在のような構造をもつに至った進化のプロセスのモデルを作ろうとしてきたが、言語学における取り組みの大半は、存在するかもしれない言語ではなく、現実に存在する言語に焦点を当てている。そのため単語が恣意的である理由に関して、真に強力な理論がいくつか欠けている。とはいえ、少なくともふたつの可能性が考えられる。ひとつは地球に特有のもの、もうひとつは普遍的である可能性が高いものだ。

言語学者のなかには、人間の言語の起源は発話ではなく、ジェスチャー（身ぶりや手ぶり）にあったと考える者もいる。[*2] たとえ私たちに最も近縁の大型類人猿が、手話が非常に得意で、話すのがひどく苦手だというだけの理由であっても、この主張は多くの点でうなずける。ジェスチャーが発話に先行するという説は万人に受け入れられているわけではないが、科学者たちが少なくともおおむね納得している仮説だ。さて、言語が本当にジェスチャーから始まったのだとしたら、単語が恣意的であるのも不思議ではない。ジェスチャーというのはほとんどが恣意的なものだからだ。お腹が空いていれば口を指差すことはできるが、多少なりともイヌに似ていて実用的でもある「イヌ」を表すジェスチャーはない。四

＊1 オノマトペ（擬音語、擬態語）は明らかに例外だが、これらは人間のいかなる言語においても、単語に占める割合はごくわずかである。
＊2 この分野は相当に専門的なものにならざるを得ないが、比較的読みやすい入門書として、テカムセ・フィッチ著『言語の進化（The Evolution of Language）』をお勧めしたい。

つん這《ば》いになってイヌであることを印象づけることはできるが、とても非効率だ。単語と意味との間にある本質的で根本的な断絶に関する私たちの仮定はすべて、類人猿は腕が長くて発声能力があまり発達していないという事実との偶然の一致にすぎない可能性がある。もしそうだとしたら、単語と意味との間には根本的な断絶があるという仮定は、地球外生命体の言語について予測を立てる根拠にはならない。ほかの惑星では、最も知的で社会性がありコミュニケーション能力の高い生物種は、私たちの祖先ほど腕が長くないかもしれないのだから。

ふたつめの可能性に関する説明も地球上での観察から始まるが、最終的にはより一般化できるものになる。オオハナジログエノンの警戒音を考えてみよう。「ピョー」はヒョウに対する警戒音だが、ヒョウの吠え声には聞こえない。なぜこのサルはヒョウを見たときにヒョウの吠え声を出さないのだろうか？ それは間違いようのない明白なシグナルなのだから、そのほうが理にかなっているように思える。だが、当然ながらオオハナジログエノンはヒョウとは体のつくりが異なっていて、物理的、身体的理由からまったく吠えることはできない。そういうわけで、ヒョウの接近を知らせる別の警戒シグナルが必要となる。それは明瞭で、識別可能——できれば前章で見たように、恐怖心を抱かせるもの——で、ヒョウを明確に連想させるものでなければならない。しかしこのサルは吠えることができないため、その代わりに明瞭で識別可能な警戒音を出すことに専念しなければならず、そうするとその声には厳しい音響上の制約がかかって、ほかのあらゆる鳴き声とは違ったものとなる。さてここで、「ピョー」がヒョウを、「ピュー」がワシを意味する状況を想像してほしい。それはオオハナジログエノンにとって、相当に悲惨な事態を招くことだろう。仲間の半数が警戒音を聞き間違えて、ワシが自分たちを追いかけていると思い込み、慌てて地面に向かって逃げたらヒョウの足元だったということになりかねないからだ。だからまったく別の警戒音が必要となる。ところがそれぞれの警戒音を大きく異なるものにしようとすると、使える音の種類は限られているため、警戒音はより恣意的にならざるを得ない。恣意的な単語はじつは宇宙ではありふれたものなのかもしれない。

恣意性について、最後にもうひとつ考えてみたい。みなさんのなかには、古代エジプト人が象形文字（ヒエログリフ）を使っていたことを思い出した方もいるかもしれない。多くの象形文字は音を表していたが、一部の文字は実際に意味をもっていた。* 地球外生命体が象形文字の話し言葉に相当するものを進化させる可能性はないのだろうか？　地球では書き言葉は話し言葉よりずっとあとになって進化したが、ほかの惑星ではこれが逆になる可能性はあるのだろうか？　もしイカのような地球外生命体が、皮膚に描いた絵を使ってコミュニケーションをとっていたらどうだろうか？　これが象形文字を用いた言語に進化する可能性はあるのだろうか？　魅力的なアイデアだが、可能性は低い。オオハナジログエノンがヒョウについて、明瞭で識別可能な警戒音を発しなければならないのと同じように、イカの象形文字は受け手が解釈しやすい、きわめて単純な記号から進化の道を歩み始めるだろう。エイリアンのイカが仲間に対して、エイリアンのサメの接近を警告したいときには、体表に美しいサメの絵を描き出すよりも、赤と黒を点滅させるほうがはるかに理にかなっている。コミュニケーションはほぼ確実に抽象的なもの

＊たとえば𓉐という象形文字は「pr」という音を表すが、その下に垂直の線を足して𓉐𓏤にすると、その文字の形が表す「家」という意味になる（古代エジプト語で「家」を表すその単語は「per」と発音する）。

から始まる。そして豊かで複雑な言語が進化したあとに、誰かがエイリアンのイカに対して、象形文字のような言語に切り替えたらどうかと提案してきたら、頭がいかれていると彼らは思うかもしれない。それはたとえば、誰かが私たち人間に対して「イヌ」という単語の代わりに「ワン」という擬音語に切り替えたらどうかといってくるようなものだ。

地球上で言語はどのように進化したのか

信じられないことだが、これほど論争を巻き起こしている科学のテーマはほとんどない。言語の進化に関する相異なる理論にはそれぞれに支持者と反対者がいて、さまざまな見解が強固に主張されたり擁護されたりしている。ある意味、これは当然のことだ。言語はほかのすべての動物とは異なる人類としての独自性を主張するものであり、言語の厳密な性質とその発生は、私たちが何者であるかを最も根源的に定義する役割を果たすからだ。いつか出会いたいと心待ちにしている地球外文明と同じく、私たちは社会性があっておしゃべりだ。知能もある。知能にもさまざまな種類があって、地球上のほかの多くの種も知能をもつ。ほかの惑星の多くの種も、きっと知能をもっているはずだ（第6章参照）。結局のところ、私たちを地球上のほかの生物たちとは異なる存在にしているものは、言語なのである。そしてどんな地球外生命体と出会うにせよ、私たちに彼らは「似た存在だ」と感じさせるものも言語なのだろう。

本書では、ある特定の惑星の特定の種がどのように言語を進化させたのかという細部に触れるつもりはないが、それでもある特定の言語が発生するに至ったプロセスを理解することは途方もなく重要だ。

結局のところ、私たちが検討しなければならないのはそれだけだ。そういうわけで、人間が言語を獲得する道のりの途中で起きた具体的な出来事にはあまり関与しないにせよ、祖先をその道へと進ませた基本的なプロセスは掘り下げなくてはならない。同じような進化のプロセスがほかの惑星でも進行している可能性があるからだ。

人間の言語の最も顕著な特徴のひとつであり、真っ先に取り組む必要があるのは、私たちはおそらく地球上で唯一、言語をもつ種であるということだ。もちろん人間は多種多様の言語をもっているが、じつのところ、それらはすべてひとつのテーマにおける変種である。つまり、ほかの動物や地球外生命体の言語（が、もしあればだが）と人間の言語との違いに比べれば、人間どうしの言語の根底にある表現能力は本質的に同じなのだ。これは驚嘆すべき知見である。言語がそれほどすばらしいものであるなら（人間が言語のおかげで成し遂げられた数々の偉業を思い浮かべてほしい）、知能の程度は違うとはいえ、ほかの動物たちが言語をもたないのはなぜだろう？　私たちは、イルカたちが人間のような遊び心あふれる知能をもつことも、ミツバチやアリの群れが人間とは異なる知能をもつことも、電気魚やタコが人間には理解不能な知能をもつことも知っているが、彼らは誰ひとり言語をもっていない。どうしてこんなことになっているのだろう？　この異常事態に対する私たちの戸惑いは、三つの問題に分けて考えることができる。ひとつめは、言語は地球上でたった一度しか進化しなかったというのは本当だろうか？　ふたつめは、一部の種では言語の進化が現在進行中なのだろうか？　そして三つめは、ひとつの惑星に複数の言語をもつ生物種は共存できるのだろうか？　である。

おしゃべりな恐竜はいたのか？

ときには、どれほど研究や経験的観察を重ねても、真に科学的な仮説と観念的なＳＦとを区別できないこともある。ひょっとしたら地球上には（ヒト以外の）滅亡した文明があって、遠い過去に彼らが言語をもっていたということはありうるのだろうか？　そしてそれを知るすべはあるのだろうか？　このようなアイデアは検証可能な科学的仮説としては扱いづらいが、人間の独自性に関する私たちの主張は、これまでに人類文明以外の文明は存在していないという事実をよりどころにしたものであり、その主張をある程度健全に疑ってみることは必要だ。はたして、おしゃべりな恐竜がいた可能性はあるのだろうか？　近年、科学者たちは人類が現在の地球に及ぼしている影響を検証し、数百万年後の文明が遠い昔に滅亡した人類の遺産をどうやって探し出すのかを問うことによって、この問題に厳密な科学的基盤を与えようとしてきた。[*] プラスチックやコンクリート、そして何より猛威を振るう気候変動は、化石化した明確な痕跡となって岩石中に残り、未来の地質学者によって容易に検出されるだろうということは誰でも思いつく。しかし、彼らがこれを確実に実行するかは、わからない。結局のところ、今日のヒトの地質学者だって、数億年前の岩石中に産業活動の痕跡が含まれるのかを判断するのに必要な化学的検査を、やってきていないのだから。

とはいえ、もしかするともっと重要なことは、私たちの文明が壊滅的な規模で惑星改変への道を突き進んでいることかもしれない。もし何も手を打たなければ、人類がもたらしている気候や動植物の多様性に対する被害は、痕跡どころか明々白々な地質学的遺産となる。未来の科学者たちは現在起きている大量絶滅を調査して、六六〇〇万年前に地球上の生物種の四分の三を絶滅させた小惑星の衝突など、過去に発生したほかの大量絶滅と比較するだろう。化石記録に残るこのような絶滅が見逃されることはないからだ。しかし、過去の大量絶滅が科学技術によって引き起こされたという痕跡はなく、現在起きているようなことが仮説上のおしゃべりな恐竜たちに起こったとは思えない。つまり、人類以前に文明は存在していないか、彼らは地球を破壊しなかったかのいずれかである。そして私たち自身が本気でやらなければならないように、彼らが環境への被害をどうにかコントロールして、少なくとも当面の間は自然とのバランスを保っていたとしたら、その文明の地質学的痕跡はほとんど残らないだろう。ひょっとしたら、人類以前にも言語をもった生物が実在したかもしれないが、彼らの痕跡はまだ一切見つかっていない。

進化するイルカ

一九六〇年代を象徴する映画『猿の惑星』では、人類文明が滅亡したあとの遠い未来の地球が描かれていて、そこではチンパンジーやオランウータンやゴリラが話をし、本格的な文明を築いていた。こうなる可能性はあるのだろうか？　大型類人猿やイルカのような、知能はあるけれども言語をもつほどではない種は、今はただ出番を待っているだけで、私たちが姿を消したら後釜に座るのだろうか？　ひょっとするとこれらの種は、言語獲得に向かう進化の道をすでにえっちらおっちら歩み出していて、もし

＊ギャビン・A・シュミットとアダム・フランクによる論文「シルル紀仮説《サイルリアン》——地質記録から産業文明を検出することは可能か？（The Silurian Hypothesis: Would it be possible to detect an industrial civilization in the geological record?)」を参照。

辛抱強く（数百万年くらい）待っていれば、私たちは話をしたり詩を書いたり宇宙船を造ったりするほかの生物と、地球を分かち合うようになるのだろうか？

このたぐいの話を疑う進化的理由はじゅうぶんにある。ひとつには、進化というのは生物種を何らかの目的――この場合は言語――に向かって「上へ」と押し上げるものではない、ということだ。チンパンジーやイルカなど、私たちが知的だと考える種はいずれも、生きていくうえですでに大成功を収めている。彼らはもう環境に適応するべくじゅうぶんな進化を遂げており、進化的にはヒトを、そして言語を、彼らよりも「上位」とみなすことに正当性はない。別の言い方をすれば、言語を進化させるような選択圧が必ずしもイルカにはたらく必要はないということだ。『猿の惑星』は（少なくとも成長期の私に）多大な影響を与えた映画だったが、進化の仕組みについては歪んだ見方をしている。もし現生種が言語獲得への道を歩んでいるとしたら、その道を進むことで明らかに適応度が上がるはずだが、イルカも類人猿も、現在そのような圧力にさらされているようには見えない。何かが、何か特別なことが起きて、私たちの祖先は言語を進化させる道へと踏み出すことになった。その引き金が何だったのかはわからないが、きっとめったにないことだったのだろう。私たちが知るかぎり、ほとんどの種が経験するものではないと思われるからだ。

とはいえ、もしイルカが言語を進化させたら、どうなるのだろうか？　私たちと平和に共存するのだろうか？　それとも二種の間に生存をめぐる対立が起こり、『猿の惑星』のように一方がもう一方を隷属させるのだろうか？　私たちがもし地球外文明を発見したら、その文明は私たちの文明と同じように単一種で構成されているのだろうか？　それとも複数の異種の生物からなり、それぞれの種が社会のなかで独自の役割を果たしているのだろうか？　要するに、言語をもつ二種は共存できるのだろうか？
　これは進化生物学だけでなく社会学の問題でもあるが、見通しはよくなさそうだ。一〇万年前にアフリカを出発した現生人類ホモ・サピエンスは、ヨーロッパとアジアの全域でほかの人類種――ネアンデルタール人やデニソワ人など――と出会った。そして数万年後、ホモ・サピエンスだけが生き残った。ネアンデルタール人が言語をもっていたのかどうか、彼らがなぜ絶滅したのかはわからない。しかし、もし彼らがわずかな期間でも言語をもっていたとしたら、この地球上には言語をもつ二種が同時に存在したことになる。そして生き残ったのは一種だけだった。私は今、たったひとつのサンプルにもとづいた相関関係を臆面もなく披露していて、それが科学的分析にはまったく正しい方法ではないことはわかっている。しかし、思考実験の出発点としては有益だ。非常に異なる（が、会話はできる）ふたつの種は、どうしたら仲良くやっていけるだろうか？

　ここで進化論が役に立つ。同一のニッチを占める二種が永遠に共存することは不可能であり、いずれ一方が競争によってもう一方を排除し、絶滅に追い込むのだと、これまで長い間考えられてきた。しかし、進化がゆっくりと段階的に進行することを考えれば、あまり劇的ではないがより現実的に起きるのは、複数の種がニッチを棲み分けて、共存するということだ＊。彼らは異なる資源を利用して、直接的な競争――必ず最後に一種だけが生き残るような競争――に立ち入らないようにする。たとえば、イスラ

＊　これは、競争排除則およびニッチ分割という概念で知られている。エドワード・O・ウィルソン著『生物の多様性（The Diversity of Life）』は、そのような生態学的概念を概観する出発点として最適な一冊。

エル南部に広がるネゲブ砂漠には、キンイロトゲマウスとカイロトゲマウスという近縁の二種の齧歯類《げっし》が生息している。彼らは生息地どころか、縄張りも食料も同じだ。このような状況をいつまでも続けられるわけがない。彼らは分け合うことを学ばなければならない。結局、一方の種は日中に、もう一方は夜間に採餌するように適応した。このようなやり方でのみ、両種は重複したニッチで生きることができる。

しゃべることができる二種が同時に存在したら、同じニッチをめぐって競争が起きる可能性が高い。たとえば一方の種が陸上で、もう一方の種が海中で暮らしていたとしても、両種は進化の道筋のどこかでいずれ衝突するだろう。言語は私たちを自然界の制約や困難から解放してくれる。言語のおかげで協力して狩りをしたり、風雨を凌ぐ家を作ったり、家畜や作物を育てたり、最終的には地球を離れることも可能になる。同じ惑星で暮らす言語をもつ二種は、どちらもこうした同じことをするように進化する──種が誕生したときの生活様式がどれほど違っていようとも。競合する種が生き残る唯一の方法は、専門のニッチで分割することだ。『猿の惑星』では、ゴリラは軍人、チンパンジーは科学者、オランウータンは政治家だった。この描写は空想的かと思いきや、進化論にもとづいているのだ！

言語への道

では、なぜ言語は人類で進化したのだろうか？　まず言語は協力して問題を解決するのに役立つ。これはおそらく間違いない。「なぜ言語は進化するのか？」と問われたら、真っ先に思い浮かぶことだ。自分が抱えている問題を他者に伝えられる動物は助けを求めることができるし、知識を蓄えることで、今後さらに困難な問題に遭遇したときに解決できるようにもなる。木の実を割る方法がわからないときには、友達にその問題を説明できれば、石で叩くといいよと教えてくれるかもしれない。マンモスを狩りたいときには、マンモスを囲い込む方法や狩りにおける各自の役割について、仲間に説明することができる。説明できる、というのは信じられないほど有益な能力だ。おそらくどの惑星でも、多くの種で瞬く間に進化していくはずだ。

しかし、適応度を高めるあらゆるトリックにはコストが伴う。進化には必ずトレードオフが存在するのだ。生存にかかわる個人的な問題を部族の仲間に説明する能力には、大半の生物種がもつ能力をはるかに凌ぐ精神的処理能力が必要となる。脳はほとんどの動物にとって非常に重要な器官であり、摂取したエネルギーの二～一〇パーセントを消費する。どんな動物も環境を感知したり、体を動かす指令を出したりするのに脳が必要だが、人間の脳はとてつもなく大きく、活発だ。人間はこのたったひとつの器官で、摂取エネルギーの最大二〇パーセントを使い切ってしまう。ブタが脳に使うのは二パーセントだから、私たちはその一〇倍を脳に振り分けているのだ。さて、ほとんどの動物にとって食料はきわめて重要な制限要因なのだから、摂取エネルギーの多くをこの飢えた器官に送り込むことには、進化にとって真に正当な理由があるに違いない。地球外生命体には私たちと似た脳や、私たちと同じように進化した脳はないかもしれないが、情報を処理する方法はあるはずで、情報を処理するにはエネルギーが必要となる。もしそれが周囲から押し寄せる知覚のノイズのなかから有益で具体的な情報を引き出しているのなら、それはもう、脳と呼んでいい。ブドウの果汁を抽出して蒸留酒を作るのにエネルギーが要るのと同じように、ノイズから情報を抽出するのにもエネルギーが要る。たいてい、大量にだ。

言語が進化して、人間は協力して問題を解決する（マンモスを狩ったり、木の実を割ったりする）ようになったという考えは理にかなっているが、それは人間の脳がどのようにして言語を理解できるほど強力なものになったのか、という疑問には答えていない。これはニワトリが先か卵が先か、という問題だ。私たちは互いに話すために強力な脳を必要とするが、ひょっとしたらその大きな脳は、私たちがそもそも話せるからこそもつ価値があるのだろうか？

ニワトリが先か卵が先かの問題を回避する鍵となるのは、大きな脳は言語以外の理由で進化し、その後、より詳細なコミュニケーションに役立つ有用な道具として使われるようになったという可能性だ。特に、多くの科学者は私たちの大きな脳は基本的には社会的関係を扱うコンピューターだと捉えている。第7章では互恵について、あるいは、将来誰を助けるか決められるように、実際に自分を助けてくれた個体を覚えておく厄介さについて論じた。しかしこれは、大きな集団で暮らすうえで起きる問題のひとつにすぎない。複雑な序列が存在する社会で暮らしていると、誰が誰より上位なのかを覚えておくことですら大変だ。チンパンジーの群れでは、それぞれの個体が同盟を結び、自分の利益になるようにほかの同盟を操ることも重要になってくる。これはつまり、第三者どうしがどのような関係にあるのか、それぞれの同盟がほかの同盟との戦いに何回勝ったのか、を覚えておく必要があるということだ。そのような複雑な情報を記憶し、手際よく処理することは、ほとんどの生物種の行動のレパートリーには入っていない。それは特定のメリットをもたらす場合にのみ進化する特殊な能力なのだ。

そういうわけで、複雑な集団内で暮らす動物がそれぞれの社会環境を生き抜くために大きな脳を進化させ、その大きな脳のおかげで彼らはより複雑な概念を伝達しあえるようになったという、もっともらしいシナリオが浮かび上がる。もっともらしいが、必然ではない。複雑な社会は言語が進化するための必要条件のように思えるが、それだけでは不十分だ。アリとミツバチは無限の言語を進化させることなく、複雑な社会で非常にうまくコミュニケーションをとっている。とはいえ、複雑な社会から言語が生まれるというこの道筋は、ほかの惑星でも必ずたどるものなのだろうか？　私たちは、みずからの人類学的遺産に目がくらみすぎて、ほかの惑星では言語が進化する別の道がありうることを想像できないのだろうか？

その可能性は低いだろう。言語は必然的に社会的活動と直結しているように思える。そうでないとしたら、いったい誰とコミュニケーションをとるというのだろうか？　言語などの複雑な形質を進化させるには当然コストがかかる。つまり、それは何らかの直接的な利益をもたらすものでなければならないということだ。進化は、言語の獲得によって数世代後の子孫が得られる「かもしれない」潜在的な利益にははたらきかけないのだ。言語が進化するのは社会的動物だけだ、というのは地球中心の仮定ではない。社会性自体が複雑な形質であり、先ほど説明した社会性と脳の大きさとの間のトレードオフと似たようなトレードオフは、普遍的である可能性が高い。まだ想像もつかない言語獲得への道はあるのかもしれないが、私たちのたどってきた道筋は客観的合理性があるように思われる。少なくともいくつかの地球外文明が、私たちと同様の言語の進化史をたどる可能性はじゅうぶんにある。

言語の指紋

天文学者カール・セーガンの壮大なSF小説『コンタクト』（池央耿ほか訳、新潮社）では、主人公のエリー・アロウェイ博士が、素数の配列が含まれているとおぼしき宇宙からの電波信号《シグナル》を受信する。だが、なぜだろう？　なぜ誰かが私たちに長い数字のリストを送ってくるのだろうか？　彼女はこう説明する。

これは標識信号《ビーコン》だわ。予告のための信号。私たちの注意を惹くために作られている……放射プラズマや爆発中の銀河が、こんな整然とした数学的なシグナルを送ってくるとは考えられない。素数は私たちに関心をもたせるためのものよ。

エリーは（フィクションとはいえ）幸運だった。ビーコンを受信したのだから。セーガンは地球外生命体のメッセージを聞く方法だけでなく、メッセージを発信する方法についても長期にわたって取り組んできた。そして彼は素数が鍵だと思いついた。素数の配列を作ることができる自然のプロセスは存在しないからだ。だからそれが意図的なシグナルのしるしであることに議論の余地はない。私たちが地球外生命体のそのようなシグナルを受信する日がきたら、間違いなく見抜けるはずだ。

しかし、もし受信したシグナルが惑星外（つまり私たち）に届けることを意図していないものだったら、どうだろうか？　地球のラジオやテレビ放送は、地球から絶え間なく膨張していく泡のように、光の速さで宇宙に広がり続けている。地球からわずか三九光年しか離れていない居住可能《ハビタブル》な太陽系外惑星TRAPPIST《トラピスト》－1e〔訳注：地球から見てみずがめ座の方向にある赤色矮星TRAPPIST－1の惑星のひとつで、内側から四番目を公転するほぼ地球サイズの地球型惑星〕は、今、私がこの文を書いている瞬間にも、アメリカ政府がテヘランにあるアメリカ大使館の人質救出作戦に失敗したという、一九八〇年のニュース放送を受信しているはずだ。TRAPPIST－1系に誰かが棲んでいるとしたら、彼らは私たちのシグナルをどう思うのだろうか？　これらのシグナルは間違いなく素数の配列ではない。トラピストの住民たちはこれを意図的な通信だと認識するのだろうか？　逆に私たちは、地球外生命体のテレビ放送を認識できるのだろうか？

　じつのところ、たとえ素数でなくても、科学技術による放送を認識するのは非常に簡単だと思われる。自然界では発生しないパターンという点で見れば、そこには科学技術の指紋がたくさんあるからだ。たとえ地球外生命体の科学技術が非常に高度なものであっても、私たちはそれを科学技術だと認識できると確信している。しかし、シグナルに含まれる言語についてはどうだろう？　言語を識別する方法はあるのだろうか？　もし私たちが地球外惑星に着陸したとして、緑色の動物がこちらに向かってぺちゃくちゃしゃべってきたら、この動物は鳥のさえずりではなく、言語を話しているのだと判断できるだろうか？　また私たちは、地球の動物たちが言語でこちらに話しかけているのではないと、知るすべはあるのだろうか？

　私たちが探しているのは、言語の普遍的な指紋、つまりシグナルを処理して「これは言語だ」、「これは言語ではない」と判断する何らかの数学的アルゴリズムだ。シグナルの翻訳について考える以前に、まずはこれを探す必要がある。しかし、普遍的な指紋が存在するかもしれないと考えるのは理にかなっているのだろうか？　私たちはすでに、イカの皮膚に浮かび上がる渦巻きや脈打つ色彩のパターンなど、地球外生命体がコミュニケーションに用いる可能性がある、かなり風変わりな方法について考察してきた。私たちの言語にもとづいて開発されたアルゴリズムは、彼らの言語をどうやって識別するのだろうか？

　言語の指紋の候補を見つける最も一般的な方法は、私たち自身の言語を探ることだ。単語と文で構成されている言語であれば、情報理論と呼ばれる数学の一分野にもとづく複数の概念から、これらの単語や文の統計的特性についてさまざまな予測がたてられる。根底にあるのは、言語というのは必要な概念をすべて表現できるほど複雑でなければならないが、文の生成や解釈のために不当に大きな脳（あるいは脳に相当するもの）が必要となるほどには複雑であってはならない、という考え方だ。複雑さと単純さの間にはトレードオフがあり、このトレードオフのなかで「バランスのとれている」一連の文は、どんなものでも言語の立派な候補となる。

　あるシグナルが複雑さと単純さの間のスペクトル上のどこに位置するのかを測定するひとつの方法は、ごく一般的な単語がどの程度一般的であるのかを見ることだ。たとえば、英語で最も一般的な単語である「the」は、二番目に一般的な単語である「of」の二倍一般的で、三番目に一般的な単語「and」の三倍一般的だ、という有名だが奇妙な事実がある。実際、英語の上位一万語においてはこの関係はかなりよく保たれていて、一万番目の単語は「the」の一万分の一、一般的である。さらに不思議なことに、この現象はほかのすべての人間の言語でも同様に見られるのだ！　フランス語では、「le」は「de」の二倍、「et」の三倍、一般的だ。間違いなく、これはとても奇妙な観察データである。

この現象は、一九三〇年代にこの観察を正式にまとめたアメリカの言語学者ジョージ・ジップにちなんでジップの法則として知られており、地球外知的生命体探査（SETI）に従事する科学者の間でおおいに注目されている。[*] もしジップの法則が本当に言語の普遍的な特性ならば、受信したシグナルを評価するのにうまく使えるだろう。残念ながら、ジップの法則がなぜ言語に当てはまるのかについては厳密にはやや不明なところがあり、これはつまり、地球の言語だけでなく、すべての言語が同じ法則に従うのかまだ断言できないということだ。とはいえ、その主張の背後にはいくつかの論理が存在する。

基本的にジップの法則が示しているのは、複雑さと単純さの間にあるバランスだ。アルファベットの最初の五文字で構成される真にランダムなシグナルを考えてみよう。A、B、C、D、Eはどれも同じ確率で、任意の順序で現れるとする。すでに受け取った文字がどんな配列であっても、次の文字がAになる確率は五分の一で、それはほかの文字もすべて同じだ。このたぐいのシグナルはただランダムなのではなく、きわめて複雑である。それは次にどの文字が現れるかを知るすべがまったくないからだ。情報理論においては複雑さとランダム性はほぼ同じである。それが直観に反しているように思えるのは、私たちは知的なメッセージはランダムなものではないと期待しているからである。しかし情報理論やジップの法則は、誰かが何をメッセージに込めようとしたのかどころか、実際に情報がどのくらいメッセ

＊ 近年では言語の指紋を検出する新たな計算手法が急増しており、ジップの法則はひとつのアプローチにすぎないことをお伝えしておく。詳しくはダグラス・ヴァコッチ編の『異星言語学　地球外言語の科学に向けて（Xenolinguistics: Toward a Science of Extraterrestrial Language）』を参照。

ージに入っているのかさえも教えてくれない。教えてくれるのは、そのメッセージの潜在的な情報容量だけだ。理論的にはランダムなシグナルには最も多くの情報が収容できるが、もちろん、本当にランダムであれば何も入っていない。これはまるで、大きなテキストファイルをファイル圧縮アルゴリズムを使って圧縮するようなものだ。この大きなファイルはごく小さくなるが、圧縮されたファイルのなかの文字はランダムに現れる。それが情報をとっておく最も効率的な方法だからだ。

信じがたいと思うのなら、逆のケースを考えてみよう。このシグナルでは、文字が現れる確率はAが九六パーセントで、B、C、D、Eはそれぞれ一パーセントだけとする。これならどんなことがあっても、次にくる文字はAだろうとほぼ確信できる。そのシグナルにはどれくらいの情報が入っているだろうか？　多くはない――基本的には「A」しかないのだから。次に何がくるかを推測できるこうした紋切り型のシグナルは、単純だがほとんど情報が含まれていないのだ。だから複雑さと単純さの間のスペクトルというのは、じつはランダム性と反復性の間のスペクトルということになる。

計算してみると、A～Eの各文字が二〇パーセントずつ現れるランダムなケースと、一文字だけが九六パーセント、残りの文字がそれぞれ一パーセントずつ現れる紋切り型のケースのちょうど真ん中にジップの法則は位置することがわかる。このちょうどバランスのとれたケースだと、AはBの二倍一般的で、Cの三倍一般的だと予想される。わずか五文字からなるシグナルの場合、Aはおよそ四四パーセント、Bは二二パーセント、Cは一四パーセント、Dは一一パーセント、Eは九パーセントとなる。これらの確率は、シグナルを送るのに複雑すぎでもなく単純すぎでもなく、客観的にバランスがとれているようにみえる。そういうわけで、ジップの法則は広く観察されているのだ。それは情報に、かろうじてじゅうぶんだけれども圧倒されるほどではない複雑さをもたらす。

ところで、ジップの法則を動物のシグナルで試してみると、興味深いことが起こる。ほとんどすべてが「単純」な側に分類されるのだ。要するに言語としてはあまりにも紋切り型だということだ。これは合点がいく。鳥の歌は、シェイクスピアに比べると反復的に聞こえる。美しいけれども、言語であるはずがない。単純すぎるし、繰り返しが多すぎるし、ジップの法則とも一致せず、複雑さと単純さのバランスもとれていない。しかし健闘している動物もいる。私の仕事仲間であるSETI研究所のローランス・ドイルは、地球外生命体のシグナルを識別するための実験場として動物のコミュニケーションを利用することを発案したひとりだが、彼はイルカがジップの法則にとても近いコミュニケーションをとることを発見したのだ。私自身の研究では、シャチにもこの特性があることがわかった。興味をそそられる話ではないか。

これは決して、イルカやシャチが言語をもっているという意味ではない。これが言語の指紋、特にジップの法則を探すに当たっての最大の問題である。誤認も多いに違いない。理由のひとつは、ジップの法則が示す単純さと複雑さのバランスは、言語に必要なだけではなく、どうやらあらゆる点でおおむねよいことであるからしい。おそらくほかの種はこのバランスが言語以外のニーズに適しているのだろう。シャチは確かに複雑な情報を伝達するが、それがジップの法則の恩恵にあずかる言語である必要はない。実際、言語的な偉業を期待できない一部の鳴鳥なども、ある程度ジップの法則に従っている。ジップの法則は、コミュニケーションシステムが真の言語に進化していくための前提条件かもしれないと私は推測しているが、それだけで地球外生命体の言語の真偽を判断することはできない。理由はほかにもたくさんある。

ジップの法則の真の限界は、単語の頻度しか測定しないことだ。言語というのは、ただ「and」という単語がどのくらいの頻度で出現するかというレベルの話ではない。それをはるかに凌ぐものだ。情報は単語そのものにだけではなく、単語と単語の関係にも含まれている。これまで見てきたように、「Pooh and Piglet go hunting and nearly catch a Woozle（プーとピグレットは狩りにいき、ウーズルを捕まえそうになる）」は言語として正しい文だが、「nearly go catch and Woozle a Piglet and Pooh hunting（捕まえにいきそうになって、ピグレットとプーが狩りをするのをウーズルする）」は正しくない。しかし、どちらの文もジップの法則には一致するのだ。文法の複雑さに適用できる、ジップの法則に匹敵するような法則が発見される可能性はあるが、今のところまだ見つかっていない。残念ながら私の研究によると、人間の言語の文法ですらおそらくジップが思っていたより複雑なようだ。ということで、普遍的な言語の指紋を探求する私たちの旅は続く。それでもなお、少なくともジップの法則は、言語としては単純すぎる、あるいは複雑すぎるシグナルを排除する最初のフィルターにはなる。

私たちがこれまで取り組んできた言語の指紋に関する研究はすべて、単語や記号の配列に焦点を当てたものだ。もちろんこれは、私たちの言語がこのような仕組みでできているからであり、また厚かましい偏見などではなく、単に私たちのアルゴリズムを試す真の言語が人間の言語以外に存在しないからである。真の画像言語がどのようなものかもわからないのに、イカの画像言語の指紋のための検査を設計してもしかたがない。とはいえ、この分野はさかんに研究がおこなわれており、配列による言語と同じように、画像言語にもいずれ何らかの情報理論が適用されるようになると考えるのが合理的だ。結局のところ、画像はテキストファイルと同じように、ランダムな配列に圧縮できる。要するに、画像の複雑さは文の複雑さと同じように、測定して定量化できるということだ。地球外生命体には一度も出会ったことはないが、私にとってこうしたアイデアに触れられることは、SETI研究の最も刺激的な部分である。

■

本章は、私たちは言語が何であるかわかっていない、というところから始まった。そして、いまだ答えにはたどり着いていない。でも、それでよいのだ。地球外生命体がどのようなものか理解しようとする私たちの挑戦は、正しい疑問を探す旅でもある。それは正しい答えを見つけることに匹敵するものだ。私たちは未来に出会う宇宙の「ご近所さん」たちとはできればおしゃべりを楽しみたいし、それができるのなら、彼らは何らかの言語をもっているはずだ。その言語がどんな種類のものなのか、あらかじめ知ることができると主張するのは傲慢かもしれない。でもその疑問に匙を投げて、「私たちにはわかりっこない」というのも無責任だろう。

じつのところ私たちは、地球外生命体と私たちの言語がどれほど異なっていようとも、地球外生命体の言語の基本的な特性については確信を抱いている。言語にはどこでも共有されるふたつの重要な特徴があるのだ。ひとつは、言語は複雑な概念を伝達する方法であるということ、もうひとつは、言語は自然選択によって進化するということだ。言語に至るあらゆる道筋を検討してみると、この両方の基準を満たすコミュニケーションシステムはひとつもないことは明らかで、ほとんどのコミュニケーションシステムは、これらの条件のどちらかには適合しない。要するにそれらは「言語」として分類されるほどの表現能力をもっていないか、現実的な進化の道筋に乗っていないかのどちらかである。後者はつまり、言語が進化の各段階でその生物に多少なりとも明確なメリットをもたらしながら、どうやって段階的に進化していったのかがわからないということだ。地球外生命体の言語を特定し、最終的には翻訳しようとするとき、私たちの言語と彼らの言語との直接的な類似点を探すよりも、これら基本的な特徴を探すほうがうまくいくだろう。名詞や動詞などの単語で構成されていると確信できる見知らぬ外国語を翻訳するのとは違って、地球外生命体の言語の場合は、翻訳を始める前に「情報はどこに含まれているのか」、「この言語の目的は何か」、「この地球外生命体の言語と彼らの社会的知能はどのように共進化したのか」といったさまざまな問いかけをする必要があるだろう。

私たちが言語の基本だと決めてかかっていたもの（単語や文や文法）の多くがそれほど必須ではない一方で、特に「言語的」だとは考えていなかったもの（社会生活など）が、地球と同様に異星でも不可欠である可能性が高い、という結論は興味深い。言語は人間の不可分の一部であるため、ほかの意識的で知的な存在もこの人間性の輝きを共有しているはずだ、と私たちは当然のように考える。確かに言語は、深い意味で私たちの人間性を、そして地球外生命体に備わっている人間性に相当するものを規定しているに違いない。宇宙のすべての文明が共有しているそのような言語の本質は、「長寿と繁栄を」〔訳注：『スター・トレック』に登場するバルカン人の有名な挨拶〕と発話する能力よりもはるかに奥深いものだ。そうはいってもやはり私は、地球外生命体とのファースト・コンタクトの暁には、彼らの言葉をうまく翻訳できたらいいなと思っている。

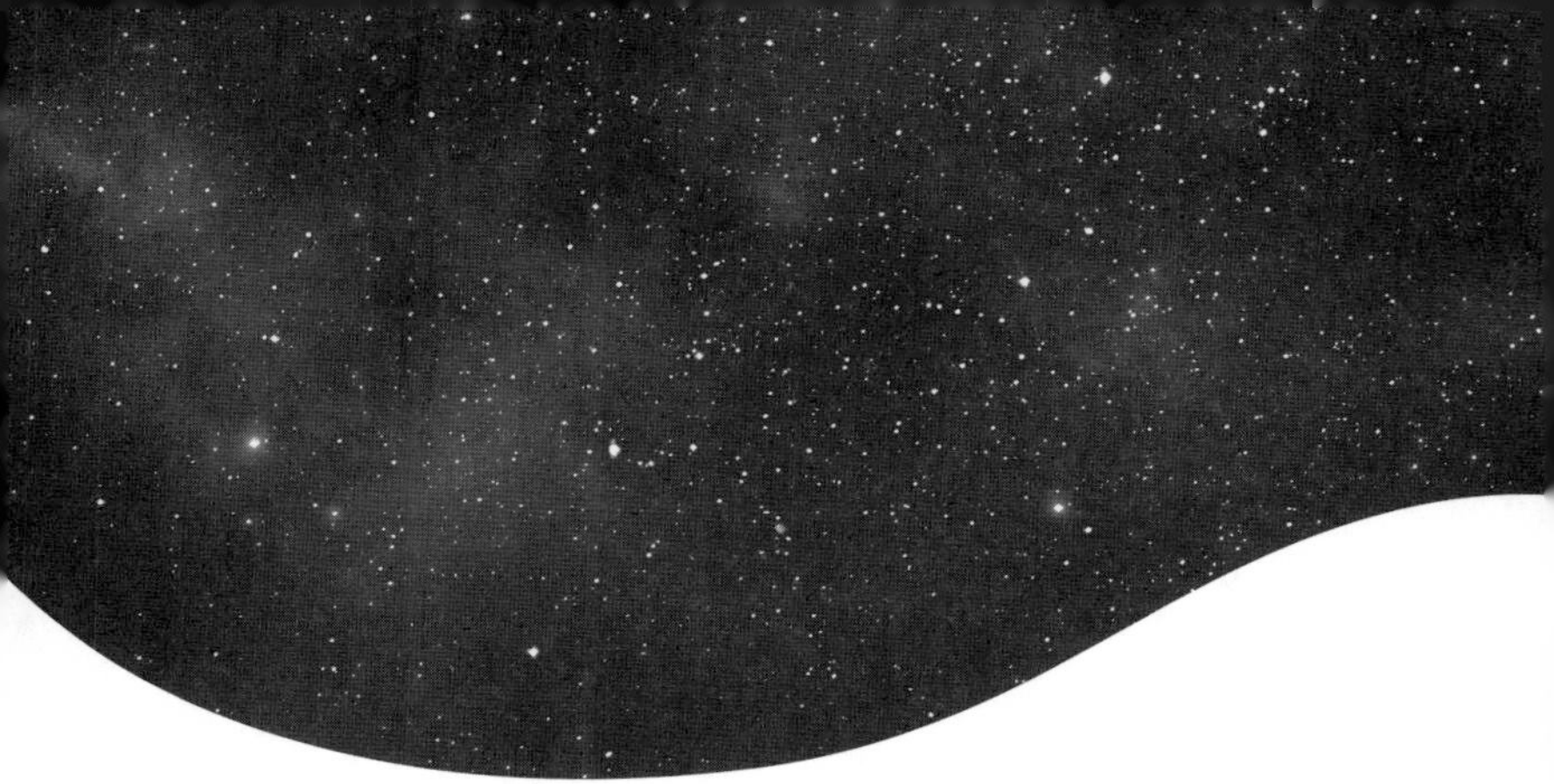

第10章

人工知能

——宇宙はロボットだらけ?

ここまで私は、自然選択が複雑な生命を進化させる唯一の方法だと口を酸っぱくして主張してきた。今、白状する。それは厳密には真実ではない。もうひとつ別な方法がある。生命はほかの知的な生命体によって作り出される可能性があるのだ。それは神による創造ではない。多くの点で自然の動植物に似ている人工知能のロボットや機械を、人類が作れるようになるあの漠然とした近未来の話だ。すでに私たちは、学習し、論理的に判断し、その行動があたかも人間のものだと錯覚してしまうようなコンピューターを作り出せている。一〇〇年後、二〇〇年後には、私たちのコンピューターシステムが事実上意識をもち、『スター・トレック』のデータ少佐のような人間型ロボットになっていてもおかしくない。私たちよりもかなり進んだ地球外文明では、すでにそのような創造がおこなわれている可能性がある。

このようなロボット生命体が誕生する可能性――いや、見込み、といってもいい――は、地球外惑星の生命についての私たちの予測に影響を及ぼす。一部の宇宙生物学者が信じているように、地球外生命体が人工的なもの、つまり「製造品」である可能性が高いとしたら、これまで第1章から第9章にかけて論じてきた法則や制約は当てはまるのだろうか？[*] ひょっとしたら、生命が明らかに意図的な設計の産物である場合には、別の法則や制約が存在するのだろうか？

自然選択は一見、いらだたしいほど非効率だ。ガゼルの赤ちゃんは何世代にもわたり、誕生してはライオンに食べられる運命にある。たまたま長い脚をもって生まれた一頭が、より速く走れるために食べられずにすむのは偶然でしかない。ハエは何世代にもわたって、鳥に食べられる――そしてたまたま突然変異が起きて、そのうちの一匹のハエに黄色い縞模様が現れ、鳥を怖気づかせて遠ざける。なぜこれらすべてが、なりゆきに任されているのだろうか？　もっと速く走る必要があることをガゼルが知《ヽヽ》ることができたり、もっと捕食者を怖気づかせられるようにハエがみずからを操作できたりすれば、進化ははるかに速くなるのではないだろうか？　もちろん、自然選択のほかならぬ美点は先見の明をまったく必要としないことだ。一切の先見の明を前提としないからこそ、自然選択は宇宙の生命を論理的に証明するのである。創造主は必要ない。既定の法則などなくても、進化のプロセスは確実に進行していくのだから。生命は――時間はかかるけれども――どこへ向かっていくのかわからないまま、進化していくのである。

しかし、すべてが違っていたらどうだろうか？

もし生命が、自分がどこへ向かうのかわかっていたら、どうなるのだろうか？

『蟹が島を行く』

一九五〇年代に物理学者のアナトーリイ・ドニェプロフは、ソ連的作風の風変わりなＳＦ小説を書いた。そのなかのひとつ、『蟹が島を行く』〔訳注：ダルコ・スーヴィン編『遥かな世界　果しなき海』（深見弾ほか訳、早川書房）に所収〕は、無人島でサイバネティクスの実験をおこなう技官と部下の物語だ。無人島で解き放たれた一台の「蟹」型自己複製ロボットが、材料となる金属をあさっては口に放り込み、

＊ スティーヴン・J・ディックの論文『文化の進化とポスト生物学的宇宙とＳＥＴＩ（Cultural evolution, the postbiological universe and SETI）』を参照。

新たな部品を作り出す。そしてそれらを組み立てて、新たなロボット蟹を複製していく。すぐに島はロボット蟹の複製《コピー》であふれかえるようになる。ところがあるとき蟹は突然変異を起こし、一部のロボット蟹がほかのロボット蟹よりも大きくなる。すると大きいロボット蟹は小さいロボット蟹を容赦なく共食いし始め、さらに大きなロボット蟹を作り出すようになる。はたして実験の結末はいかに？　このジャンルのご多分に漏れず、もちろん破滅的だ。

一九五〇年代は、科学と工学に対する野心的な期待に満ちた時代だった。空飛ぶ車や個人用ロボットの構想は楽観的にすぎたが、たとえ現実の科学技術が人々の期待よりもはるかに遅れていたとしても、当時のアイデアの多くは合理的な概念だった。一九五六年に人気科学誌『サイエンティフィック・アメリカン』に掲載された記事では、人工的なロボット「植物」を作り出して食料生産の問題を解決するというアイデアについて論じられていた。そのロボットは栄養分を吸収して食品化学物質を合成し、収穫のために喜んで身を委ねる。記事の文言を借りれば、「(集団自殺に向かう) レミングのように、生きている人工植物の群れが収穫工場の口のなかへとみずから泳いでいく」のだ。非常に重要なのは、そのような人工植物も繁殖する必要があるということだ。自然の生物とまったく同じく、それらも自然の原料を使ってみずからの新たなコピーを――収穫のためにみずからを肥育するという同じ機能を確実に実行し続けるコピーを――作らなければならない。

基本的にはこれは健全なアイデアだ。自然選択のおかげでこの世界には数限りない動植物が誕生したが、その大半は人間にとって特段おいしいものではない。私たちは今や、生物の成長や繁殖の仕組みを理解している。だったら今度はその知識を使って、生物を――進化史がもたらす制約や負担とは無縁の、

Like lemmings, a school of artificial living plants swims into the maw of the harvesting factory.

図34　1956年に『サイエンティフィック・アメリカン』に掲載された、人工植物に関する記事に添えられたイラスト。

私たちのニーズにより適合する生物を——作り出してはいけないのだろうか？　お肉を食べたいけれども、痛みや苦しみを引き起こしたくないのなら、脳や神経系がなくても「筋肉」を成長させる機械を作ればいいではないか。そのような機械が「レミングのように、収穫工場の口のなかへとみずから泳いでいく」のが気持ち悪いと思うかもしれないが、それは私たちが付与したソフトウェア・プログラムによる行動にすぎない。そこには古いスマートフォンをゴミ箱に捨てる程度の苦痛しかないのだ。

人類のテクノロジーはすでにこの道筋に沿って動き始めている。たとえば遺伝子工学によって、特定の遺伝子をほかの生物に導入したり、インスリンを生成する細菌や酵母を作ったりして、自分たちのためにほかの生物を乗っ取っている。動物の脳をもたない生命体で肉を育てることも、明らかに夢物語ではなくなりつつある。しかし私たちは、何千年も先を行く地球外文明に何を期待できるだろうか？　彼らの世界はロボットのウシやヒツジだらけになっていて、複雑なミニチュアの化学機械で乳や肉を生産しているのだろうか？　もしかしたらそのような文明は、食べたり、繁殖したり、戦ったり、協力したりする人工生物のみで構成されていて、「自然に」進化した生物は見当たらないのかもしれない。入念に作り出された人工の動植物は、私たちのような自然選択によって誕生したぶざまな生物よりも効率的に機能するだろうから、「生身の」エイリアンたちは、みずからが作り出した人工生物との競争に負けてしまい、それらに取って代わられているのかもしれない。

ほとんどのＳＦ物語が描く自己複製機械の世界は、極端なディストピア（反理想郷）だ。善意から作り出された人工生命体の「ロボット」が指数関数的に増殖して宇宙で群れをなし、あらゆる天体をみずからのコピーに変換しながらとめどなく増殖していくという結末を迎える。ごく単純な細菌であっても、指数関数的に際限なく繁殖し続ければ、宇宙の終焉を招きかねない。たとえば大腸菌は、理想的な条件下ではおよそ二〇分ごとに二個の娘細胞に分裂する。最初は一個だったものが一時間後には八個に、一日たつと四〇〇〇兆個、重さにして四〇〇〇トンになる。わずか七二時間で、大腸菌の質量は宇宙全体の質量よりも大きくなるのだ。*　これが指数増殖の呪いである。

もちろんこんなことにはならない。ＳＦ物語はやたらに悲観的だったりするが、そのような悲観論には根拠がない。ほかの要因もはたらくし、資源も限られている。くだんの島の蟹でさえ、新たなロボットを作るための材料を使い果たしてしまう。それにおいしい細菌がそこらじゅうにいたら、ほかの生物がそれらを食べるように進化して、バランスをとる。心配ご無用だ。宇宙がぬるぬるした細菌にまみれて、終焉を迎えることはない。確かに人類は地球にとてつもない被害を与えてきたが、宇宙はほとんど壊していない。実際のところ夜空には、何らかの生物――生物学的なものであれ、人工的なものであれ――が広範囲に影響を及ぼしている兆候は一切ないし、細菌やロボット蟹が指数増殖している、といったことは起きてはいない。

とはいえ、楽観的にすぎてもいけない。増殖し続ける細菌やロボット蟹を抑え込むために私たちが頼りにしているのは、自然選択という古来のプロセスだ。それらを食べる何かが進化してくるはずだ、と。しかし、増殖するのが細菌ではなく、知的な生命体だったらどうだろう？　新たな資源を探し出す方法を画策したり、みずから改良して進化的適応度を高め、仲間や前の世代から受け継いだ学習能力を向上させる方法を見つけ出したりする、知的な生物だったらどうだろうか？　このような自己複製する人工知能の軍隊は存在しうるのだろうか？　もしそうなら、彼らを止められるのだろうか？　また地球外惑星に、自然選択そのものを回避できるほど高度な人工生物が暮らしている可能性はどのくらいあるのだ

＊二〇分ごとにｎ世代を経ると、細菌の数は 2^n 個になる。それぞれの細菌の重さは 10^{-12} グラムだ。宇宙の質量はおよそ 10^{56} グラムなので、これはちょうど 2^{216} 個の細菌に相当する。つまり二一六世代、すなわち七二時間を経た細菌の数と同じになる。

ろうか？　もし可能性があるのなら、なぜそのような生物は自然に進化してこないのだろうか？　人工知能をもつ地球外生命体を恐れるべきかどうかを知りたければ、それの何がそんなに特別なのかをまずは理解する必要がある。

ジャン＝バティスト・ラマルクとキリンの首

一般的に、地球上での進化が非常に遅い理由のひとつは、子どもが親の経験という利益をもたずに生まれてくるからだ。ガゼルの赤ちゃんは本能としてライオンから逃げる方法を知っているが、その走る本能というのは何世代もかけて痛ましいほどゆっくりと進化してきたものであり、その本能をもたずに生まれてきた赤ちゃんは、ただライオンのおやつになってしまっていた。だが想像してみてほしい。もしライオンから逃げることができたガゼルが、すべてライオンを恐れる子どもを産むとしたら、進化はどれほど速くなるだろうか？　概して、そのようなことは起こらない。近年、極端な経験（飢餓や病気など）が将来の世代に影響を及ぼすメカニズムが存在しうることが明らかになったが、それが自然選択や進化の主要因ではないことはほぼ間違いない。*　なぜだろう？

科学者たちが遺伝の本質とメカニズムを理解する以前は、ある動物が一生のうちに経験したことはその子どもに受け継がれる、ということは少なくとも合理的な見解だとされていた。この考え方は一般に、啓蒙時代のフランスの生物学者ジャン＝バティスト・ラマルク（一七四四〜一八二九年）と関連づけられている。彼はダーウィンの一世紀前に、動物が環境に見事に適応しているようにみえる事実について説明しようとした。どうしてこのようなことが起こるのだろう？　と。ラマルクにはいくつかのアイデアがあったが、最も有名なのは、遺伝に関するふたつの法則だ。第一の法則は、動物は繰り返し使用する形質を発達させ、使用しない形質を失うという「用不用」であり、だからモグラは地中に棲んでいて目を使わなかったために視力を失い、キリンは高いところにある葉に届くように体を伸ばしたために長い首になったとする。ラマルクはこのキリンの例え話で有名だ。そして第二の重要な法則が、動物はこれらの獲得した形質を子どもに伝えることができる、とする「獲得形質の遺伝」である。もし母イヌがヘビを見て怖いと思えば、その子イヌもヘビを怖がるというわけだ。

この「ラマルク説」（ラマルキズム）は現在ではほぼ間違いであることがわかっており、彼に対する不当な嘲笑につながっている。ドイツの生物学者アウグスト・ヴァイスマンはネズミの尾を数世代にわたって切断し、尾をもたずに生まれたネズミはいないことを確認することによって、獲得形質の遺伝が誤りであることを証明した。少なくとも一〇〇世代にわたって出生時に割礼をおこなってきたユダヤ人の子孫のなかに、包皮をもたずに生まれた人はいないことを考えれば、現在の私たちにとって、そのような実験を真剣に受け止めるのは困難だ。まあ、「実験は無意味だった」と自分に言い聞かせるために、ときには実験をおこなわなければならないのも、科学の特徴のひとつではある。

＊「エピジェネティクス」と呼ばれるこのメカニズムが実際の進化においてどのくらい重要なのかについては、現在も議論の的となっている。このテーマに関しては、ネッサ・キャリー著『エピジェネティクス革命』（中山潤一訳、丸善出版）やリチャード・C・フランシス著『エピジェネティクス　操られる遺伝子』（野中香方子訳、ダイヤモンド社）など多くの書籍がある。

現在の私たちは遺伝のメカニズムを分子レベルで理解しており、ラマルクのいずれの法則も地球上ではほぼ正しくないことを知っている。しかし、それらが絶対に間違いであるかといえば、それはまったくわからない。言い換えれば、生物がどのような種類の生化学的性質や仕組みを用いて体を構成し、繁殖するにしても、これらの法則はあらゆる惑星で必ず間違いなのだろうか？　ひょっとすると、地球外生命体の遺伝子に相当するものはＤＮＡよりも経験を組み込みやすいかもしれない。ラマルクの法則が当てはまる──あるいは、経験を子どもに伝えられる人工生命体が作られている──惑星が存在するとしたら、進化はまったく違った、おそらく私たちには認識できない道筋をたどるといって差し支えないだろう。みずからの経験を子孫に直接伝えることができれば、動植物の適応ははるかに速くなるはずだ！

ラマルクの考え方に根本的に間違っている点があるとすれば、それは何だろうか？　生物学者は確信をもっていうことができない。ここ地球上では彼の考えは間違っているといえるが、それはＤＮＡから動物の子どもが作り出される化学的メカニズムが、たまたまそうだったからにすぎない可能性がある。しかし、ラマルクの進化論がほかの惑星でも自然の状態だとはいいがたい論拠がふたつ存在する。

発生、発生、発生

ほとんどの人は、自然選択がはたらくのは突然変異がランダムに起きるからだ、とおおむね理解している。有利な突然変異は残って集団全体に広まるが、不利な突然変異はそれをもつ不運な個体がすぐに死ぬことになって、消えていくのだ、と。しかしそれは、進化のプロセスを正確に説明しているわけではない。大きな突然変異はたいてい生物にとって非常に都合が悪い。目や翼や、長い首を与えてくれる有利な突然変異が起こるのを待たなければならないとしたら、それは実際、とんでもなく長い時間になるだろう。有利な適応はたいてい「腕をもう一本増やす突然変異」として起こるのではなく、胚の発生のしかたを変えるはるかに単純な突然変異の結果として起こる。影響はごくわずかだが、強力でリスクが少ないのだ。形やサイズが大きく異なる土鍋を作るには、余った粘土の塊をぺたぺたくっつけるよりも、ろくろを回しながらほんのわずかに力を加えるほうが、はるかに手際がいい。小学生が粘土をぺたぺたくっつけて作った芸術的な作品なら、賞賛に値するけれども。

　ラマルクの最も有名な「キリンの長い首」を例に考えてみよう。あなたが首の短いキリンだったとして、子や孫たちが誰も届かない高所の葉に到達できるようにするにはどうしたらよいだろう？　ひとつの可能性は、特別な突然変異を起こした子――首の骨〔訳注：椎骨（背骨）の一部である頸椎のこと〕をひとつ多くもつ子！――を産むということだ。この幸運なキリンの子は、高所にある手つかずの葉を食べることができるので、仲間よりも生き残って繁殖する可能性が高くなり、その変異を自分の子にも伝えることになるだろう。確かに多くの動物がときおり一個余分な椎骨をもたらす突然変異を起こすが、キリンの頸椎の数はヒトともネズミとも同じ七個だ。大きな突然変異は単に起きにくいということだけでなく、危険でもある。このような重大な骨格の変化には、胚発生の別な部分の変化を伴わざるを得ない。あらゆる神経も血液供給も同時に変化しなければならないので、もしそれができないなら、子どもはキリンとしてまったく機能できなくなる。大きな突然変異は通常、生物にとって好ましいことではない。唐突な変化は益より害をもたらす可能性が高いのだ。

もうひとつの可能性は、キリンの赤ちゃんの成長に影響を及ぼすはるかに単純な突然変異を起こすことだ。その子の胚はほかのキリンの胚より早く首が成長し始めるかもしれないし、頸椎がより速く、より長く成長するかもしれない。頸椎の数を増やすのではなく、それぞれの骨をほんのわずかに大きくするのだ。この胚は体の基本的なデザインに抜本的な変更を加えることなく、わずかに長い首をもって誕生することになる。これこそが、キリンの首が長い理由である。ここ数十年間に生物学者たちは、生物種の適応を促しているのは、突然起きる劇的で好都合な突然変異ではなく、こうしたささやかなプロセスである可能性が高いということを理解するようになった。[*1] 不動産に影響を及ぼす三大要因なら、さしずめ「立地、立地、立地」といったところだが、進化の場合は、最も容易に適応するための鍵を握るのは「発生、発生、発生」となりそうだ。

もちろんこれは地球上でのメカニズムの話であり、必ずしもほかの惑星における動物の進化のしかたについて、多くを語っているわけではない。しかし、ここには普遍性の要素がある。遺伝のメカニズムが厳密に何であるのか――DNAなのか、何らかの分子なのか、それとも私たちには想像もできないほど異なるプロセスなのか――は、たいして重要ではないのだ。それがどのようなプロセスであっても、機能における唐突な変化が有益である可能性は低いといえる。地球外生命体の繁殖のメカニズムがどのようなものであっても、その子どもが親と根本的に異なることを期待すべきではない。よくいわれるように、「壊れていないなら、直さなくてよい」のだ。

このプロセスを最も直観的に視覚化する方法のひとつを広めたのが、理論生物学者のスチュアート・カウフマンである。[*2] 第2章で論じた、濃霧のなかを山頂に向かうという比喩を使って考えてみよう。進化の観点では、高度が高いほど環境に適応していることになる。キリンであればより長い首をもち、ガゼルであればより速く走れるということだ。どうすれば山頂、すなわち適応のピークにたどり着けるだろうか？　上り坂だと思われる道をたどって、ゆっくりと登っていくのがよい戦略のはずだ。しかし、もし私が、ランダムな方向に瞬時に一〇〇メートル移動する「ミューテーター（突然変異誘発遺伝子）」という魔法のテレポート装置を差し出したら、あなたはそれを使うだろうか？　まあ、地形にもよるだろう。もしケンブリッジシャー州の平坦な沼地にいるなら、おそらく使うべきだ。山の近くにいる可能性は低いので、跳びまわってみるのがよい戦略となる。でも、もしイギリスの湖水地方やアメリカのグレート・スモーキー山脈にいるのであれば、ひたすら上り坂を這《は》い上がっていくほうがよい。山中では、上に向かって進めばたいていもっと高い場所にいけるし、跳びまわってもほとんどの場合は頂上にたどり着く助けにはならず、かえって道に迷う可能性が高くなる。適応度地形《フィットネス・ランドスケープ》は、湖水地方のように、足場は悪くて険しいが、傾斜の緩やかな坂道である可能性が最も高い（理由はカウフマンの本で詳しく説明されている）。上り続けよう。テレポートせずに、突然変異せずに。これがどの惑星にも当てはまる法則だ。

＊1　ショーン・B・キャロル著『シマウマの縞　蝶の模様　エボデボ革命が解き明かす生物デザインの起源』（渡辺政隆訳、光文社）を参照。
＊2　スチュアート・カウフマン著『自己組織化と進化の論理　宇宙を貫く複雑系の法則』（米沢富美子監訳、筑摩書房）を参照。

対決――ラマルクvs自然選択

ラマルクの進化論がほかの惑星でも自然ではないと考えられる第二の理由は、コンピューター・シミュレーションからきている。私たちは、経験の遺伝は有益だとどうしても考えたくなる。情報が多いに越したことはないではないか、と。だが実験もせずにこのような憶測を立てることはできない。では、シミュレーションはいったい何を示すのだろうか？　科学者たちは多数の仮想の人工生命体「エージェント」が仮想の資源をめぐって競い合う、進化の世界を再現した。[*1] 方法はこうだ。まず、エージェントにきわめて限定的な人工知能であるニューラルネットワークを与えて、仮想環境について学習させる。そしてそれらをふたつに分けて、それぞれ異なる法則に従って突然変異や進化の過程を再現させるのだ。ひとつは自然選択によって、環境にうまく適応したエージェントの数がしだいに増えていく「ダーウィン」型のエージェント群、もう一方は生涯で学習したニューラルネットワークを自分の「子ども」に受け継がせることができる「ラマルク」型のエージェント群だ。つまりラマルク型の子どもは、親のニューラルネットワークが学習した情報を携えて、人生をスタートさせることになる。どちらがより成功するだろうか？　一騎打ちだ。ラマルクか、ダーウィンか？

答えは「状況しだい」となる。比較的一定した静的な環境下では、自分の経験を子どもに伝えられるほうが有利である。ラマルク型の赤ちゃんエージェントは、資源を見つけて利用する方法についてすでに多くのことを知っている状態から人生を始められるが、親の経験を受け継いでいないダーウィン型のエージェントは、世界のすべてをゼロから学ばなければならない。ラマルク型の進化――もしそのようなメカニズムがあるとすれば――はダーウィン型より効果的だ。賢く生まれるほうに勝ち目がありそうだ。

ところが動的な環境下では、形勢は逆転する。世界が常に変化しているときには、世界を知っている状態で生まれることが不利になりかねない。ラマルク型の赤ちゃんは自分たちが正しいことをしていると確信して人生をスタートさせたのに、結局、間違ったアドバイスを受けていたことに気づくのだ。木のてっぺんにある葉はもうおいしくないし、毒もある。そうなったら、はて、その長い首でどうしたらよいのだろうか？　彼らはもう役に立たなくなった知識を忘れる明確な方法もないまま、カウフマンのミューテーター（テレポート装置）を使ったかのように、いつのまにか見知らぬ土地にいるのである。

逆に、やや紛らわしいことに、動的な環境下でもラマルク型の赤ちゃんが有利になる可能性がある。[*2] 突然新たな捕食者が現れ、九死に一生を得た個体の子どもは、捕食者に対してより警戒するようになるのだ。これはエピジェネティック遺伝と呼ばれ、メリットとなる。めったに起きない遺伝子の突然変異を待つことなく、親から子へ形質が受け継がれるため、より早く集団全体に広がっていくのだ。しかし急速に変化する環境下で、あらゆる時流に飛びつくのにはリスクがある。登場したばかりのあらゆる暗

＊1　スティーブン・レビー著『人工生命　デジタル生物の創造者たち』（服部圭訳、朝日新聞社）はこのテーマに関する一般的な入門書だが、ダーウィン型とラマルク型のエージェントに関する具体的な研究については、佐々木貴宏および所眞理雄による論文『ニューラルネットワークと遺伝的アルゴリズムを使用したモデルに関するラマルクとダーウィンの進化論の比較（Comparison between Lamarckian and Darwinian Evolution on a Model Using Neural Networks and Genetic Algorithms）』（Knowledge and Information Systems〈2000〉2: 201）を参照。

＊2　これもまたとてつもなく専門的な分野であるが、この問題の詳細についてはウォーレン・バーグレンの論文『エピジェネティック遺伝と進化生物学におけるその役割：再評価と新しい視点（Epigenetic Inheritance and Its Role in Evolutionary Biology: Re-Evaluation and New Perspectives）』（2016）を参照。

号通貨に投資すれば、富豪への道よりも、破滅の袋小路へと進む可能性が高くなるのと同じようなものだ。

確かに、このたぐいのコンピューター・シミュレーションや思考実験が示すのは、コンピューターの仮想環境における話でしかなく、現実に存在する見知らぬ世界に関する事実を本当の意味で教えてくれるわけではない。現実の惑星における動的な環境下で、ラマルク型の遺伝が自然選択に打ち負かされることになるのかはわからない。しかし、それは私たちに重要な考察の材料を与えてくれる。地球の進化史は大規模な環境変化の歴史だった。恐竜時代の終わりを告げた小惑星の衝突なんぞ、生命が過去三五億年にわたり耐え抜いてきた激動に比べれば些末なことだった。あるときは赤道から極地まですべての海が凍結した。これは明らかにすべての生命にとって途方もない試練となり、適応ができたわずかな生物しか生き残れなかった。私たちはほかの惑星の気候史について知る由もないが、もしそれが地球の気候史と似たものだったとすれば、受け継いだ経験を頑なに保持し続けたラマルク型の生物は、おそらく惑星史の早い段階で絶滅してしまっただろう。生物圏が落ち着き、安定するころには、ひょっとしたら地道で慎重なダーウィン型の生物しか生き残っていなかったかもしれない。自分たちが何をしているのかわかっていると思っていた生物はみな、ルールが変わると窮地に追い込まれてしまったのだ。

重要なのは、単に経験を受け継ぐだけでは不十分であるということだ。それは急速に変化する環境では決定的に不利になる可能性がある。このタイプの生物は受け継いだ経験をいつ利用し、いつ拒否するべきかを判断できなくてはならない。人工生命体がもつことになると思われるそのような知識、すなわち知能は、ラマルク型の遺伝の能力を活かすためには欠かせないのだ。しかしそのようなメカニズムは、細菌のような初期の生命体にはありそうもない。そのような種類の意思決定は、単純な生命体の能力をはるかに超えたレベルの情報処理器官、すなわち本質的には脳が必要であることを意味するからだ。ひょっとするとラマルク型の動物——もし存在したことがあるとすれば——は、環境の変化についていけず、彼らの内に眠る強大な力を活かすのに必要な脳を進化させるよりはるか前に、絶滅してしまったのかもしれない。

今のところ、これはほぼ推測でしかない。私自身はほかの惑星での遺伝は基本的には地球と似たようなものだろうと考えているが、ラマルク型のメカニズムがほかの世界に存在していたとしても驚きはしない。しかし、知的な生物である私たちは、ソフトウェア上のまぬけなエージェントよりも本当にうまくやれるのだろうか？　静的な環境と動的な環境の両方でうまく機能するものを、私たちは本当に作り出せるのだろうか？　あるいは私たちではなくても、もっと知能の高いエイリアンの種族が、今まさに人工生命体を創造し、宇宙を植民地化するために送り出していやしないだろうか？

よりよい解決策

そういうわけで、上述の議論にもとづくと、ラマルク型の生物が自然発生する可能性は控えめにいってもあまりありそうもない。私の子どもにとって、私の経験から利益を受けることは問題もあるが、明らかにメリットがある。しかし、自然選択では経験という利益を次世代に組み込むことができない。そのような生物を人工的に作り出すことはできるのだろうか？　またそのような人工的な生物というのはどのようなものだろうか？　もし私たちが彼らをゼロから作り出すとしたら、経験から学んでほしいと思うだろう。そのほうが進化に有利なのは明らかだからだ。とはいえ、どうせならシミュレーション上の単純なエージェントよりも賢くやってほしい。私たちと同じように、知識を世代から世代へと受け渡してほしいのだ。人間は実際、知識を保持して次の人に渡すのはかなり上手だし、ソフトウェア上のラマルク型のエージェントとは違って、状況の変化に応じて知識を適合させることもかなり得意だ。

自然選択を加速させる目的で人工的に作り出された生物は、このいわくいいがたい超ラマルク型の特性をもっているはずだ。彼らは環境が変化するやいなや、破滅に向かう適応の袋小路から引き返し、情報を次世代へと伝えることができるだろう。役に立たなくなった適応から撤退するのと同時に、役に立つ形質を推論し、予測し、次世代へと伝えることができるはずだ。そういうわけで、人工生物には炎症を起こす虫垂も、抜歯するのに痛みを伴う親知らずも、胎児の大きな頭が通るには狭すぎる産道もないだろう。

すべての哺乳類には脳の信号を喉頭に送る反回《はんかい》神経があり、そのおかげで声帯を制御して、唸ったり、キーキーいったり、話したりすることができる。どういうわけかこの神経は、脳から咽頭へ直接向かういちばん近いルートを通らない。いったん喉を通りすぎて、心臓付近の主要な血管をくぐってから咽頭に向かうのだ（そういうわけで、反回神経と称される）。このわずかな回り道は、魚に似た私たちの祖先にとってはまったく問題ではなかったが、キリンのような一部の動物では、首が長くなるように進化するにつれて、喉頭と心臓がどんどん離れていってしまい、今ではキリンの反回神経は脳から長い首をずっと下って、カエルやネズミと同じく心臓付近の血管をくぐり、再び首を通って喉頭まで戻るという、四メートルもの回り道をする。自分の設計図を改良できる生物なら、そのような異常はすぐさま取り除くはずだ。私たちの仮説上の生物ならば、前にも後ろにも適応できるだろう。前への適応とは、将来どのような適応が有利になるか予測し、そのような適応を体に組み込めるようにしておくという意味であり、後ろへの適応とは、体の無駄だったり有害だったりする部分を特定し、将来の世代からそれらを取り除くという意味だ。これができる生物は、おそらく彼らの世界を支配する立場にある。超知能《スーパーインテリジェンス》をもつ地球外生命体が作り出す人工生物には、間違いなくそのような能力が組み込まれているはずだ。

文化大革命

おそらくみなさんは、（情報の使いどきが判断できる能力を伴う）世代を超えた経験の知的な伝達は、人間社会で見られる、世代を超えた概念の文化的な伝達と似ていることにお気づきだろう。科学について学ぶのに必要なのは遺伝ではない。学校だけだ。もっと重要なのは、私たちは宗教や政治のイデオロギーにいつまでも黙って従う必要はなく、それが自分に合っていないことに気づいたら、方向を変えることができるということだ。経験の文化的伝達は薄気味悪いほどラマルク主義的な特徴をもつプロセスである*。確かに私たちは、親や社会から特定の文化的概念を受け継ぐ傾向にあるが、それらを自分にとっ

* 文化の遺伝子（ミーム）がどのように進化するのか（しないのか）に関する詳細な議論については、スーザン・ブラックモア著『ミーム・マシーンとしての私』（垂水雄二訳、草思社）を参照。

て最もメリットがあるように作り変えたり、修正したり、放棄したってかまわない。あなたはすばらしい音楽家の親に育てられたかもしれないが、おもちゃの笛にさえ触りたいと思わないかもしれない。使われる文化的概念は強化され、無視される文化的概念は衰退していくのだ。

想像してみよう。「ねえ、ママ。私は赤ちゃんの頭が通るには狭すぎる子宮頸部はもたないことにするわ」といえるだろうか。まあ、いえるわけがない。あなたの身体を進化させるのは自然選択なのだから。でも「彼女と同じように、私も鎮痛薬なしでの出産なんてするつもりはない」とか、逆に「彼女と同じように、出産中に鎮痛薬は使いたくない」ということはできる。概念の文化的伝達は、生活や人生におけるほぼすべての面で私たちに力を与えてくれる。

今日、私たちは文化的伝達という概念に慣れっこになっていて、当然のことのように思っているが、人間が言語をもった――つまり概念を説明する能力をもった――のは、ここ二〇万年か三〇万年ほどのことだ。この文化的伝達はどのエイリアンの種族にもあると期待すべきではない、奇妙な異常なのだろうか？　私たちは遺伝ではなくコミュニケーションによって適応を広めるという特別な能力をもつ、地球史における唯一の実例なのだろうか？　とんでもない。鳥は互いに歌（さえずり）を学習しあうし、多くの場合、その文化的伝達は累積していき、異なる地域の鳥たちのなかで恣意的な「方言」となっていく。もっと先を行くのはカラスなどの数種の鳥類だ。彼らはほかの個体から得た新しい概念（たいてい、新しい食料の見つけ方）を「コピー」する。それはやがて「口コミ」文化のようなものになって、集団全体に広がっていくことが証明されている。有名な話だが、一九二〇年代にイギリスでは、アオガラという小鳥が家庭の玄関先に配達される牛乳瓶のキャップの厚紙やホイルをつつけば、なかに入っているクリームをついばめることを理解し始めた。この行動は、まだこの秘密を知らないアオガラが妙技を習得したほかのアオガラを観察することによって、すぐに全国に広がっていったのだ。また、オーストラリア沖の特定の場所で暮らすイルカは、娘たちに、海底の砂利に潜む獲物を探しまわるときには口吻《こうふん》を傷つけないよう特別な種類のカイメンで口吻を覆いなさい、と教えている（そういうわけで、これをやるのは大半が雌である）。私たちの周囲の動物たちの世界にも文化的伝達は存在する。ただそれは私たちのものほど強力でも、詳細でもないだけだ。

人類の文明や技術的・芸術的成果のすべては、概念を他者（必ずしも自分の子でなくてもよい）に伝える能力がなければ不可能だったと容易に主張できる。科学も技術も個人から個人へと受け継がれた知識が、磨かれ、改善されて、幾重にも累積した上に構築される。役に立たない（あるいは明らかに間違っている）概念は必要に応じて――少なくともほとんどの場合――捨て去られる。ガリレオが「地球は太陽のまわりを回っている」と主張したときには異端の説として糾弾されたが、それでも一世代のうちにパラダイムの転換は起きた。そのような遺伝的性質がたった一世代で覆されることを想像してみてほしい！　人類文明をこれほどの猛スピードで進歩させてきたのは、概念を改良したり排除したりする、この能力にほかならないのだ。そしてこのたぐいの文化的伝達がほかの惑星で実際に発生するとしたら、進化は迅速かつ効果的に進んでいくことは間違いない――まさに私たちの進化が、そうであり続けているように。

もちろん、どんな進化の未来が人類を待ち受けているのかはわからない。一〇〇万年後の私たちを予測するのが非常に困難なのは、この急速なラマルク型の文化的進化がどこに行き着くのかを示す証拠が、現在の私たちの周囲の世界にも化石記録にもないからである。皮肉なことに、非現実的だと片付けられがちなSFが最高の手がかりを与えてくれるかもしれない。人々は過去一五〇年にわたり、未来の人類と生態系を題材にした多少なりとももっともらしいシナリオを数え切れないほど考案してきた。もちろんその大半は科学的にナンセンスだが、SF作家というのは、人類が目を見張るような新たな能力を進化させた未来の世界——あるいは地球外の世界——の哲学的意味合いを、真剣に問い続けてきた数少ない人々なのだ。

簡単な思考実験をしてみよう。あなたが異星の高度先進文明の一員であり、自分たちの遺産を銀河全体に広めようとしていると想像してほしい。あなたは自分自身の何かを「播種する」目的で、生命の存在しない惑星にやってくる。そこに何を置いていくべきだろうか？　ひとつの明白な答えは、単純に自分と同じ生物種をその惑星に入植させることだ。生物学的遺産および文化的遺産を広めるために、これ以上によい方法はないだろう。ほかにも極端な方法としては、あなたの遠い祖先に似たもの、おそらくあなたの惑星におけるLUCA（全生物の最終共通祖先）に相当する生命体や、あなたの惑星で生命が誕生するのに必要だった化学物質をこの惑星上に播くこともできるだろう。地球の場合、それはおそらくRNA——有名なDNAの、より単純な親戚——だ。この不毛の惑星の海にいくばくかのRNAを投入することによって、数十億年後にはあなたの故郷の惑星と似ているけれども異なる、ひとつの生態系が進化しているかもしれない。その生態系と元の惑星の生態系との類似点や相違点については、生物学者の間で白熱した議論が繰り広げられている。

第2章で論じたように、一部の科学者は「生命のテープのリプレイ」をおこなえば、根本的に異なる結果につながるだろうと信じている。つまり哺乳類もカタツムリも鳥もいない代わりに、見知らぬエイリアンのような生き物たちが出現する、ということだ。[*1] また別の科学者たちは、細部は異なるだろうが、共通の問題に対する根本的な解決策はやはり見覚えのあるものになるだろうと考えている。要するに、二足歩行し、大きな脳をもち、道具を作る、ヒトに相当する生物が現れるということだ。[*2] どちらのケースであれ、ひとつ確かなことがある。進化は自然選択によって起きるということだ。私が本書でここまで議論してきたことは、RNAが原始の海で自然発生しようが、異星からの訪問者によって投げ込まれようが、すべて当てはまる。重要なのは、生命を誕生させる最初の分子の出どころではなく、それが数十億年かけてどのように発達していくのか、なのだ。

しかし、もうひとつ別の可能性もある。生体分子を投入する代わりに、高度先進文明のエイリアンであるあなたが、知的な人工生物——自然選択を回避する能力をもつ特別に作り出されたロボット——をこの惑星に播種するという可能性だ。それらは自然界には存在しない先見の明をもつようにプログラミングされている。たとえば、それらのロボットガゼルの子孫は、脚が長いほうが有利なことをわかっていて、みずからのデザインを改良して脚を長くする。同様に、ロボットライオンは、みずからのソフトウェアのプログラムを作り直して、よりひっそりと獲物に忍び寄れるようにする。このようなシナリオの最終結果はどうなるだろうか？　私がこれまで異星について予想してきたとおり、捕食者と被食者は

＊1　スティーヴン・ジェイ・グールド著『ワンダフル・ライフ』を参照。
＊2　サイモン・コンウェイ＝モリス著『進化の運命』を参照。

まだそこに存在しているのだろうか？　それともこれらの生物は急速に自己改良を遂《と》げ、ロボットガゼルは速やかに宇宙船を建造してロボットライオンから逃げ出し、ロボットライオンはスーパーコンピューターを構築して、ロボットガゼルを殺戮する大量破壊兵器を作り出すのだろうか？　このばかげたシナリオは、じつは見かけほどくだらないものではない。なぜなら、進化における最も基本的なメカニズムと制約の一部に触れているからだ。知能と、自然選択を回避する能力は、自然界が課す限界も回避できるのだろうか？　知的な種である私たちは、差し迫ったいかなる生態学的惨禍も人知によって回避できると信じて、拡大と消費を続けることができるのだろうか？

人工超知能の本質

いつの日か、地球外文明――あるいは未来の人類文明――が、生みの親である生物よりも優れた能力をもつ人工知能を生み出すことを想像してみよう。そのような創造物は、前の世代や自身の失敗から学習できるラマルク型の能力をもっていることは間違いなく、そのため急速に進化を遂げて、恐ろしいほど有能になるだろう。スティーヴン・ホーキングなど一部の科学者や作家は、これが地球上の生命に対する、あるいはひょっとすると宇宙の生命に対する、真の脅威になるだろうと述べている。ほかの人々（私も含む）は、超知能が優れたものになればなるほど、恐怖心が生まれ、破壊したり支配したりする傾向は弱まるだろうと信じている。超知能をもつ地球外生命体は悪意があって危険かもしれないし、温和で賢明かもしれないが、そのような人工生命体が長期にわたって暮らしている惑星の生態系は、どのような姿になるのだろうか？　これまでの章で私が導き出してきた結論とおおむね似たものになるのだろうか？　それとも、自然選択によって定められたあらゆる法則を打ち破った、まったく異なるものになるのだろうか？

見た目の話でいえば、ひとつの生態系内の生物がすべて人工超知能になれば、私たちの周囲に見られる動植物の見慣れた特徴の多くは単純に消失してしまうだろう。たとえば、オックスフォード大学教授のニック・ボストロムは、人工知能のコミュニティでは情報の共有が非常に効果的かつ厳格な方法でおこなわれるため、動物の行動の多くが不要になるだろう、と述べている。[*] シカの大きな角、クジャクの羽、色とりどりの花々、鳥のさえずりさえも要らなくなる。「私はここにいるぞ、強いんだぞ」という単純なメッセージを伝えるのに、なぜそのような奇妙で非効率的な方法にこだわる必要があるだろうか？　人工生物なら単にメールを送信するだけで同じ結果が得られるのだ。また、システムが適切に設計されていれば、チェック機能がはたらいて、そのメールが誠実なシグナルであることが保証される。ティンダー（Tinder）〔訳注：世界最大のソーシャル系マッチングアプリ〕に虚偽のプロフィールを載せるような真似はできない。

遊びですら不要になるだろう、とボストロムは示唆する。彼らは世界で生き抜くために知っておくべきことをすべて知った状態で「生まれてくる」（作り出される）ので、試行錯誤してスキルを習得する必

＊ニック・ボストロム著『スーパーインテリジェンス　超絶ＡＩと人類の命運』（倉骨彰訳、日本経済新聞出版社）では、人工超知能が非常に危険になりうる理由について詳細に分析している。

要がないからだ。ロボットチーターの赤ちゃんは、親が同腹のきょうだいを追いかけさせたり、小動物や傷を負った獲物を弄《もてあそ》ばせたりして忍耐強く訓練しなくても、スイッチを入れたその日からガゼルを狩ることができるだろう。

人工超知能はおそらく何らかの目的を内に秘めていると思われるが、それが何なのか私たちは予測するどころか理解することさえできないかもしれない。それは宇宙を探査することかもしれないし、ほかの文明をすべて滅亡させることかもしれないし、ボストロムの最悪のシナリオによれば、ペーパークリップを製造して、宇宙のあらゆる物質を、容赦なく、永遠に増え続ける……ペーパークリップの塊に変えることかもしれない。

その知能の目的がひとつ――「ペーパークリップの製造」とか「ほかのあらゆる生命の殲滅」など――であれば、そのメッセージは宇宙全体に散らばっているすべてのロボットに確実に届けられなければならず、そのためには絶対に誤りのない通信方法が搭載されている必要がある。そうでなければ、ごく小さなエラーによって一部のロボットはペーパークリップではなく、ホチキスを製造し始めるおそれがある。その場合、超知能のペーパークリップ製造ロボットと、超知能のホチキス製造ロボットの間に競争が生じ、それは戦争と破壊へとつながりかねない。

相互接続されたコンピューターが通信し、増殖し、ひとつの目的だけを遂行する宇宙というのは、どれくらいありうることなのだろうか？　たぶんあまりないだろう。人工知能をもつ生物たちによるこのような世界が実在するとしたら、彼らがどれほど知的で、どれほどうまく作られていようとも、避けられないことがある。それは人工知能の改良には必ず変化が伴い、変化には突然変異のリスクが伴うということだ。そしてその一方で、どんなに賢い戦略であっても、搾取を受ける可能性があるということだ。たとえSFレベルの超知能を備えたコンピューターでも、ゲーム理論を無視することはできない。

突然変異——祝福か呪いか?

宇宙にはランダムな要素があるため、生物（私たちのような自然の生き物）では突然変異が起こる。宇宙線（自然の放射線）が当たって電子が原子からはじき出され、DNAの複製に混乱をきたすのだ。酵素は特定のタンパク質に対して九九・九九パーセント特異的だが、それは「間違った」タンパク質が入り込む可能性が常に〇・〇一パーセントあることを意味する。このようなエラーは破滅的な結果を招きかねない。一般に、生命の百科事典であるDNAのたった一文字が間違っているだけで、胚は成長したり正しく機能したりすることができなくなる可能性があるのだ。だからDNAが複製されるたびにエラーをチェックし、修正する何らかの仕組みがなければ、生命（地球のものであれ、地球外のものであれ）はこれほど複雑なものには進化できなかっただろう。おおむねこのシステムは非常にうまく機能している。私たちの体内では細胞が常に分裂や再生をおこなっている——それが最も顕著に見られるのは、三キログラムの赤ちゃんが七〇キログラムのおとなに成長するときだ。それぞれの細胞はDNAの正確なコピーを得るが、そうでない場合はしばしばがんを招く。

しかし、すべての突然変異が必ずしもこれほど悪いわけではない。胚に起きる、首の骨を少しだけ長くする突然変異は、成人のあなたにとって有益かどうかはわからないが、胚のあなたがそれで死ぬことはおそらくないだろう。個々の生物の多様性《バリエーション》は、突然変異によって（そして少なくとも地球上では、性によっても）必然的に生じる。

このすべてが非常に単純明快なのは、自然選択には設計図《デザイン》もなければ設計者《デザイナー》もいないからだ。生物のどの特徴が将来有益になり、どの特徴が有害になるのか、誰にもわからない。そうした先見の明がないなかでは、さまざまな変異体を試す唯一の方法は、既存のものにランダムだが小さな突然変異や修正を加えることだ。

しかし、もし自分が望むものがわかっているとしたら、どうなるだろうか？　自分の子どもの望ましい外見や行動についての計画があり、どんなことも運任せにしたくないとしたら、どうなるのだろう？

人工知能（あるいは自然の生物でもよい）が知能をもつ自己複製ロボットの探査機群を作り出し、それらが飛び立って、宇宙を探査する（そして植民地化する）ことを考えてみよう。各探査機はそれぞれ異なる惑星に着陸すると、ドニエプロフの『蟹が島を行く』のロボット蟹のように、自分とそっくりな新たな探査機を作り始める。この親探査機と娘探査機はまったく同じだろうか？　おそらくそうではない。先見の明をもつ知的な親探査機は、それぞれわずかに異なる娘たちを作ることを選択する可能性がある。ひとつは水中を泳ぐのに適したもの、もうひとつは空を飛ぶのに適したもの、といった具合に。だがそのプロセスにおいて、何らかのエラーや突然変異は生じるだろうか？　親探査機は高潔なエンジニアよろしく、意図したとおりの探査機が確実に複製されるよう最大限の努力を払うだろう。突然変異にメリットがあるのは、ひとえに進化には先見の明がないからだ！　先見の明があるのなら、ランダム性は排除するのが道理である。

しかし、たとえ親探査機が一〇〇パーセント正確で、ソフトウェアへのバグの侵入を完全に阻止できる（結局のところ、この仮想の親はめちゃくちゃ賢いのだ）としても、個々のロボットにバリエーションが生じるのは避けられないことは先に述べた。たとえ突然変異を望まなくても、泳ぐ娘探査機と飛ぶ娘探査機が必要だからだ。それぞれの娘探査機の子も変化するだろう。泳ぐほうの孫娘たちは、ひとつは深海を、もうひとつは浅瀬を泳ぐ探査機になる、といった具合に。時間が経過して惑星の環境が変化するにつれて、多種多様な人工生物が出現するだろう。地球上でおなじみのメカニズムを介さなくても、それでも多様になっていくのだ。それぞれの人工生物はそれぞれのニッチに合わせて完璧に作り出されていく。それらにはデザイナーのいない自然の生物である私たちにどういうわけか備わっている、厄介な親知らずや虫垂はない。

すべてはゲームだ

それはつまり、それぞれが完璧に作られた人工生物が完全に相互接続し、コミュニケーションをおこなっている生態系では、音楽も遊びも芸術も不要になる、というボストロムの見解と同じことを意味しているのだろうか？　これらの人工生物は、本質的には自分たちの全体的な目的（たとえそれが、単にペーパークリップを製造することであっても）のために稼働するドローンなのだろうか？　彼らには対立も競争もないのだろうか？　生態系としては少なくとも平和とはいえ、ずいぶん退屈に思える。

しかし、そのような非常に円滑な超知能のコミュニティでさえ、数学的法則の支配下にある。第7章で論じたように、無情にもゲーム理論から逃れることはできない。搾取が割に合うなら、搾取は起こるのだ。これは私たちの一途な超知能にとって、何を意味するのだろうか？　仮説上のペーパークリップ製造ロボット群は、それぞれの人工生物に目的を与えるまさにそのプログラミングによって制御されている。そのソフトウェアが無傷であるかぎり、すべての人工生物は任務《タスク》を忠実に実行する。しかし突然変異が起きて、一台のロボットにコードを書き換えられるチャンスがきたら、どうだろうか？　実際、すでに見たように、彼らには娘ロボットのプログラミングを変更する能力はある。たとえば、もしある人工生物がみずからの使命を果たすための最良の方法はほかのロボットを共食いすることだ、という結論を下したら、どうなるだろうか？　利己主義は、人工超知能をもつ地球外生命体のコミュニティにさえも存在すると思われる脅威である。

私利私欲のない個体——私たちの体内の細胞など——で構成されている完全に協力しあっている社会では、利己的な突然変異は悲惨な結果を招くおそれがある。誰もが他者のなかに最高の善意を想定するとき、搾取者はやりたい放題できる。私たちの体内にある一個の細胞が利己的になるぞと決意し、体に何の機能をもたらすことなく好き勝手に増殖すると、私たちはがんを発症するのだ。

全員が協力的なときには、誰でも入れる《オープンアクセス》ようにしておくことが最も効率的な戦略だ。小さな共同体では外出時に玄関に鍵をかけないし、（健康な）体では免疫系は体内のほかの細胞を侵入者だと認識しない。しかし私たちの仮想のペーパークリップ製造ロボット群は、概念上の裏口のロックが解除されたままになっており、ソフトウェアの脆弱性は簡単に悪用される。したがって、利己的な突然変異は、たとえそれがランダムなものではなく入念に計算されたものであっても、共同体の完全性を損なうだろう。

あらゆるゲーム理論と同じく、そのような変異体の成否は、ほかのプレイヤーの反応しだいである。もしかすると変異体は死滅するかもしれないし、協力的なロボット群と利己的なロボット群が均衡に達して、ひとつの惑星で共存するかもしれない。ひょっとすると、協力的なペーパークリップ製造ロボットたちの企ては潰《つい》える運命にあるのかもしれない。

さて、あなたはこう考えるかもしれない。エイリアンの親ロボットたちは超知能をもつ（どうみても私より賢い）のだから、この危険に気づき、回避するための措置を講じるのではないか、と。人体にさえがんを検知して撃退するメカニズムがあり、単にがんが常時発生しうるからといって、人類が滅亡するわけではない。しかし、ここに盲点がある。私たちは、この突然変異はそれ自体が超知能をもつロボットにおけるコードの書き換えだと仮定した。『ターミネーター』や『マトリックス』のようなSF作品では、人間は人工知能による地球の乗っ取りを阻止しようと、能力は劣るものの勇敢に立ち向かう。その企てははるかに強大な敵を前にして、絶望的だ（映画の場合は英雄的な結末がつきものだが）。しかし私の仮想上のケースでは、反逆ロボットはその支配者とほぼ同じ能力をもっており、こうなると勝ち目は根本的に異なってくる。J・K・ローリングがいうように、「相手だって魔法を使える」のだ。* ペーパークリップの製造はいずれ停止に追い込まれざるを得ないだろう。どんな一元的な戦略でも、少なくとも部分的には代替戦略によって打ち負かされうるからだ。超知能とは不死身を意味するものではないのだ。

＊ J・K・ローリング著『ハリー・ポッターと謎のプリンス』（松岡祐子訳、静山社）を参照。

死神

死を避けようとすることは、チーターから逃げるガゼル、餓死したくないチーター、あるいは食べられないようにとげを生やすバラから、がん治療を研究する生化学者に至るまで、地球上のあらゆる生物にとって不可欠なことに思えるかもしれない。動物が永遠に生きたいと思うのは当然だろう。より多くの時間があれば、より多くの子どもを作ることができる。つまるところ、これは自然選択の普遍的事実なのだ。

この議論をさらに進めると、私たちより賢く、より進んだ地球外生命体なら、より長く……もしかすると永遠に、生きるのかもしれないと期待したくなる。私たちは人体のあらゆる医学的問題を、あともう少しで解決できるところまできたように思える。変わり者の億万長者で生物学者のオーブリー・デ・グレイが、一〇〇〇歳まで生きる最初の人類はすでに誕生していると述べたことは有名で、彼はその目標を達成するために全財産を賭けて会社を設立した。[*1] 地球外文明はさらにずっと先に進んでいることは間違いない。地球外生命体は、死を完全になくす方法を知っているのだろうか?

SF作品には、衰えた臓器を少しずつ人工の代替品に置き換えていき(ただし「私たち」の本質、いうなれば「魂」は保持しておく)、最終的に完全なサイボーグになるといった不死の達成方法に関するアイデアがわんさと出てくる。そのようなことがはたして可能なのかという問題は、デカルトが精神と肉体は別物であると初めて宣言して以来、数世紀にわたり議論されてきた。[*2] 多くのSF作家やニック・ボストロムのような科学者も、コンピューターのソフトウェアに精神をアップロードすれば、引き続き「自分自身」でありながら生身の生物から人工生物へと完全に移行して、本当に不死を達成できるのではないかと考えている。たとえ私たちにそれができなくても、じゅうぶんに高度な地球外文明なら、いずれそのテクノロジーを開発することになるのではないだろうか？

しかし、進化生物学者である私の精神が惹かれているのは、まったく異なる問題だ。たとえ永遠に生きられるとして、私たちはそうするだろうか？　それは進化の観点から見て無理のない話だろうか？　なぜ自然界の生物は永遠に生きることがないのだろう？　確かに彼らには先見の明も人工生命体を作り出す技術もないが、彼らははるか昔から存在してきた。結局のところ、不死はまずい考えであるもっともな理由があるのだ。

進化論がほのめかすのは、死は地球上の生命だけの特徴ではないということだ。先進テクノロジーをもつ地球外文明はさておき、ほかの惑星の動物も死ぬことだろう。死は進化にとって不可欠であり、進化は——少なくともテクノロジーが発明されるまでは——単純な生命から複雑な動物を生み出す唯一の方法だ。死が進化にとって欠かせないのには三つの理由がある。

まず何より明白なのは、誰も死ななければ空間がなくなるということだ。進化が機能するのは、生物が子を産むからであり、子が親とは異なるからである。親がこの世を去ることを拒み、子どものための

＊1　この目標は、「加齢をとるに足りないものにするための工学的戦略（ＳＥＮＳ）」と呼ばれる。

＊2　このテーマに関する現代哲学者たちの詳細でいくぶん痛烈な議論については、デイヴィッド・J・チャーマーズ著『意識する心　脳と精神の根本理論を求めて』（林一訳、白揚社）とダニエル・C・デネット著『解明される意識』（山口泰司訳、青土社）を参照。

空間を空けなければ、生物の機能と適応に変化は起こり得ない。親が子に道を譲らないと進化は停滞する。不死身のアメーバが、目を進化させることは決してないのだ。

第二の理由は、世界は変化に満ちているということだ。親である私たちがどれほど賢くても、子どもたちが何時に寝て何を食べるべきか、どこの学校にいくべきか（学校にいくべきかどうか）をどれほど知っていても（知っていると信じていても）、世界は早晩、私たちの足元からどんどん変わっていく。実際、子どもたちは私たちにスマートフォンの使い方や、スナップチャットで恥をかかない方法を教えてくれるではないか。恐竜ばかりの世界（文字どおりの意味でも比喩的な意味でも）では、もし異なるニッチを占め、異なる解決策で問題に対処し、異なるチャンスを活かすほかの生物がいなければ、たったひとつの小惑星の衝突が大惨事を招くことになる。死のない惑星では、わずかな環境変化でさえ全員の死につながるおそれがあるのだ。

そして第三の最も重要な理由は、生命はトレードオフに満ちているということだ。欲しいものは何でもすべて手に入れることはできない、というのが宇宙の相容れない特徴である。つまり、不死には代償《コスト》が伴うのだ。デ・グレイがいうように、細胞複製のエラーを修正したり、欠陥のある臓器を交換したり、動脈が詰まらないようにできるとしたら、このすべてはほかの分野でコストを払うことになる。動脈をテフロン加工すれば、冠動脈性心疾患にはかからずにすむかもしれないが、感染症と闘ったり山を駆け上がったりする能力が低下するおそれがある。一般に進化におけるトレードオフの好例は防護器官だ。第7章で見たように、捕食者が恐ろしければ、カメのような頑丈な甲羅や、トリケラトプスのような鋭い角をもつことはできるが、その代償として敏捷性、すなわちスピードと機動力を失う。ひょっとしたら、いちかばちか捕食される覚悟でもう少しだけ早く動いたほうがいいのかもしれない。二〇〇歳のカメの世界ではウサギのほうが有利だが、そのウサギもキツネには簡単に捕まる。長寿はトレードオフであり、バランスは常に中間にある。一方に極端に偏ることはないのだ。

誰もが永遠に生きる惑星を想像してみよう。彼らがどのようなコストを払うのかが推測できる。ひょっとすると彼らはカメのように、ものすごく緩慢に這うのかもしれない。そのなかに、速く走れるけれどもそれほど長く生きられない、たとえば一〇〇万年ではなく一〇〇〇年しか生きられない個体がいたらどうだろう？　そのような個体は非常に有利――たとえば、より上手に捕食者から逃れたり、食物を見つけたりできる――だろうから、彼らの遺伝子はいずれ集団全体に広がるだろう。進化論においても、私たちの周囲の世界においても、進化が私たちに示すのは、極端で過剰な投資は実際には道理にあわないということだ。どんな分野においても、過激派は常に、中道の立場を活かせる穏健派の影響を受けやすいのだ。

地球上では多くの生物種が、短くも生産的な寿命をまっとうするという戦略を通して大成功を収めている。カゲロウは羽化すると繁殖にだけ勤《いそ》しみ、たいてい数時間であっという間に死んでしまう。だからカゲロウの成虫にはまともな口も消化器官もない。餌を食べる時間などなく、交尾するのみなのだ！雄アリは女王アリに精子を送り込むためだけに生きる。そして（性に執着する私たちの基準から見て）最も印象的なのは、トガリネズミに似た小型の有袋類、アンテキヌスである。彼らの発情期は苛烈で、すべての雄が二週間ひたすら交尾を繰り返したのちに精根尽き果てて死んでしまう。これらのニッチを利用する動物にとって、永遠に生きるというのは単純に悪い判断なのだろう。彼らはみずからの生活様式や環境にじゅうぶん適応しており、長寿はその適応のなかに含まれていないのだ。雄のアンテキヌスに永遠の命を与えれば、彼はコストを払うことになるだろう。来年の交尾のためにエネルギーを節約しなければならないため、交尾はそれほど熱狂的なものにはならない。ひっきりなしの交尾によって免疫系が致命的なダメージを受けることはないだろうが、そんなことは意に介さない仲間たちとの競争には負けてしまう。

人工生命体にも同じ議論が当てはまるのだろうか？　じゅうぶんに賢い地球外文明なら、そのような課題を工学的に回避する方法を必ずや考え出すのだろうか？　おそらくそれはないだろう。トレードオフはあまりにも根源的な宇宙の特徴だ。あなたがサイボーグなら、肌には耐久性が高いチタンを使うこともできるし、耐久性は劣るがもっと軽量なプラスチックを使うこともできる。そう、永遠に消耗しないバッテリーだって作り出せるかもしれない。でもそれは本当に必要だろうか？　ひょっとしたら、五〇〇〇年しかもたないバッテリーなら、より速く飛べるようになるのだろうか？　私たちが地球上の生命進化を理解するために用いる原理の多くは、ダーウィン型ではない、テクノロジーによって生み出された革新的な生命体に対してさえも当てはまる。そういうわけで、彼らがみずからを永遠に生きられるように設計する可能性は低いのだ。

■

一見すると、人工生物は地球外生態系に対して無限の可能性を広げているようにみえる。みずからをデザインし直し、環境の変化にほぼ即座に適応し、目標の達成に必要なものを予測する能力をもつということは、単純に、自然選択が彼らに当てはまらないことを意味する。では彼らについて、何も予測できないのだろうか？

できる。たとえこれらの生物に対して自然選択がはたらかなくても、たとえ彼らがどれほど柔軟性に富み、自己設計されたものであっても、進化の法則の一部はやはり適用されるからだ。超知能をもつ人工生命体でさえ、ゲーム理論による制約を受ける。つまり結局のところ、彼らは自分とよく似た超知能をもつほかの人工生物と競合することになるだろう。突然変異も、死でさえも、信じられないほど賢いというだけでは排除できないのだ。

ところで私たちは、人工生命体が暮らす惑星に遭遇する可能性があるのだろうか？　奇妙なことに、このような超強力なロボットが宇宙で群れをなしている兆候はまったくない。宇宙生物学者が地球外生命体の痕跡がまだ見つからないのはなぜだろうと不思議に思うのなら、私たちが超知能をもつ地球外生命体の痕跡が見つからないのはなぜだろうと二重に混乱するのももっともだ。ひとたび作り出されたら、ＡＩは必ず宇宙を支配するのだろうか？　まあ、まだそうなっていないのだから、ひょっとしたら私たちが思うほどリスクはないのかもしれない。生命は、協調性や利己主義といったさまざまな要因に加え、資源と寿命のトレードオフのバランスをとらなければならない。だから地球は細菌に乗っ取られずにすんでいる。宇宙もエイリアンのロボットに乗っ取られずにすむのかもしれない。

では、もう少し能力が控えめな人工生命体だったらどうだろう？　少なくとも基本的なラマルク型の能力をもち、生涯の経験を子どもに伝えることで進化を加速させる人工生命体を基盤にして、惑星の生態系全体はひとりでに進化していけるのだろうか？　そのような人工生物は、少なくとも互いにコミュニケーションをとり、協力し、意図をもって進化戦略を立案する能力を進化させるまでは、自然選択に対してそれほど優位性はないのかもしれない。もしあなたが地球外生命体で、どこかの惑星に人工生物の「種《たね》」を播《ま》こうとしているのならば、おそらくラマルク型よりダーウィン型の生物を播くほうがよさそうだ。

私たち自身が、数十億年前に地球外知的生命体によって地球に播かれた人工生物ということはないだろうか？　地球の生命は宇宙で始まったとするパンスペルミア説（宇宙汎種説）は、目新しいものでも、それ自体がばかげたアイデアでもない。天文学者のフレッド・ホイルとチャンドラ・ウィックラマシンゲは、生命の誕生に必要な分子は銀河のほかの場所で作られ、彗星に乗って地球にやってきたと提唱した。最近の研究によれば、細菌は宇宙空間で何百万年も生きられることが強くうかがえる。だから、恐竜を絶滅させた小惑星の衝突によって地球から放出された岩石は、すでに木星の衛星に到達していて、いずれ私たちがそこにたどり着いた暁には、六〇〇〇万年の旅路を休眠中の細菌によって運ばれた、私たちと同じＤＮＡにもとづいた生命が見つかる可能性はじゅうぶんにある。

だが、そのような自然現象ではなく、意図的なパンスペルミアについてはどうだろう？　進化を速やかにスタートさせるために、知的生命体がほかの惑星に生命体、あるいは生命を誕生させる化学物質を置いたというアイデアは、ＳＦの話にとどまらない。[*1] カール・セーガンとヨシフ・シクロフスキーも一九六〇年代に同様のことを提唱した。[*2] ひょっとしたら、それは地球でも起きたかもしれない。もしどこかのエイリアンの種族が生命の種《たね》を地球に播いて、そのまま放っておいたら、その生命は自然発生した生命と同じ法則に従って進化していくだろう。だとすると私たちは、そのような単純な人工生物と「真正の」生物学的な生物とを区別できない可能性が高い。ひょっとすると私たち自身が地球に播かれた異星のイモムシの子孫で、たまたまこんなふうに進化してきたのかもしれない。もし生物学的な生命体が人工の生命体と見分けがつかないとしたら、そこには何の違いもないのかもしれない。とはいえその痕跡も、地球外生命体が介入した明確なしるしもない。私たちは自然に進化してきたのだと考えてよいのだろう。私たちが示しているのはすべて、純粋で単純な自然選択の痕跡であり、そこにラマルク型の進化に見られる加速の名残はない。

とはいえ……

私たちは実際、変化に適応して進化したり、生涯で得たアイデアや経験を自分の子どもや他者に広めたりする能力をもっている。文化やテクノロジーを通したこのラマルク型の能力に加え、それらの使いどきや使い方を判断する知能ももっている。けれどもそれが、ひたすら拡大する消費の果てに行き着く環境の破滅を回避する方法を見つけられるほどの知能なのかは、まだわからない。現代の遺伝子工学技術を用いれば、遺伝子の中身を変えることも、病気にかかりにくくすることもできるし、ひょっとしたら老化を止めることさえできるかもしれない。しまいには腕でも車輪でも、思いつくものを何でも体から生やして、体そのものの形を変えることだってできるかもしれない。ひょっとしたら、私たちの種《たね》を播いた地球外生命体は、意識が進化してくることを知っていて、壮大な時間をかけた大計画を実行した

＊1『新スター・トレック』第一四六話「命のメッセージ」を参照。
＊2 ヨシフ・シクロフスキー、カール・セーガン著『宇宙の知的生命体』を参照。

可能性だってある。つまり、ラマルク型の人工生物は進化の初期段階を生き延びることはできなくても、いつか別の形でその能力は成熟するだろうという目論見だ。私たちの創造者はそれをわかっていて、その日がくるのを辛抱強く待っていたのだ。まあ、こんなシナリオはありそうもないが、ほかの惑星には自然選択によって進化してきたものと見分けがつかない、「人工」生命体が棲んでいる可能性は確かに残っている。

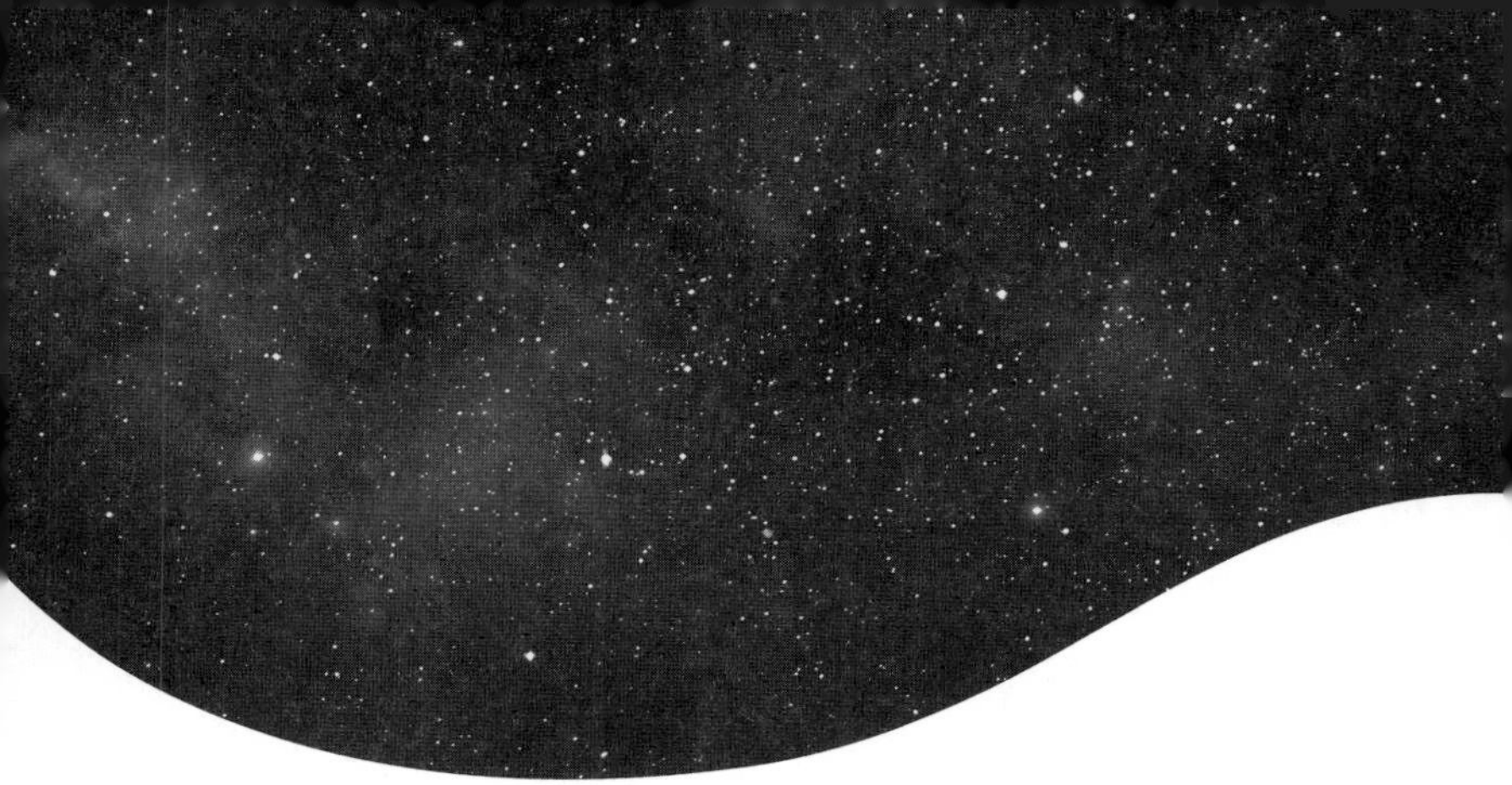

第11章

私たちが知る人間性

スポック：船長、私が人間ではないことはご存知でしょう。
カーク　：スポック、何か知りたいことがあるのか？　みな人間だ。
スポック：そのご発言は侮辱かと。

『スター・トレックⅥ　未知の世界』より

人間であるとはどういうことだろうか？　哲学者たちは何千年もの間、この問題と格闘してきた。公正にいえば、それは最近まで一方的な試合だった。人間とは何かなど明々白々で、何が人間で、何が人間ではないかを間違えることはほとんどない。人間は独特で、ユニークな存在なのだ、と。しかし最近、その水はやや濁ってきている。ほんの少しだけ。私たち自身の進化の起源やほかの人類種との類縁関係についての新発見が、ニュースで大きく取り上げられるようになってきたのだ。私たちの祖先はネアンデルタール人とどれくらい交配したのだろうか？　前章で軽く触れたように、私たち自身の胚発生を変えたり、DNAを別の生物種に組み込んだりする遺伝子工学は、倫理のパンドラの箱を開けてしまった。そして第6章で見たように、動物の認知——彼らがどのように考え、感じ、論理的に判断するのか——についての理解が深まるにつれ、私たちは疑問を感じるようになっている。私たちはどのくらい純粋に、唯一無二なのだろうか、と。

宇宙に目を向けると、不安はいっそう増す。もちろん人々は長い間、地球外にも人間のような存在や、超人的な存在さえいるのではないかとあれこれ思案してきた。古代世界では、天使と悪魔の概念は当然のことと考えられていて、その存在はむしろ明白だった。もっと最近になると、コペルニクスに次ぐルネサンス期の天文学者、ヨハネス・ケプラーまでもが異星の住民に関するSF小説を書いた。[*]

しかし、これまで私が本書で示してきた結論を受け入れるのであれば、私たち自身の独自性を疑う理由はさらにもっと増える。これまで述べてきたように、もし銀河系じゅうのほかの惑星でも類似の進化のプロセスが起きていて、そこに暮らす生命体について予測が可能で、もしかして地球の生物と似ているとしたら、知的で理性的な地球外生命体とはどういった存在だろうか？　私たちと似ているのだろうか？　ひょっとしたら、ものすごく似ているのだろうか？　『スター・トレック』などのテレビのSF作品では、エイリアンは基本的に人間として描かれるが、それは視聴者が登場人物にすぐに感情移入できるようにするためであり、予算の都合でもある（説得力のあるモンスターの衣装を作るのには大変なお金がかかるのだ）。しかし、それはもしかしたら、脚本家やプロデューサーが思っている以上に真の姿に近かったりするのだろうか？

人間は特別な存在であることを疑う人はいない。しかし、本書でこれまで論じてきた生物学の法則の強固さと普遍性を本当に信じるのであれば、これは難しい問題を提起する。私たちは特別かもしれないが、唯一無二ではないということだ。たぶん私たちはもっと広いカテゴリーに属していて、このカテゴリーに該当する地球外生命体には多くの共通点があるから、会えばすぐに同類だとわかるのかもしれない――『スター・トレック』に登場するバルカン人、スポックのように。これはそんなにありえない話だろうか？　地球外生命体が形態学的に私たちと似ている、つまり左右相称の体をもち、直立歩行し、

＊ヨハネス・ケプラー著『ケプラーの夢』（渡辺正雄ほか訳、講談社）を参照。

ふたつの手で世界を操っていることがわかったら、どうだろうか？　より突っ込んだ言い方をすれば、地球外生命体が知的・精神的作用の面で私たちと似ている、つまり家族がいて、仕事をもち、ペットを飼い、私たちと似た構造の言語を話すとしたら、どうだろうか？　カーク船長がいわんとするように、彼らはある意味――いや、どんな意味でも――「人間」なのだろうか？

前章までとは異なり、本章では化学や物理学などのハードサイエンスにはあまり触れていないが、本章における私の結論はこれまでと同様に生物学の普遍的な法則にもとづいたものであり、また、動物の進化や行動に関する私自身の長年の研究から得られたものでもある。もちろん、これらは私の個人的な世界観だ。とはいえこの世界観は、このテーマに関してまだ合意形成に至っていない科学界において、見当違いなものではない。ほかの惑星の生命が自然選択によってどのように形作られていくのかについて、私がこれまで示してきた見解や結論が、多くの読者の同意を得られているならありがたい。ここからは、これらの結論を哲学的な問題に当てはめていきたいと思う。みなさんには必ずしも私の結論に賛同していただきたいわけではない。でも本章を読み終えたときに、たとえあなたの結論が私のものと違っていたとしても、同じ基礎の上に成り立つものであってほしい。

人であるということ

「人間（human）であること」の本質を見極める、という哲学最大の問題をわずか一章で解決しようとする前に、これは「人（person）であること」という問題とは大きく異なる（が、関連する）ことだと指摘しておきたい。「地球外生命体は人か」は、「地球外生命体は人間か」と同じ問いではない。「人」という概念には哲学的な意味はもちろん、主に法的な意味合いがあるのだ。社会には「人」の扱い方に関するルールや慣習があり、私たちはいずれ、地球外生命体の扱い方についても決めなければならなくなるだろう。彼らは国連の「世界《ユニバーサル》」「人《ヒューマン》」権宣言にもとづく権利をもつのだろうか？〔訳注：ユニバーサルには「宇宙の」という意味がある〕それとも、ヨーロッパ人がかつて地球上の植民地の住民を搾取したのと同じように、私たちは彼らと彼らの資源を自由に搾取してよいのだろうか？　探検と植民地化の人類史は、探検され植民地化された側にとっては、概してハッピーエンドにはならなかった。

　誰が権利をもつのかという問題は、文明から遠く離れた「あちら側」だけの問題ではない。歴史を振り返ると、特定の人間は法的に「人」とみなされてきたが、そうではない人間は肌の色や宗教や社会的地位、さらには年齢にもとづいて、その地位を否定されてきた。近頃はもっと思いやりのある社会になっていると考えたいが、私たちはこの優しさをほかの惑星の生物にも本当に広げるだろうか？　彼らはそれを私たちに広げてくれるだろうか？　こうした問いの意味合いについては真摯に検討されているが、地球外生命体がどのような法体系や倫理体系をもっているのかがわからない以上、単純に人間の既存の法律を宇宙に広げるしかなさそうだ。法的な「人」は普遍的な特性ではない。それは文化や歴史、道徳的規範によって決まる。ほかの惑星に暮らすエイリアンの弁護士たちも、私たち人間を「人」とみなすかどうかについて独自の見解をもつだろう。

　地球外生命体の扱い方については、現在進行中の動物の権利に関する議論を利用すると、いくぶん把握しやすくなる。人間ではない動物をどのように扱うべきか、そしてどのように実際に扱うかという問題は、「人」という概念の難しさを示す好例だ。確かに多くの活動家は、動物に人権が付与されることを望んでおり、たとえばチンパンジーに対して動物実験に使用されない権利や、シャチに対して「奴隷」として捕獲されない権利を認めるよう、裁判所に繰り返し申し立ててきた。これらの申し立てはこれまでのところすべて却下されている。社会はまだ動物に法的な人格を与える用意はできていないようだ。今のところ、これは生物学的あるいは倫理的な定義というより、法的な定義の話である。しかし動物が「人」ではないとすると、彼らは私たちとどう違うのだろうか？

多くの動物種が人間に匹敵する豊かで複雑な内面世界をもっていることは、もはや疑いようがない。あなたが帰宅すると愛犬が大喜びすることや、実験室の迷路にいるネズミが紛れもなく不安や恐れを感じていることは、多くの人が納得するところだろう。彼らの反応や行動は、意識をもつ存在がその状況に置かれればきっとこうすると私たちが「期待」するものと合致しているだけではない。fMRI（機能的磁気共鳴画像法）などを用いた神経科学における現代の技術的アプローチからも、彼らの精神装置——脳——が私たちのそれとよく似ていることは明らかである。[*1] そのため私たちは、人間に用いるのと同じメカニズムを使って、彼らの情緒的な反応を説明することに疑問を覚えない。スイスやオーストリアなど一部の国では、動物に法的な人格を付与するまでには至っていないものの、動物は「物《もの》」の範疇には含まれないことが法で定められている。動物は明らかに単なる物ではない。では、動物とは何なのだろうか？　物と人間の間に位置するもの、つまり半人間なのだろうか？

人間のような「人」であるのかどうかを判断する古典的なテストのひとつに、「自己意識」をもっているかどうかを見るという方法がある。自己意識とは、自分は外界のほかの動物や物とは違うひとつの個として存在している、という内的知覚だ。自己意識が重要なのは、自己を認識しているなら、何より苦しむ能力をもっているからである。法的な人格を認める目的の少なくともひとつは、「人」が苦しまずにすむための枠組みを提供することだ。

動物に「こんなふうに思ってる?」と直接尋ねることはできないので、科学者たちはミラーテストのような簡易なテストを用いてきた。動物は鏡に映る自分を、ほかの動物だと思わずに「自分」だと認識するのだろうか? それともまったく認識しないのだろうか? このテストでは、動物の頭にしるしを付け、鏡を見たときの反応を観察する。大事なのは、鏡がないと見えない位置にしるしを付けることだ。彼らは鏡のなかにそのしるしを見たとき、近づいていってそれを探るだろうか? もしそうなら、鏡像は自分だと理解していることになる。ミラーテストはチンパンジーからイルカに至るまで、さまざまな動物で数十年にわたり使われてきたが、結果は曖昧で、「人」であるかどうかを判断する方法としては依然として大きな物議を醸している。これが一般的なテストとして適切ではなさそうな理由はたくさんある。[*2] 大半の科学者は、このような恣意的な実験だけに頼って、動物の知能に関する一般的な真実を言明することはないだろう。だが二〇一九年に大きく報道された、現在ニューヨークのブロンクス動物園で単独飼育されているアジアゾウのハッピーがかかわっている訴訟は興味深い。この訴訟では、活動家

＊1 グレゴリー・バーンズ著『イヌは何を考えているか 脳科学が明らかにする動物の気持ち』(野中香方子ほか訳、化学同人)を参照。
＊2 動物の認知とその測定方法についてもっと詳しく知りたい人は、フランス・ドゥ・ヴァール著『動物の賢さがわかるほど人間は賢いのか』(松沢哲郎監訳、紀伊國屋書店)から読み始めることをお勧めする。

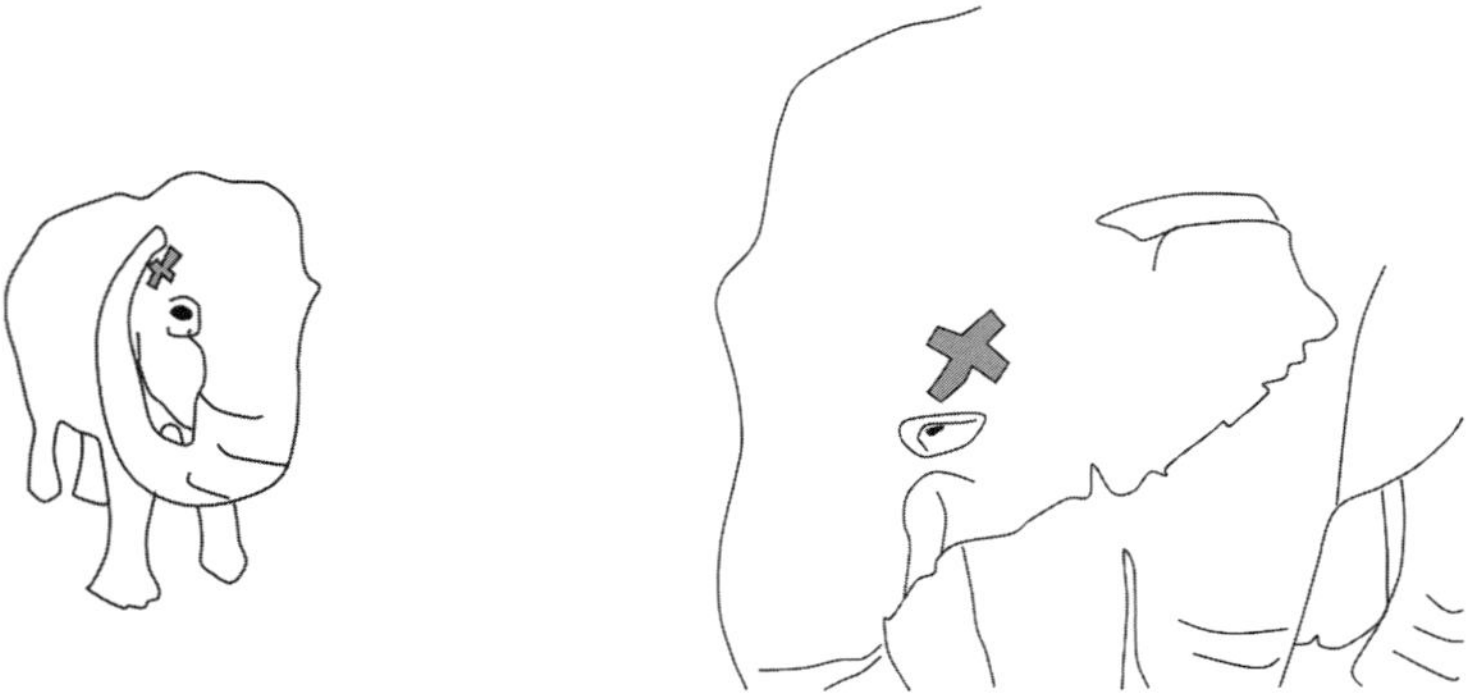

図35　ブロンクス動物園で飼育されているゾウのハッピーは、鏡に映った自分の姿を見て、自分の頭に付けられたマークを探った。

たちは裁判所がハッピーの法的地位を「人」とする判決を下すよう望んでいるが、それはゾウがおしなべてミラーテストに合格できるほど知能が高いからではなく、ハッピーが自己認識に関する古典的なミラーテストの被験者のひとりだったからだ。

この実験では、ハッピーは鏡を見るまでは、頭に付けられたしるしに何の興味も示さなかった。ところが鏡のなかにしるしの付いた自分を見つけると、鼻を持ち上げてそれを探ったのだ。これはハッピーが、自分が見ている鏡像が「自分」であると感じていたことを示す説得力のある証拠だ。動物たちは自分が何者であるのかをわかっているのかもしれないし、わかっていないのかもしれないが、ハッピーはちゃんとわかっている。はたして彼女は「人」なのだろうか？

もし動物の法的地位が地雷原だとすれば、私たちは知的なコンピューターについても、別の地雷原をわたることになるかもしれない。人工知能が向上するにつれ、私たちはどこかの時点で必然的に、「このコンピューターは生きているのだろうか」と問わざるを得なくなる。人工知能はどの時点で権利をもつようになるのだろうか？　コンピューターは永遠に「道具」なのだろうか？　それともある時点で「人」になりうるのだろうか？[*1]　さらに悪いことに、人間の意識をコンピューターにアップロードできるようになったら、数十億とはいかなくても、何百万もの「人」を、コンピューターの電源スイッチを切るだけで、「殺す」ことができるだろう。[*2]　それは生身の人間を殺すのとはたして同じだろうか？　動物とコンピューターが人権の一部をもつべきかどうかを決められないのなら、私たちはエイリアンに何の権利を与えるべきかを決めるのにも苦慮することになるだろう。

人としての法的地位に関するこれらの疑問は簡単に解決できるものではなく、また幅広い学問分野にまたがっていて、私のような動物学者がひとつの章で書く程度ではそのすべてに答えることはできない。しかし、生命の普遍的特性——全宇宙に共通であるはずのもの——は、喫緊の問題である人としての権利と、人間であるとは何なのかについて考えるうえで役に立つ。人としての私たちの地位がどこからきていて、なぜ発展するのかについて知ることは、ほかの潜在的な「人」々の主張を比較考量するうえできわめて重要だと思われる。地球外知的生命体が私たちとよく似ていて、私たちと似たようなプロセスを経て彼らなりの「人」としての地位を発展させてきた可能性が高いことがわかったら、私たちはそれらのプロセスとともに生じる法的権利について、どうにかして合意に達しなければならないだろう。

＊1　『新スター・トレック』第三五話の「人間の条件」は秀逸なのでお勧め。
＊2　ニック・ボストロムは著書『スーパーインテリジェンス』でこれについて詳述している。

人間であるということ

「人であること」は普遍的なものではない。それは文化的規範——敬意と権利を誰に与え、誰に与えないか——と密接に結びついているからだ。しかし「人間であること」は人であることよりも一般的な概念であり、もしかすると、より明確に定義できるかもしれない。もし何者かが人間であるなら、私たちはそのなかに自分自身を重ね合わせることができる。「人であること」も「人間であること」も、どちらも人間と人間以外の間に線を引く役割を果たすと同時に、その境界を曖昧にする。では、これらの境界線を——合理的かつ客観的に——引くために、どのような基準を用いることができるだろうか？　地球外生命体の法的地位が「人」のそれと同じであってもなくても、地球外生命体が「人間」だとみなされる状況はあるのだろうか？

基本的に、この問題に対する答えはふたつ考えられる。ひとつは人間の定義を「拡大する」ことに対する最も常識的な反駁である。つまり「ノー」ということだ。人間は人間だけだ。すなわちホモ・サピエンスである私たちだけだ。それがこれまでずっと人間の定義であったし、それが人間であるということだ。

もうひとつは、人間たらしめる何らかの基本的な特性、あるいは一連の特性が存在するという可能性だ。これまで私たちがこの地球上で見てきたかぎりでは、どの人間もこの（人間にしか当てはまらない）特別な特徴をもっている。しかし地球外には、ひょっとしたら人間のように見えるほかの生命体がいるかもしれない。もしハリウッドのプロデューサーたちが正しくて、私たちが遭遇する知的なエイリアンが（多少の見栄え《メイクアップ》の違いを除いて）私たちとまったく同じように見えるとしたら、彼らは人間なのだろうか？

ホモ・サピエンスという種

常識的な答えが頼りにするのは、人間とはホモ・サピエンスのことだけを指すという定義だ。この単刀直入な定義は非常に魅力的だが、きわめて問題が多い。論理的にも問題があるし、生物学的にも問題がある。

人間とはホモ・サピエンスであると定義する際の論理的な問題は、その定義が本質的に循環論法に陥っていることだ。私たちは私たちが知る唯一の人間であるため、私たち自身の観点から私たち自身を定義しても何の役にも立たない。人間とは何であるかについて、何の情報ももたらさないのだ。人間と人間以外の区別はできるかもしれないが、それができるのは、人間以外のものが人間ではないことをすでに知っているからだ！　イヌは人間ではないというのは簡単だが、それは私がすでにそのことを知っていたからにすぎない。一般に、唯一無二であるというのは定義の根拠としてはナンセンスだ。何か唯一無二なもの、たとえばダ・ヴィンチの『モナ・リザ』を考えてみよう。確かにそれはゴッホの『星月夜』ではない。しかし本物の『モナ・リザ』は、安価なポストカードの『モナ・リザ』とは違うのだろうか？　まあ、そうだ。でもそれは、『モナ・リザ』がこの世にひとつしか存在しないことを知っているから、ほかのすべての『モナ・リザ』とは違う、といえるだけのことだ。これは有用な定義ではない。人間は人間だけだというのも、同様に役に立たない。

さらに悪いことに、この唯一無二性はどんな場所でも通用する定義を探し出そうとしているまさにそのときに、私たちを地球に縛りつけてしまう。「人間」とは「ホモ・サピエンス」である、といえば、それは地球でしか通用しない。「動物」とは「オピストコンタの子孫」である（第3章）というようなものだ。しかし「動物」という用語は、地球外の生物を指すのに使えるし、（少なくとも本書では）実際に使っている。もし生命を分類するために地球に縛られた進化的関係をよりどころにするなら、私たちはいずれの地球外生命体とも進化史を共有していないのだから、地球外生命体を説明するために一般用語を使うことは一切できなくなる。

啓蒙時代の偉大な哲学者であるイマヌエル・カントはまさにこの問題と格闘した。一七九八年に彼はこのように書いている。

生物種の最高の概念とは地球上の理性的存在者の概念なのかもしれないが、その特性について私たちは説明することはできないだろう。なぜならその特性を私たちに気づかせ、それゆえに地球上の理性的存在者として分類できるようにする、地球外の理性的存在者を私たちは知らないからである。*

要するに私たちは、理性があるから人間であると考えているのだ。しかし、比較可能な別の理性的な種が存在しないのに、どうやって「理性的である」ことの本当の意味を知ればよいのだろうか？

人間の、種としての定義に関する生物学的問題はさらに深刻だ。私たちは「種」が存在するという事実をおおむね信じている。蝶の愛好家はコヒオドシとヒメアカタテハの違いを見分けられるだろうし（これはそれほど簡単なことではない）、多くのバードウォッチャーは、これまでの人生、あるいは過去一二か月の間に見つけたさまざまな鳥種をすべて列挙できることだろう。ウシはもちろんヒツジではない。チャールズ・ダーウィンでさえ、進化論の名著『種の起源』で種の概念を最上位に据えた。

それなのに、種は生物学において真の意味で問題のある概念なのだ。有用だが、限界がある。すべての近似値がそうであるように、使い勝手がよいから使うべきときと、誤解を招くおそれがあるから切り捨てるべきときを知っておく必要がある。現在の一般的な種の定義は一九四〇年代に進化生物学者のエルンスト・マイヤーが提唱したもので、「種とは交配して生殖能力をもつ子を作ることができる生物集団」である。実際、大半の種はこの定義に該当する。ネコはネコと交配するが、イヌとは交配しない。人間は人間と交配するが、エイリアンとは交配しない。私たちは別の種である。

それでも多くの種、おそらく大半の種にズームインしていくと、その区別立ては崩壊してしまう。動物はある特定の時点で突如として新種になるわけではない。集団内の個体にどんどん差異が生まれて集団が異種へと移行しつつあるときには、同種ではなくまるで異種に「属している」と思われるような動物どうしによる一定数の交配が必ず起こる。イヌ科の種について考えてみよう。イヌ、ハイイロオオカミ、アメリカアカオオカミ、コヨーテ、ジャッカルなどだ。これらは間違いなく異種だが、すべて交配して生殖能力をもつ子をもうけることができる。たとえばオオカミとコヨーテは、外見も行動も、占め

＊　イマヌエル・カント著『実際的な観点から見た人類学（Anthropology from a Pragmatic Point of View）』を参照。

るニッチも、狩る獲物も異なる。両者は異種にしか見えないのに交配が可能であり、実際に交配するのだ。[*1]同じことが今、あらゆる種で起きている。イヌとオオカミは分離した種ではなく、今まさに世代を経るごとに異種へと分離しつつあるのだ。

種の境界線はぼやけている。しかしこれは実際、進化のプロセスを考えれば予想できることだ。私たちが「種」として見ているものは、中間にいた生物がすべて絶滅してしまったからこそ、分類的価値をもっているのである。リチャード・ドーキンスはこのプロセスを非常に雄弁に説明している。

現生の鳥類と現生の非鳥類（哺乳類など）の区別が明確なのは、共通祖先にまで遡《さかのぼ》って集約される中間にいた生物がすべて死んでいるからこそなのだ……現生の動物だけではなくこれまで存在したすべての動物について考えると、「人間」や「鳥」といった言葉は、「背が高い」とか「太っている」といった言葉と同じく、境界はぼやけて不明瞭になる。[*2]

自分の先祖について考えてみよう。あなたは幸運にも祖父母や曽祖父母にさえもじかに会うことができたかもしれないが、もしあなたの先祖がすべてどこかの島で密かに生きていたとしたら、どうだろう？　子から親へと一代ずつ遡ってもほとんど違いは見られないが、もしその島がじゅうぶんに大きければ、いずれ明らかに類人猿のような特徴をもつ祖先と出会うことになる。はるか昔に遡れば、彼らは「人間ではない」からだ。あなたの遠い祖先は現生人類とは交配できないが、そこに至る道筋のすべての段階ではそれぞれの世代が交配できたことは明らかである。

人間——あるいは地球外生命体——を形式的な「種」によって定義するのに問題があるのは、種が問題のある概念だからである。多くの現生人類（一〇〇パーセント、ホモ・サピエンスであるアフリカ直系の人々を除く）は、ホモ・サピエンスだけではなく、ほかの種に由来するDNAを四パーセントももっている。絶滅した人類種（ホモ属）であるネアンデルタール人とデニソワ人は、ホモ・サピエンスとかなり自由に交配していたようなのだ。もしネアンデルタール人やデニソワ人が今も生きていたら、私たちは彼らを人間とみなすだろうか？　もし「イエス」なら（現在の科学はこの立場だ）、人間は異種の集まりなのだから、人間の定義に種を用いることはできない。もし「ノー」なら、私たちの多くにはほかの種が混ざっているのだから、純粋な人間ではなくなる。そういうわけで、人間を種によって定義することには、まったく説得力がないのである。

ホモ・サピエンスではない古い人類種の事例は、重要な教訓を与えてくれる。明白な真実だと思われていたものが真実ではないと判明することが、ときにはあるということだ。私たちはどのように適応すべきだろうか？　科学の仕事のひとつは、確立された真実を覆し、新たな真実に置き換えることだ。たとえば、自分たちを中心にして宇宙が回っていると考えていたのに、じつは私たちのほうが太陽のまわりを回っていると誰かが証明してみせる。そうなれば、私たちは宇宙観——宇宙における自分たちの位置など——を変えなければならない。私たちは長い間、人間は地球上のほかのすべての生物とは明確に

＊1　実際のところ、イヌはオオカミの祖先の直系ではなく、現生オオカミの祖先の小柄な類縁の子孫である可能性が高い。ジャニス・コーラー＝マツニック著『イヌの黎明　自然種の起源（Dawn of the Dog: The Genesis of a Natural Species）』を参照。
＊2　リチャード・ドーキンス著『盲目の時計職人』を参照。

異なった、単一の種だと考えてきた。ところが化石の骨片のDNA鑑定から、今や私たちは単一の種などではないことが明らかとなった。見かけではわからなくても、私たちにはほかの種が混ざっているのだ。私たちは人間の定義を変えなければならないし、それに適応しなければならない。もしかすると私たちは、人間のような知的生命体が複数存在する宇宙に合わせて、「人間」の定義を進んで見直していかなければならないのかもしれない。

複数の種からなる人間

人間の定義を、過去数十万年にわたり地球上に生息してきた、ホモ・サピエンス、ネアンデルタール人、デニソワ人など複数の人類種が混ざり合った動物に限定するのは愚かだということに、とりあえずは同意してほしい。もしこれらの種が現在も生きていたら、地球上には三種の人類が存在することになる。外見はかなり似ているが、それでも明確に識別できる。ひょっとしたら四種だった可能性さえある。インドネシアのフローレス島で化石が発見されたホモ・フローレシエンシスは、身長が一メートルほどで「ホビット」の愛称をもつ。ホモ・フローレシエンシスは私たちとは著しく異なっていた。もし彼らが現在も生きていたら、まさにトールキンの中つ国を彷彿とさせる世界がこの地球上に存在していたことだろう。*

もしかすると一部の人にとっては、「人間」が複数の種で構成されるなどという考えは言語道断で、ばかげて聞こえるかもしれない。しかし、この概念は根本的に非論理的なものではない。C・S・ルイス（彼は『ナルニア国物語　ライオンと魔女と洋服だんす』〈土屋京子訳、光文社、ほか〉で有名だ）は、このようなシナリオを非常に説得力のある筆致で描いている。彼のSF小説『沈黙の惑星を離れて　マラカンドラ・火星編』（中村妙子訳、原書房）は、明らかに知能の高い非常に異なる三つの種族が暮らす世界を、ひとりの人物が旅する物語だ。特に注目すべきなのは、これら三種族は生態も行動も明らかに違っているのに円満に暮らしていることである。また、三種族がいずれもほかの種族（と地球人である主人公）を「人」とみなしている点も重要だ。

それぞれの種族にとってほかの二種族との関係は、私たちにとっての人間との関係であり、動物との関係でもある。お互いに話すことも協力することもできるし、同じ倫理ももっている。そのかぎりにおいては、ソーンとフロス〔訳注：ソーンとフロスは惑星マラカンドラ（火星）に生息する、理性をもつ知的な三種族のうちの二種族の名前〕の関係は人間対人間の関係と同じだ。しかし、それぞれの種族はほかの種族のことを、自分と異なっていて、面白くて、魅力的だと思っている。動物を魅力的だと感じるように。

理想主義的で夢想的に思えるルイスのこうした描写は、おそらく彼のキリスト教信仰が大きく影響している。この惑星の住民たちは、捕食者が獲物を食らうことのない魔法のような世界を描いた聖書のの

＊　J・R・R・トールキン著『指輪物語』（瀬田貞二ほか訳、評論社）を参照。

どかな一節、「狼は子羊とともに暮らし、豹は子山羊とともにまどろむ」[*1]のある種の反映である。私たちがそれを「魔法のような」と呼ぶのは、このようなことが起こる生物学的原理を引き出すことができないからだ。しかしルイスの世界は何かが違っていて、魔法を必要としない。理性的な生物が、理性の力を使って、共存が望ましいとみずから判断しているのだ。知的なエイリアンである三つの種族が平和に共存すること以上に魔法のようにすばらしいのは、地球上の三つの国家が平和に共存することだ。まだその実現には至っていないようだが、少なくとも理論上は可能である。

金のチケット

地球外生命体が人間なのかどうかを判断するに当たり、ひとつ考えられるのは、「人間性」を付与する特別な形質――例外的な特性――が存在するという可能性だ。(ロアルド・ダールの『チョコレート工場の秘密』〈柳瀬尚紀訳、評論社ほか〉に出てくるような) 金のチケットによって、奇想天外なチョコレート工場への入場が認められるのではなく、私たちのクラブ、つまり「人間クラブ」への入場が認められるというわけだ。カントはこの金のチケットは理性だと考えた。要するに、人間は理性的な生き物だと定義する。彼だけではない。それより一〇〇〇年以上前に聖アウグスティヌスはむしろもっと踏み込んでいた。彼の考えはこうだ。

どこであれ、人間として生まれた者、すなわち理性的で死すべき運命にある動物として生まれた者は誰でも、その外見が色や動きや音においてどれほど異様であろうと、その力や部分や性質がどれほど奇妙であろうと……。[*2]

これは驚くべき言葉だ。アウグスティヌスが生きていれば、現代のSF作品のエイリアンの多くを「人間」だと考えたことだろう。『スター・トレック』のクリンゴン人も、機械生命体の集合体のボーグも、あるいはBBCのテレビドラマ『ドクター・フー』に登場するエイリアンのダーレクも、外見や棲む星がどれほどとっぴでも、みな理性的で死すべき運命にあるのだから！

キリスト教哲学を当世風に融合させたC・S・ルイスもこれに同意する。彼は驚くほどの洞察に満ちたエッセイのなかで、地球外生命体に相当するものを見分けるうえでの理性の重要性について書いているのだ――「理性的」という言葉の代わりに「精神的《スピリチュアル》」という言葉を好んで使ってはいるが。彼の結論はきわめて明白だった。つまり、物理的な類似性は概念的な類似性の有用な尺度ではない、ということだ。「それらは……たとえ殻や牙があろうとも、われらの本当のきょうだいだ。重要なのは生物学的な親類関係ではなく、精神的な類縁関係である[*3]」。

＊1『旧約聖書』イザヤ書一一章六節。
＊2 アウグスティヌス著『神の国』（金子晴勇ほか訳、教文館）。動物と植物の魂の概念に対する歴史的・哲学的アプローチに関する優れた論考については、ルーカス・ジョン・ミックス著『アリストテレスからダーウィンまでの生命の概念　植物の魂について（Life Concepts from Aristotle to Darwin: On Vegetable Souls）』を参照。
＊3 C・S・ルイス著「宗教とロケット工学（Religion and Rocketry）」を参照。

理性の定義は簡単ではない。第6章では知能の進化について論じたが、多くの動物がさまざまな点で私たちが「理性」と呼ぶものをもっていることは間違いなさそうだ。理性の基本と思われるもののひとつは、ある種の内省である。私たちは行動する前に考える。これをするべきか、それともあれをするべきか、と比較して判断する。科学者や哲学者は、動物がそのような内なる会話をしているのか、つまり内なる精神生活をもっているのかどうかをめぐって激しく議論してきた。残念ながら、私たちは動物の心の内を見ることはできない。人間なら他者の心の内を、ある意味見ることはできるが、それはひとえに彼らに質問することができるからだ。だが動物には言語がない。だから私たちは、彼らの頭のなかで実際に何が起きているのか、決して知ることはできないのかもしれない。

人間はもっているけれども動物はもっていないさまざまな特性、つまり「私たち」と「彼ら」を分ける明確な境界線を、長年にわたり探してきた人たちはほかにもいた。そして一枚、また一枚と、これらの金のチケットは道端に捨てられてきたのだ。かつて人間は、抽象的な思考ができる唯一の動物だった──ケンブリッジ大学教授のニコラ・クレイトンがカラスを用い、マックス・プランク進化人類学研究所名誉所長のマイケル・トマセロが大型類人猿を用いた、わりと最近おこなわれた現在進行中の実験によって、人間以外の多くの種が他者の視点で自分自身を想像したり、別の時点の自分自身を想像したりすることがわかるまでは。かつて人間は、文化をもつ唯一の動物だった──二〇世紀後半に、複雑な社会集団では文化的な学習がほぼ必然であることが理解されるまでは（第9章参照）。かつて人間は、道具を作る唯一の動物だった──一九六〇年にジェーン・グドールが、チンパンジーがシロアリを釣り上げる棒を作ることを発見し（第6章参照）、彼女の教授であるルイス・リーキーが「今や私たちがやらなければならないのは、道具を再定義するか、人間を再定義するか、さもなければチンパンジーを人間として受け入れるかだ」というまでは。

一九世紀末から二〇世紀にかけて、動物の行動に関する感動的な物語『シートン動物記』(平沢茂太郎ほか訳、集英社ほか)を著した博物学者のアーネスト・トンプソン・シートンは、このように書いた。「私たちと獣は同類だ。人間にあるものは少なくともいくらかは動物にも見ることができ、動物に見られるものはすべて、ある程度は人間と共有している」

結局、金のチケットは存在しないのだろうか？

話すというチケット

現代の科学者のほとんどは、金のチケットはあると考えている。それは言語である(第9章参照)。どうやら言語は、人間と人間以外を区別する唯一の明確な形質であるらしい。私たちには言語がある。彼らにはない。確かに多くの種は高度なコミュニケーションを――非常に高度なコミュニケーションですら――とっているが、それは第9章で私たちが説明した真の言語には適合しない。本当の意味で、彼らに無限の概念を伝える可能性をもたらしていないのだ。つまり彼らは「あそこにヒョウがいる」とはいえても、彼らに「人生の意味は何か？」とか「どうすれば宇宙船を建造できるか？」と尋ねることはできない。人間と動物の認知能力には連続的なスペクトルがあるという考えを強力に支持したフランス・ドゥ・ヴァールさえ、二〇一三年に「その大きな違いは何かと問われれば、それはおそらく言語である」と述べている。

しかし、人間と人間以外を分けるこの揺るぎない区別でさえ、問題がないわけではない。なぜ私たちは、第6章で出会った、人間の幼児並みの言語能力をもつヨウムのアレックスを人間ではないと言い張るのだろうか？　イルカに言語があることが判明したら、イルカは人間なのだろうか？

一七四五年に、（やや変わり者の）フランスの医師ジュリアン・オフレ・ド・ラ・メトリーは、動物と人間は本質的に同じであり、非常に複雑な機械なのだと述べた。そして、言語をもった類人猿は人間であるとまで踏み込んだ。


この動物が適切に訓練されれば、彼はしまいには発音を覚え、その結果、言語を理解するようになることを私はほとんど疑っていない。そうすれば彼はもはや野生の人間でも欠陥のある人間でもなく、完全な人間になる。私たちと変わらぬ才や筋肉を備え、思考したりその教育を活かしたりする、小さな紳士になるだろう。[*1]

哀れなラ・メトリー医師は、自分の考えが受け入れられるなどという幻想はおそらく抱いていなかったことだろう。話すことができる動物が人間だ、と唱えた著書を彼が出版したのと同じ年に、三万五〇〇〇人の奴隷（話すことができる、まごうことなき人間）がアフリカから植民地の国々へと移送されたのだ。[*2]　ひとつの形質——人間になるための金のチケット——が存在しようがしまいが、私たちが人間のなかに人間性を認識できないのなら、私たち人間が地球の動物や地球外生命体のなかに、人間性を付与する形質を認識する準備ができているとはとても思えない。

地球にいる私たちを訪ねてくるほどのテクノロジーをもつ地球外生命体は、間違いなく言語ももっている。ならば彼らは自動的に人間になるのだろうか？　言語のようなひとつの形質を、人間になるために飛び越えなければならないハードルとして設定したところで、私たちのジレンマが解決するとは思えない。金のチケットは「人」を定義するのに使うことができるし、ほぼ確実に使われるようになる。話すことができるエイリアンには、細菌のエイリアンにはない法的権利が与えられることになるのは明らかだ。ひょっとしたらいつの日か、動物にも言語能力にもとづいて権利が与えられるようになるかもしれない。とはいえ、私たちは人間性の普遍的な性質——もしそのようなものがあるとすれば——の理解には、まだ少しも近づいていないようにみえる。

私たちは正しい道に乗っているのか？

これが見当違いな頭の体操である可能性は、もちろんある。もしかしたら、人間性には普遍的な「タイプ」など存在しないのかもしれないし、人間に関する特別なものは地球にしかなくて、ほかの惑星にいるエイリアンは私たちと何の共通点もないのかもしれない。彼らは言語やテクノロジーをもっている

＊1　ド・ラ・メトリ著『人間機械論』（杉捷夫訳、岩波文庫ほか）を参照。
＊2　https://www.slavevoyages.org/ を参照。

かもしれないが、「彼らを見ていると自分を見ているようだ」と私たちに思わせるものは何ももっていないかもしれない。知的なエイリアンは単純に私たちとかけ離れすぎていて、彼らを「人間」に分類しようという気にもならないかもしれない。

彼らは身体的に大きく違っている可能性がある。たとえば私たちのような個別の体をもたない地球外生命体なら、私たちは単純に、彼らの知能や認知能力を認識できないかもしれない。しかし、本書を通して私が主張してきたのは、そのような奇妙で型破りな生命体が存在する可能性はあるけれども、どこか見覚えのある、動物に似た生き物がいる可能性のほうがはるかに高い、ということだ。

また、地球外生命体が精神的に非常に異なっている可能性もある。第5章では電気魚と彼らの知覚、ひいては世界に対する彼らの心的イメージが私たちのものとは根本的に違っているはずだと論じた。たとえ言語をもっていたとしても、彼らは人間とみなせるほど私たちと共通点があるだろうか？

クジラは本当は魚なのか？

第3章で私は、クジラはその進化的遺産により哺乳類であるという事実はあるものの、クジラは明らかに魚であって哺乳類ではない、という『白鯨』に出てくる主張を無下に切り捨てることはできないと述べた。地球上の生物を分類する方法として、進化的遺産、つまり系統は特別な地位にあるようだ。リチャード・ドーキンスいわく、書籍の分類法は図書館によってまちまちで、客観的により優れた方法というものはないが、生命を客観的に分類するには唯一「正しい」方法があり、それは系統樹に則ったものだ。[*]これは、ダーウィンが地球上のすべての生命に類縁関係があることを指摘して以来、過去一五〇年間にわたって君臨してきた革命的な概念である。

とはいえ、系統樹が地球外生命体の分類に役立たないのは明らかだ。少なくとも、地球外生命体と人間を同じ系統樹に分類したところで何の助けにもならない。人間はクリンゴン人よりもバルカン人に近いのだろうか？　私たちはどちらとも類縁関係はない。それとも私たちは、系外惑星にいる宇宙旅行のテクノロジーをもつ知的生命体よりも、火星の細菌のほうに近いのだろうか？　共通祖先がまったくいないのなら、類縁関係の遠近を測ることはできない。

これまでの議論からわかるように、もし全宇宙の生命に共通のプロセスがはたらいているのなら、それらはおそらく類似の解決策を導き出すことだろう。たとえ私たちの遺伝の仕組みとそれに相当する地球外生命体のシステムとの間にまるで共通点がなくても、私たちと彼らが共有する進化のプロセスから、類似性は測定できるのかもしれない。異なる惑星に暮らすふたつの生物が同じニッチを占め、生存と繁殖に関する同じ問題を同じ解決策を用いて解決しているのなら、「共通の祖先がいないから、両者はまったく関係がない」と断じるのは不躾《ぶしつけ》というものではないだろうか？　私たちは「(類縁) 関係がある」という言葉の意味を、定義し直す必要があるのかもしれない。

さまざまな惑星上で類似のプロセスによって収斂進化が起こり、銀河系のあちらこちらで「人間のような」種が誕生するとしたら、何が彼らを「人間のような」ものにしているのか、突きとめられるだろ

＊ リチャード・ドーキンス著『盲目の時計職人』を参照。

うか？　そのような特性――もしかするとたった一枚の金のチケットではなく、一連の特性かもしれない――があるとしたら、それはカーク船長が「みな人間だ」と応じたときに、いわんとしたことと似ているのだろうか？

人間の条件

じつは地球には、この「人間のような」一連の特性を指す言葉がある。私たちはそれを「人間の条件（human condition）」と呼んでいる〔訳注：human conditionには人間として存在するための条件としての人間性、という意味で「人間性」という訳語が当てられることもある〕。オックスフォード英語大辞典では「人間の条件」という言葉について、（あまり役には立たないが）次のように定義している。

人間である状態あるいは条件、（また）集合体としての人間の状態。

ただし、次のフレーズが続く。

特に、本質的に問題あるいは欠点と見なされるもの。

特に科学的な定義ではないが、この後半部分は役に立つかもしれない。私たちは芸術や文学、音楽や踊りを通して「人間の条件」を探っている。それがどういうものか誰もが心の内ではわかっているが、いざ言葉にして具体的に定義しようとしてもなかなかうまくいかない。それでも私が「シェイクスピアは人間の条件を描くことに長けている」といえば、おおむね同意していただけるだろう。マクベス、リア王、特にハムレットなど、彼が描く登場人物は、外面的な特性や技能や業績だけでなく、多くの場合、私たちがもつ嫉妬や貪欲さ、疑念、後悔、慈悲——とその欠如、といった欠点もあらわにする。これらの形質をもつ地球外生命体は、おそらく非常に見覚えのある、ほぼ人間といっていい存在だろう。本章の冒頭で引用した『スター・トレック』の映画のなかで、エイリアンの登場人物のひとりであるチャン将軍は、「シェイクスピアはクリンゴン語で読まねば読んだことにならん」と力説している。

地球上のすべての人類文化には何らかの共通点があるというのは、経験的に真実だと思われる。異文化間の差異に関する研究によると、装飾的な芸術、家族の祝祭、葬儀、相続のしきたりなどの特定の行動や慣習は、単なる偶然とは思えないほど多くの文化で見られる。[*1] 人類学教授のドナルド・ブラウンは、世界各地の文化に共通して見られるそのような数百もの行動や慣習を、「人間の普遍特性のリスト」としてまとめた。[*2] 異文化間にこのような類似性が見られるのはなぜだろうか? 私と、狩猟採集社会で暮らす同い年の人の日常生活には、共通点などほとんどないように思われるかもしれない。でも、もし彼

＊1 https://hraf.yale.edu/ を参照。
＊2 私はこのリストをスティーブン・ピンカー著『人間の本性を考える　心は「空白の石版」か』(山下篤子訳、NHK出版)で参照したが、それはもともとピンカーがドナルド・E・ブラウン著『ヒューマン・ユニヴァーサルズ　文化相対主義から普遍性の認識へ』(鈴木光太郎ほか訳、新曜社)から引用したものである。

のしきたりや習慣に触れることがあれば、私はその多くにすぐになじむことだろう。彼にも冗談を言い合い、何かの話をする友人がいる。自己責任感と、その結果生じる自制心も持ち合わせている。うわさ話に興じたり、自分の夢の意味について思いをめぐらせたり、幼子たちに赤ちゃん言葉で話しかけたりする。なぜこれほど多くの行動が、異なる集団の間で共有されているのだろうか？

もちろんひとつの答えは、これらの行動が遺伝的に直接決まっているということだ。異なる集団の間に明らかな身体的差異があるように見えても、人間は遺伝的には信じられないほど似ているのだ。私たちはチンパンジーとゲノムの九八パーセントを共有しているが、人間どうしではおよそ九九・九五パーセントを共有している。たぶん驚かれると思うが、私は遺伝的には隣のオフィスにいる近代英国史の講師と同じくらい、シベリアのユピック族と似ている（実際にDNA検査をしたわけでないが、大規模な統計学的研究にもとづいた話なので、これはおそらく真実である）[*1]。ということは、ひょっとしたら、すべての人間社会の行動に見られるすべての類似点は、すべての人間が遺伝的に「人間」であるという事実に起因するのだろうか？

こうした主張に少々戸惑いを覚えるのは、人間の行動のほぼすべてを進化的遺産によって説明しようとする、明らかに物議を醸してきた社会生物学の分野に触れているからだ[*2]。行動は非常に複雑で多元的な現象であり、私たち（科学者）は、複雑な行動がどのようにして一連の遺伝子だけによって引き起こされるのかを、自信をもって説明できるレベルには達していない。

自然界で生きる動物たちを研究すると、行動には遺伝的なものや文化的に伝わるものなど、じつにさまざまなバリエーションがあることがわかる。一部の鳥はみずから歌を編み出すだけでなく、近隣の鳥の歌を模倣《コピー》する。その歌はさらに近隣の鳥によって模倣され、それがさらに模倣され、長い距離を隔てたところには、その歌はほとんど元の歌とは認識できないものとなる。第10章で論じたように、鳥の歌に「方言」が生まれるのは、模倣が不完全だからだ。これは鳥類に限られたものではなく、自然界で広く見られる現象である。私は同様の現象により、ハイラックスの歌に方言が生まれることを研究で明らかにした。そういうわけで、鳥やハイラックスが歌うという事実や、彼らが出す音については遺伝子によって規定されている可能性はあるものの、厳密な歌は生態と環境のきわめて複雑な相互作用によるものであり、歌における微妙な違いが遺伝だけで決まるとはほとんど考えられない。

だとしたら？　人間の行動の類似性が単に人間が遺伝的に似ているからではないとしたら、何がその類似性を生み出すのだろうか？

神が定めたルールブックのせいだとするような、さらにありそうもない説明を除けば、明らかな説明はこうだ。つまり、このような人間に共通する行動——礼儀作法や髪型、タブー視されている食べ物など——は、動物たちが人間社会に匹敵するほど複雑かつ能力が試される社会のなかで集団生活を送って

＊1　特に、一部の研究によれば、ヨーロッパ人はほかのヨーロッパ人よりもアジア人と近縁なのだ！　この曖昧模糊とした分野を掘り下げたいなら、Bamshad、Wooding、Salisbury、Stephensによる論文『遺伝と人種の関係を解体する（Deconstructing the relationship between genetics and race）』（Nature Reviews Genetics〈2004〉）をお勧めする。

＊2　人間社会生物学の第一人者であるデズモンド・モリスは、『裸のサル　動物学的人間像』（日高敏隆訳、角川書店）や『マンウォッチング』（藤田統訳、小学館）などの人気書籍を執筆した。彼の考えをどう受け止めるかは別として、もっと学びたいのなら、この二冊は少なくともよい入門書だ。より徹底的に学びたいなら、エドワード・O・ウィルソン著『社会生物学』（伊藤嘉昭監訳、新思索社）がお勧め。

いくための、収斂的で効果的な方法にすぎないということだ。私たちは体を飾り立てて見せびらかしたり、歓待の気持ちを示したりする必要があるのだ。これらは社会構造に大きな――ケンブリッジ大学とシベリアの狩猟採集の村くらい大きな――違いがあったとしても、人間ならば当然行き着くほぼ避けられない帰結である。

社会的な動物集団が進化していくプロセス（第7章）は、宇宙全体で共通している可能性が高い。私たちと同程度の技術水準に達した異星の社会が、さまざまな人間集団に見られる共通の形質を数多く発達させていたとして、それはことさら驚くことだろうか？　ブラウンが挙げた人類共通の文化的慣習のリスト、すなわち「人間の普遍特性のリスト」は、決定的なものでも絶対的なものでもないが、適応に有利だと考えられる多くの行動を示している。「衛生的なケア」は大規模な社会ならどこでも重要だろうし、社会的な絆を強化する方法としての「贈答」は地球だけのものではないはずだ。もし地球外生命体がこのリストの行動の多くを進化させるとしたら、彼らは「人間の条件」の多くを私たちと共有することになるだろう。私たちを魅了する『ハムレット』に、彼らも同じくらい魅了されるのかもしれない。

戦争は何の役に立つのか？

戦争、いったい何の役に立つのだろう？　名前からしてまさしくスターであるエドウィン・スターが一九七〇年に発表したヒットシングル〔訳注：反戦歌として知られる『War』（邦題『黒い戦争』）のこと〕の歌詞によると、まったく何の役にも立たない。でももしかしたら、そうではないのかもしれない。ピーター・ターチンなど一部の研究者は、今日のような人間社会の発展のためには戦争は欠くことのできないものだったと主張している。[*]ひとつは、遠くから相手を殺害できる武器――槍、それから弓と矢、さらに銃やミサイル――の発明は、ある種の非生物学的平等を人間社会にもたらすからである。つまり、腕力よりも知力が有利となるのだ。下位のゴリラは自分の地位をめぐって最上位のゴリラと争うことがあるが、その際、こてんぱんに殴られるか、さらにひどい目に遭うリスクがある。もし代案として最上位のゴリラを撃ち殺すことができれば、優れた身体能力は成功を約束するものではなくなるのだ。

地球外文明も必ず同じ道をたどるのだろうか？　地球外生命体のなかにどこか見覚えのある人間の形質を探しているなら、好戦的な形質は私たち自身のためにも見つけたくないもののひとつだ。しかし、恒星間旅行ができるほど高度なテクノロジーを獲得した先進文明では、戦争は避けられないのかもしれない。人間社会が経験してきたような技術革新《イノベーション》が起きるためには戦争が欠かせないのかどうかは、私のような動物学者があずかる問題ではないが、私たちは自分たちの歴史を深読みしすぎないように注意する必要がある。

さらにいうと、戦いに対する私たちの見方は、霊長類の社会的行動の観察によってバイアスがかかっている。ほとんどの大型霊長類は、雄が雌をめぐって激しく競い合う社会で暮している。最上位のゴリラの雄は雌たちをハーレムに囲い、彼女たちと交尾しようとするライバルの雄と戦う。チンパンジーは

＊ピーター・ターチン著『超社会　一万年に及ぶ戦争はどのようにして人類を地球上で最高の協力者にしたのか（Ultrasociety: How 10,000 Years of War Made Humans the Greatest Cooperators on Earth）』を参照。

複数の雄と雌からなる群れで暮らすが、彼らの社会にも優劣の序列があり、階層を上りたい雄たちとってそれは狂暴な競争を生み出す土壌となっている。

この暴力が起こるのは、霊長類の社会が食料と配偶者というふたつの重要な資源を中心に形作られているからだ。ゴリラとチンパンジーがそのような暴力的な社会で暮らすのは、意外なことに、食料資源（ゴリラにとっては葉、チンパンジーにとっては主に果物）が比較的豊富にあるからであって、不足しているからではない。食料が豊富にあるのなら、雄はほかの雄より相対的に成功するために雌を独占する必要があるのだ。誰もがじゅうぶんに食料にありつけるのなら、ほかの雄よりも多く交尾することが、次世代により多くの遺伝子を残すことになるのである。

一方、小型霊長類の多くは雄どうしの暴力がはるかに少ない。食料が見つけづらく、散在していて、簡単に共有できないからだ。誰もがまともにランチを食べられず、ほとんどの時間を空腹で過ごしているような状態で、どうしてケンカなど起きるだろうか？

そういうわけで、暴力は人間社会だけでなく、地球上のほかの社会にもつきものなのだが、私たちは異星における暴力の進化や適応について、適切な理論を持ち合わせていない。ほかの惑星では「雄」とか「雌」とかいった概念が存在しない可能性はじゅうぶんにある。確かに本書では、地球上の性にもとづいた結論を多く導き出さないようにしてきた。地球外生命体におけるDNAに相当するものがわからないのに、ほかの惑星で「きょうだい間の対立」のようなおなじみのプロセスがどのように展開しうるかなど、理解のしようがないからだ。ひょっとしたら地球外生命体の根源的な「性質」は、集団内のメンバー間に激しい競争を生み出すものではないかもしれない。私たちがエイリアンとの接触を見越して、宇宙兵器で武装しておくべきかどうかについては、まだなんともいえない。

それでもターチンは正鵠を射ている。攻撃性の低い霊長類はたいてい一雄一雌のつがいとその子どもたちだけの小さな集団を作る。食料や住みかなどの重要な資源がきわめて乏しく、一家族によって簡単に独占されてしまうときには、大きな社会集団が有利となる可能性は低い。このような小さな家族集団が大規模なテクノロジー社会へと発展していくことは、決してないのかもしれない。対照的に、大きな社会（ミツバチやアリのような超近縁で構成されているものを除く）では、個体間の利害の対立が頻発する。攻撃と競争は避けられず、それが今度はイノベーションを促し、攻撃性を増したり張り合ったりする新たな方法を生み出す原動力となる。この憂鬱な真実が示しているのは、大規模な協力やイノベーションを生み出すには、結局のところ、暴力が必要なのかもしれないということだ。

私たちの人間社会は、今の私たちを形作るのに必須だったと思われる暴力性の多くを依然として保持している。おそらくどんな地球外生命体にも私たちを恐れる理由があるだろうし、その逆もしかりだ。しかし、私たちは自分たちの「人間の条件」の一部として、好戦的な過去（と現在）におけるパラドックスもよく理解している。もし地球外生命体がシェイクスピアの史劇『ヘンリー五世』のこの言葉に共感できるなら、私たちは彼らを恐れるよりも、彼らとの共通点を見出せるのではないかと私は思っている。

少数のわれら、幸福な少数のわれらは、兄弟の一団である。なぜなら今日、私とともに血を流す者は、私の兄弟となるからだ……。[*1]

普遍的な人類創造神話

私たちは人類が地球上でどのように進化したのかおおむね理解しているが、最も重要な細部についてはいまだに多くがすっぽり抜け落ちている。特に言語がどのようにして現れたのか、また人間に自己認識がいつどのようにして芽生えたのか、は知りたいところだ。しかしいずれにせよ、人類の進化の道筋には、社会性の拡大と結びついた認知能力の複雑化が伴っていたことは確かなようだ。どうやら私たちの祖先はある時点で賢さの臨界点に達したらしく、そこから人類は新たな技術的・社会的発展が成し遂げられるたびに、それがさらなる「発展」を促すという、「成功」の暴走状態に入った。そしてそれはついに行き着いたのだ——インターネットとネコの動画に。

人類の進化史で起きた革新のなかには、それが起きたときの地球上の条件ときわめて密接に結びついたものがある。たとえば（大半の霊長類がやっている四足歩行ではなく）二足歩行への適応は、人類にとって間違いなく決定的に重要なことだった。理由のひとつは、空いた両手で巧妙な操作や道具の作製ができるようになったからだが、これは地球史における幸運なまぐれ当たりだったのかもしれない。人類が二足歩行に移行した正確な理由については依然として白熱した議論が繰り広げられているが、多くの仮説は樹上から草原へと生活の場が移行したことを中心に展開している。ひょっとしたら、私たちの祖先が地上で生活し始めたとき、丈の長い草むらの上から顔を出すようにして高く立ち上がることが、獲物や捕食者を見つけるのに有利だったのかもしれない。もしかしたら、腕に食料を抱えて運べることが画期的だったのかもしれない。あるいは二本足で歩けば、頭上だけを太陽にさらすことになり、涼しさを保てたのかもしれない。最も可能性が高いのは、それらすべての理由の組み合わせだ。とはいえ、地球外知的生命体の進化も同じプロセスによって引き起こされるはずだ、と唱えるのは無謀というものだ。すでに知能をもっていた生物種に道具を作る習慣をもたらすのにちょうどよいタイミングで、異星の草が木に取って代わるとは考えにくい。この移行はきわめて地球特有のものだったのである。

しかし、私たちのような生物の進化に関しては、多くの惑星に共通するきわめて一般的な物語が、特定の生態学的・物理的条件とは関係なく存在している可能性はまだある。進化生物学の先駆者ジョン・メイナード・スミスと理論家のエオルシュ・サトマーリは、地球上の生命進化のなかでもとりわけ重要だと彼らが考えた革新について、非常に影響力の大きな本を執筆した。[*2] これらの革新はいずれも、私たちが知る生命にとっては欠くことのできないものだったが、それらの多く（DNAや性など）がほかの惑星でも発生するとはなかなか考えにくい。しかし、革新的進化のなかでも特に重要なものを見極めようとする姿勢はとても有益だ。私たちは、地球外生命体の具体的な細部については中立の姿勢を保ちつつ、同じことができるだろうか？

人類がどこに住んでいようとも、その進化について説明する普遍的な物語があるとしたら、次のようなものになるのかもしれない。

＊1　ウィリアム・シェイクスピア作『ヘンリー五世』第四幕、第三場より。
＊2　J・メイナード・スミス、E・サトマーリ著『進化する階層』（長野敬訳、シュプリンガー・フェアラーク東京）を参照。

初期の生命体は単純で、生物以外の資源からエネルギーを得ていた。その大半はおそらく惑星が周回している恒星からのエネルギーだっただろうが、惑星自体の熱やほかの発生源からも得ていたかもしれない。

最初の革新は、一部の生命体（捕食者）が他者（被食者）からエネルギーを得るようになったこと、つまり自然のエネルギーを利用するほかの生命体のはたらきを搾取するようになったことだ（第3章）。タダ乗りは常にひとつの選択肢であり、ゲーム理論によれば、この手の「ズル」の進化はどうやら避けられない。

捕食者も被食者もそれぞれ、食べるという目的と食べられないようにするという目的を達成するために競争する。すると、運動が進化してくる（第4章）。

ひとたび生物が動けるようになると、社会的行動が生まれる（第7章）。捕食される動物は群れることでそのリスクを減らすことができる。これによって、見張り行動や構造物の構築など、より積極的な防御戦略の可能性が開かれる。

もしふたつの個体が一緒に行動するようになれば、少なくとも互いを見つけられるようにコミュニケーションをとる必要が出てくる（第5章）。

この時点で（これより前は無理だとしても）、助け合う生物と競合する生物（似た生物どうし、あるいは捕食者と被食者）の間にある複雑な相互作用によって、知能が進化してくる（第6章）。知能とは世界を予測し、自分に有利な決定を下す能力だ。

コミュニケーション、社会的行動、知能が組み合わさって、大量の情報を伝達できるコミュニケーションシステムの進化へとつながり（第8章）、それはさらに、私たちにとって非常に見覚えのある生態系へとつながっていく。地球外生命体は、たとえその形態や化学的組成がまったく予想を超えたものであっても、鳥のようにさえずり、ライオンのように咆哮し、イルカのようにホイッスル音を発するだろう。

このような生態系がどのくらい継続するのかはわからない。ひょっとすると、次の段階に進む可能性はとんでもなく低いのかもしれない。それでも私たちは、それが宇宙で少なくとも一度は起きたことを知っている。しかしそれは私たちの生命の物語が始まってから、少なくとも三〇億年を要した。その理由やメカニズムが何であれ、ある時点で複雑なコミュニケーションは言語へと進化を遂げる（第9章）。

ついに、そしておそらく必然的に、言語能力をもつ知的で社会的な生物は複雑なテクノロジーを発達させる。それ以外の成果について知るのは困難だ。ほどなくして彼らは宇宙船を建造し、宇宙を探査するようになるだろう——先にみずからを滅亡させてしまわないかぎりは。

この一連の進化の出来事は、人類の進化につながった地球上の一連の出来事に近いものと思われる。もしほかの惑星でこれらの事象が同じ順序で起こり、社会的、知的、言語的、技術的《テクノロジー》に同じような生物を進化させたとしたら、私たちは彼らを「人間」に分類するのを本当に拒むのだろうか？

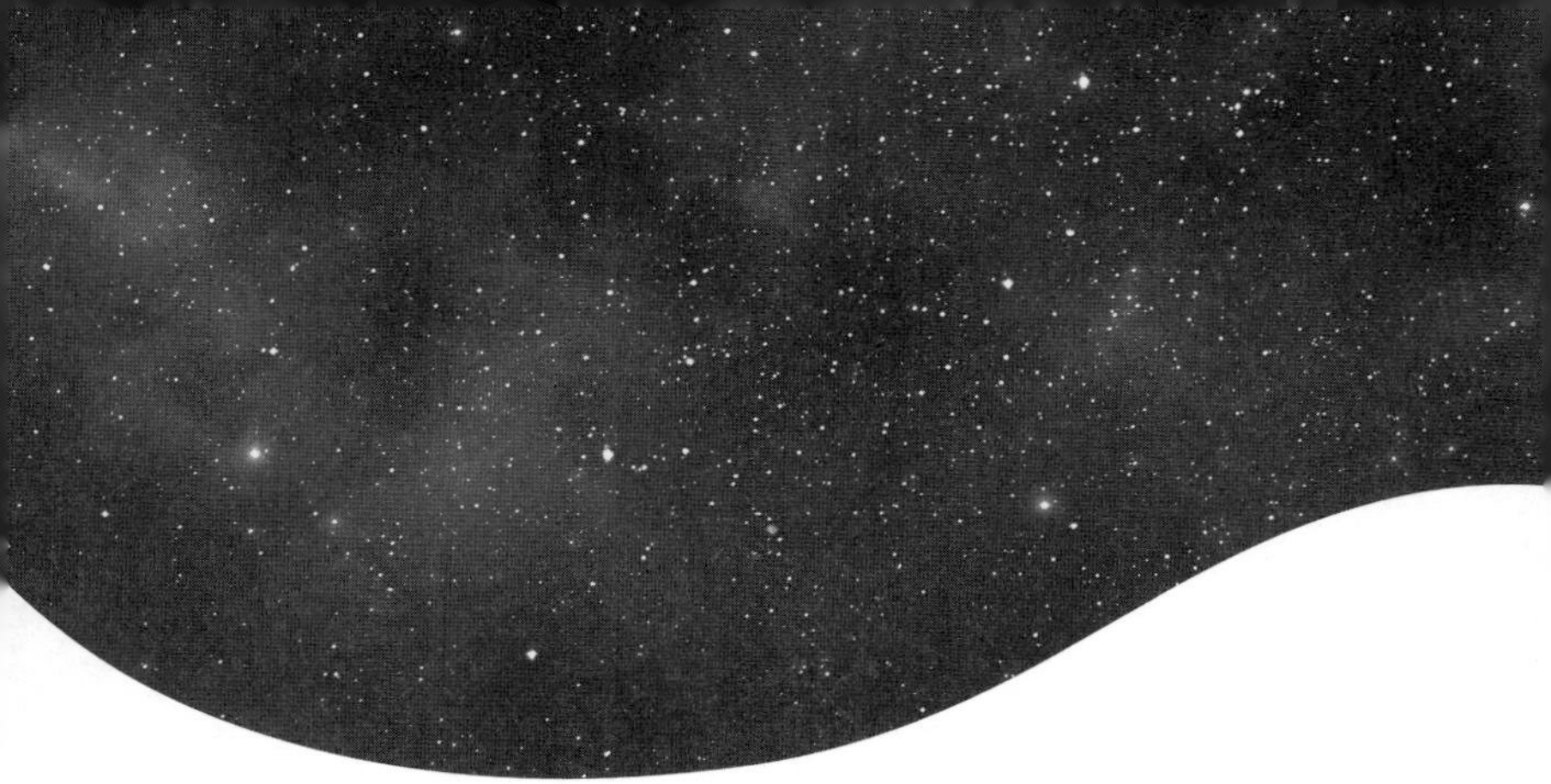

第 12 章

エピローグ

地球外生命体に関する私の考察は、どのくらい説得力があっただろうか。私の設けた仮定はおかしいと感じ、地球外生命体の暮らしぶりや行動のしかた、ひょっとすると私たちに対する意図、つまり彼らが親切で慈悲深いのか、それともそうではないのかについて、私とは異なる結論に達した人もいるかもしれない。しかし、あなたが何らかの結論——私と同じである必要はない——を導き出したのなら、私は成功だと思っている。私の主な目標は、地球外生命体がどのようなものかを見出すことはできると、みなさんに納得していただくことだ。なかにはデータがほとんどないのだから、地球外生命体についてあれこれ考えてもしかたない、という人もいる。そんなことはない。私たちには生命に関するあふれんばかりのデータがある。その生命が火星のものではなく地球のものであっても、つまるところ気にすることはないのだ。生命は法則に従っている。これらの法則を理解すれば、あらゆる場所の生命を理解できるようになるのだ。

　地球外生命体がどんな見た目なのか、私に語ってほしかったとお思いなのは承知している。おそらくみなさんがいちばん知りたかったのは、彼らが緑色なのかどうかだろう。また彼らに性があるのか、私たちは彼らとセックスができるのかについても、少なからぬ読者が知りたかったのではないだろうか。私たちが地球外生命体について知りたいことの大半は、映画やテレビのＳＦで描かれるエイリアンに大きく影響されており、実際、ＳＦには人間とエイリアンのハイブリット（交配種）がよく登場する。だが逆もしかりで、フィクションの表現には、私たちが知りたいことがある程度反映されているのだ。優れたＳＦ作品は「現実にはあるはずの」障壁を取り払うことによって、非常に厄介だが興味深い問題を探求する。私が個人的にＳＦ界のシェイクスピア作品だと考えている『新スター・トレック』はその好例だ。地球外生命体に関する問題というのは、たとえ正しい答えを知り得ないとしても、私たちにさまざまな可能性を思索させてくれる真に優れた問題なのである。

けれども私は、ＳＦよりもさらによいことをやったのだと信じている。私たちが異星の知的生命体に遭遇する可能性は、ほとんど無視できるほどわずかだ。たとえ私たちが地球外文明からのメッセージを受け取った（そしてそれに応答した）としても、その文明ははるか彼方にある——数百光年とはいわなくても、数十光年は離れている——だろうから、私たちの寿命が尽きる前に返答を得られる見込みはない。私がほかの惑星の岩がちな丘の中腹に座り、地球のオオカミに相当するエイリアンの子どもが、巣穴の外ではしゃぎまわる姿を双眼鏡で眺めることなど、起こり得ない。おそらく地球外生命体を本当の意味で研究できる唯一の方法は、進化論を利用することだ。生命に対する制約を理解して、それらをほかの惑星の物理的条件に当てはめれば、私たちは「異星の動物学者」に限りなく近づくことができる。それなのに地球の科学者たちは、どうやって彼らを理解したらいいのかと、相も変わらず頭を悩ませている——彼らをこの目で見ることなどかなわないとわかっているというのに。私たちは、異星からのシグナルを検出して変換するアルゴリズムを探す一方で、異星の動物に似ていそうな、地球上の動物の行動にも目を向けている。動物たちが協力し、コミュニケーションをとり、問題を解決する方法や理由を理解すれば、たとえ地球外生命体をじかに観察できなくても、彼らに対する理解をより深めることができる。

みなさんは、本書が地球外生命体についてのみ書かれた本だと思っていたかもしれないが、実際には生命一般、つまり最も基本的な意味におけるあらゆる生命に関する本であり、ほかの惑星の生命に負けず劣らず、地球の生命について扱っている。どこかの惑星に生息しうる生物のカタログではなく、生命とは何なのか、なぜ存在するのか、ほかのあらゆる生命と共通するものは何か、を理解するための本だ。生命の多様性については自然史に関する数多くの優れたテレビ番組が伝えているが、生命を統合する特徴について扱う番組は意外なほど少ない。これはそれほど驚くことではない。高名なデイビッド・アッテンボロー〔訳注：イギリスの動物学者であり作家。動植物のドキュメンタリー番組制作などに長年携わっている〕が活躍する昨今でさえ、私たちの大半は地球の生命のカタログに載っている多種多様な生き物に気づいてもいないのだから。私たちがまずやらなければならないのは、多様な生物がいることを把握し、それから理解することだ。

率直にいうと、本書で触れた概念の多くはきわめて複雑なものである。たとえば血縁選択説やゲーム理論の概念については、多くの学者が私の横柄なやり方に眉をひそめるだろうと思いながらも、複雑な細部を大胆に省いて簡潔にお伝えするように努めた。これでいいのだと思う。ほかの惑星の生物が、地球の物理的制約の細部には従わないまでも、一般的な法則に従うのと同じように、それらの法則自体が一般的な意味でより適用しやすくなるからだ。なぜ進化がそのようにはたらくのかを説明する数学的な基礎を省いたとしても、地球外生命体の本質について私が導き出した結論が大きく損なわれることはないだろう。第1章で私は、複雑系は本質的に予測不可能だとお話しした。これは真実であるが、だからこそ私たちが導き出す近似値には妥当性がある。場合によっては、厳密解を求めるよりも近似解を探し求めるほうが正確なのだ。

地球の生物学の法則がほかの惑星にも適用できるなら、私たちは人類が地球上のほかの生物とよく似ていることを——それは、単に共通祖先をもつからだけではないことを——なおいっそう確信をもって結論づけることができる。生物学の法則はいつなんどきも私たちに作用している。二〇世紀の動物行動研究の父ニコ・ティンバーゲンは、動物の行動（機能）は四つの異なる方法で説明されなければならないと提唱した。そのうちのふたつはメカニズムに関するもの——それがどう機能するのか、それはどのように（体内で）発達したのか——であり、残りのふたつは理由に着目したもの——それはなぜ進化史のなかで生じたのか、それはどんな進化上のメリットをもたらすのか——である。

たとえばオオカミの歯が鋭いのは、強力な石灰化によって歯が硬くなっているためだ。またそれは、胚の外側の細胞が厚くなり、のちに石灰化するという歯の胚発生のしかたを見ることによっても説明できる。これらはどちらもメカニズムに注目した説明だ。オオカミの歯を説明するには、「理由」を問うこともできる。オオカミが鋭い歯をもっているのは、オオカミが捕食性哺乳類の長い系統に属していて、祖先から体制と体の部位を受け継いでいるからだ。オオカミの肉食性の祖先は、恐竜が絶滅するかなり前のおよそ八〇〇〇万年前に、現生の（歯のない）センザンコウへと進化していった生物と枝分かれした。もちろんオオカミには鋭い歯がある。彼らは鋭い歯をもつ古代生物の子孫なのだ。

しかし、これら三つの説明はいずれも地球外生命体には特に関係はない。ほかの惑星では強い歯に使われるミネラルはカルシウムではないかもしれないし、彼らの胚が地球の生物の胚と同じパターンで成長することはないのはほぼ確実だ。それにエイリアンのオオカミが、地球のオオカミと共通の祖先をもっているはずがない。しかし、ティンバーゲンの第四の説明はほとんどの人が本能的に目を向けるものだ。なぜオオカミは鋭い歯をもっているのだろうか？　それはあなたを食らうのに好都合だからだ！

この第四の説明――科学者が「究極要因」と呼び、アリストテレスならば「目的因」と呼ぶもの――は、地球とまったく同様にほかの世界にも当てはまる。

こうしたことのすべては、宇宙探査の未来と地球外知的生命体の発見にとって、また人類と地球上の言語をもたないほかの知的生物種との継続的な共存にとって、何を意味するのだろうか？ 地球外知的生命体とのファースト・コンタクトが実際に起きれば、想定内のこともあれば、まったく思いもよらないこともたくさんあるだろう。その日に向けて精神的にも実質的にも備えておくひとつの方法は、彼らと私たちの類似点を理解し、知的生命体なら備わっているに違いない一定の特性があるという事実を受け入れることだ。地球外生命体に知能があるのかを見分けることさえ困難かもしれないが、その知能が私たちと同様の問題を解決することに向けられているのなら、それがどのように進化したのかについても同様の「究極要因」が当てはまるだろう。私たちにはすでに共通点があるのだ。彼らは私たちとは体のサイズや形が大きく異なるかもしれないが、その行動、すなわち動き方や食べ方や社会のなかでの集い方は、きっと私たちと似ている。第1章で私は、「地球外生命体が私たちと同じように家庭をもち、ペットを飼い、本を読んだり書いたりし、子どもや親族の世話をしているとしたら、彼らの皮膚が緑色だろうと青かろうと、どうでもいいではないか」と書いた。ここまで読み進めてきたみなさんには、この状況がたぶんに起こりうることに同意していただけると願っている。今の私たちを作り出した進化の力は、ほかの惑星でも私たちと似たような生物を作り出すようにはたらいているはずだ。

同時に私たちは、知的生命体の潜在的な多様性とも折り合いをつけなければならない。地球に暮らす隣人たちはこれに対する有用な実験場を提供してくれる。動物は私たちと同じ物理的条件の下で進化してきたかもしれないが、すべての種が異なる進化の軌跡をたどり、生き残りをかけて驚くほど多種多様な解決策を導き出してきた。彼らは「劣った人類」ではない。飛行機もテレビも必要とせず、そして何よりも言語を必要とせずに、環境に適応するべく進化してきたのだ。言語は、ときには私たちを分断するようにみえるが、すべての人を結びつけている。実際、人間はみなその言語能力のおかげで、たとえ言葉の細部が混乱を招くにせよ、他者の心の内を知ることができるのだと私たちは理解している。そして言語の存在そのものが、人間はなぜほかの生物と異なるのか、宇宙全体の生命から何が期待できるのかについて、多くを教えてくれる。

地球外生命体が発見される日に向けて、どのように備えたらよいのだろうか？　宇宙生物学は今のところはちっぽけな研究分野だが、発展途上にある。このテーマに関する科学的な著作物は比較的少ないとはいえ、非常に有用な情報源を本書の最後に掲載した。フレッド・ホイルの『暗黒星雲』のような優れたSF作品なら、マスメディアが描き出す軽率でくだらないエイリアンに対してじゅうぶんに異を唱えられる。皮肉なことに、古いSF作品ほど地球外生命体に関する現代の偏見にとらわれていない可能性が高く、より正確かもしれない。とはいえ、何よりもまずは双眼鏡を取り出して、この地球上にいる小さなエイリアンたちを見てほしい。街なかで餌を探しまわるキツネから空高く舞い上がり南極へわたっていくキョクアジサシまで、こうした生き物たちは実にさまざまな可能性を内に秘めている。そのなかにはほかの惑星の住民と共有している特徴が、少なくともいくつかはあるはずだ。

しかし結局のところ、私たちと地球外生命体との関係――たとえ私たちの心のなかにしか存在しない関係であっても――は、彼らとの直接的な比較や、ひょっとしたら競争のなかで、私たち自身がみずからをどう捉えるかによって変わってくるのだろう。私たちは彼らを脅威と感じるのだろうか？　もしかしたら、私たちが彼らを脅かすのだろうか？　彼らは私たちよりも賢く、強く、好戦的だろうか？　それとも従順だろうか？　たとえ「植民地化」が現実的な選択肢ではないとしても、私たちが宇宙で唯一の知的生命体ではないことが明らかになれば、私たちが何者であり、なぜここに存在するのか、という感覚は今とはまったく異なる土台の上に置かれるだろう。

その一方で、私たちと地球外知的生命体とを生物学的に直接比較できれば、宇宙の生命についてより完全でより満足のいく説明が得られる。銀河系でもし「ご近所さん」に出くわしたなら、私たちは両者のあまりの違いに衝撃を受けるだろうが、ティンバーゲンの究極要因、つまりアリストテレスの目的因に注目すれば、私たちは居住している惑星に関係なく、私たちとは見た目の異なるもっと多様なタイプの「人間」を受け入れられるようになるのかもしれない。

科学者にとって、初めて一般読者に向けた本を執筆するということは、初めての子を授かるようなものだ。何をすべきかまるで見当がつかない。何をやっても間違っていると思えて、結局、非行に走る不機嫌なティーンエイジャーのごとくなり果てる。真夜中に急に、飛び起きもする。何か重要なことを忘れていて、すぐさまそれに対処しなければ、と突然気づくのだ。途中で多くの助けやアドバイスがあれば、たとえそのおかげで夜ぐっすり眠れるようになるわけではないとしても、そうした心配はいくぶんやわらぐ。

妻と子どもたちは、私の型破りな執筆活動にけなげに耐えてくれた。特に息子のサイモンと父のレスターは、私が各章を書きあげるたびにそのすべてを読み、細部にわたって正直な（しばしば正直すぎる）コメントを寄せてくれた。本当にありがとう。また原稿のチェックを買って出てくれたテネシー州ノックスビルのジョーダン・ハビビー、サセックス大学のホリー・ルートガタリッジ、テキサス大学のモーガン・ガスティソン、ユニバーシティ・カレッジ・ロンドン（UCL）のアレシア・カーター、そしてここケンブリッジ大学のエマ・ワイスブラットにも感謝を申しあげたい。彼らは果敢にも二週間ですべての原稿に目を通し、すばらしいフィードバックを提供してくれた。

本書の着想には、世界各地で得たさまざまな経験が活かされている。エネルギッシュな哲学者であり、動物認知の研究者であり、また本書の多くの章に対して貴重なご意見をいただいたサラ・ウォーラーは、イエローストーン国立公園内にある私たちのオオカミ研究の場を、長年ひとりで取り仕切ってきた人物だ。私は、彼女と犬の訓練士のジェシカ・オーエンズ、そしてハイエナの擁護者であるエイミー・クレア・フォンテーヌ（執筆仲間であり、励ましの源でもある）とともに、プラスチックの結束バンドがまるでビスケットのようにポキリと折れるほどの極寒のなかで、深い雪と闘いながら昼夜を問わず何日も過ごした。すべてはオオカミが何を話しているのかを解き明かすためだ。ほかにも、私が本書を執筆するに至るまでの年月を支えてくれた、動物コミュニケーションの研究者たちがいる。たとえば、オオカミ研究で知られる生物学者のホリー・ルートガタリッジ、コガラの専門家であるコーネル大学のキャリー・ブランチ、テネシー大学のトッド・フリーバーグ、ハイラックスを研究するバル＝イラン大学のアミヤル・イラニー、海洋生物学者であるベン・グリオン大学のナダフ・シャシャールなどだ。また、カリフォルニア大学ロサンゼルス校（UCLA）のダン・ブラムスタインは、長年にわたる私のメンターであり、励ましの源であり続けている。彼がいなければ、私が本書の執筆にとりかかることはおそらくなかっただろう。さらにふたりの科学者についても言及させてほしい。動物と地球外生命体とを結びつけたこの旅を私に始めさせてくれたのは、つばなしニット帽がトレードマークの物理学者で、SETIを唱導するローランス・ドイルである。そしてもうひとりの伝説的な人物は、サイモン・コンウェイ＝モリスだ。彼は三五年前のある深夜、大学の地質学博物館の鍵を開け、当時一九歳だった私を含む三人の学部生に恐竜の骨についてレクチャーしてくれた。それ以来、彼からは折に触れて有益なアドバイスをいただいている。

新しい分野《フィールド》にひとりで踏み込んでいくことには危険がつきまとう（私は長年にわたり野外《フィールド》で仕事をし

てきたので、このことをよくわかっている)。やはり、道を教えてくれる経験者が必要だ。著作権代理人のマイケル・アルコックは、このプロジェクトとそれを遂行する私の能力を信じて、実現への道を整えてくれた。ペンギン・ランダムハウス社のダニエル・クルーとコナー・ブラウンも、私がその狭き道を真っすぐに進めるように、熱意をもって、ためらわずに発破をかけてくれた。またキャサリン・エイルズは、洞察力と直観力をはたらかせて原稿の整理編集作業をおこない、すばらしいアイデアをいくつも出してよりよいものに仕上げてくれた。

ケンブリッジ大学のガートン・カレッジの私のオフィスからは、手入れの行き届いた美しいキャンパスが一望できる。まさに執筆にはうってつけの場所だ。加えて私は学生たちにも感謝を伝えたい。彼らに教えることで、自分はこのような話が、何時間でも語っていられるほど好きなことに気づかせてもらえたからだ。

最後に愛犬ダーウィンへ。君とはこの一二年間に二万キロメートルを優に超える距離をともに歩いてきたね。最近はふたりともペースが落ちてきたけれど、君の傍らを歩きながら静かに思索にふけるときが、私にとって最高に生産的な時間だ。

アリク・カーシェンバウム
ケンブリッジ大学ガートン・カレッジ

訳者あとがき

私たちはいつの日か、エイリアンに遭遇することになるのだろうか？　エイリアンといえば、いまだにオカルト話やＳＦ映画の域を出ないと感じる方もいるだろう。しかし、そのような超自然的な、空想の世界のエイリアンではなく、あるいは単純な細菌のような生命体でもなく、私たちと同じように社会生活を営み、知能があって、言葉を操るようなエイリアンに出会えるのだろうか？　彼らはどんな姿をしていて、どんなふうにしゃべるのだろう？　そして彼らとのファーストコンタクトが本当に起きたら、私たちは彼らを、そして自分たちを、どのような存在だと感じるのだろうか？

本書に出会うまで、私はそんなことを真剣に考えたことはなかった。近年、ハビタブルゾーンにある系外惑星がいくつも見つかり、宇宙のほかの場所にも生命はきっと存在するのだろうとぼんやり想像しながらも、そんなはるか遠い星に棲む生き物に自分が生きている間に出会うことなど不可能だし、そもそも地球とは異なる世界に生きる地球外生命体は私たちとはかなり異質なはずで、彼らを具体的に思い描くことなどできないと思っていたのだ。

比較的新しい学問分野である宇宙生物学は、これまで主に生命の起源について扱ってきた。地球の生命誕生のプロセスや異星に生命が存在する可能性については、第一線の科学者によってかなり突っ込んだ議論がなされるようになり、また系外惑星の物理的環境についても、科学技術の向上によって、直接測定できることも増えてきたという。今や多くの科学者が、地球外生命体がどこかに存在することを確信している。

本書はこのような従来の宇宙生物学から一歩踏み込み、これまでほとんど考えられてこなかった問題について、掘り下げている。つまり、本当に地球外生命体が存在するとしたら、彼らはどんな生き物でありそうなのかについて、普遍的な科学の法則を拠りどころにして、まじめに考察した異色の意欲作なのだ。

著者アリク・カーシェンバウムはケンブリッジ大学の著名な動物学者であり、進化生物学者である。本書で彼は、地球だけでなく宇宙においても真に普遍的な物理学と化学の法則と、普遍的だと強く示唆される生物学の法則、とくに自然選択を用いて、キワモノ扱いされがちなエイリアンの姿を、科学的に、健全に、そして真摯に、ひとつひとつ解き明かしていく。異論ももちろんあるだろう。なにしろまだ萌芽期にある学問だ。しかし、豊富な知見をもとに描き出される地球外生命体の姿は、じつに生き生きとしていて、読んでいてわくわくさせられる。

エイリアンの世界に、地球の動物学の観点から切り込むという斬新なアプローチには正直驚かされたが、これは著者が特に動物のコミュニケーションの専門家であることが関係している。その著者によって論じられる、動物たちのシグナルの伝達や感覚、個体間のコミュニケーション、集団の形成や利他行動といった社会性の発生、知能や言語の進化についての考察は、説得力に富み、非常に興味深い洞察を与えてくれる。また人工知能や、人間とは何かという、人類がこれから先に向き合わざるをえない深淵なテーマについても、著者は果敢に挑んでいる。

本書はエイリアンをテーマに扱っているが、その背景に浮かび上がってくるのは地球の生命の本質であり、人間と動物に関する数々の見識だ。それゆえに、地球外生命体について知りたい人にとってはもちろんのこと、地球上の生命の本質について学びたい人にとっても、格好の書となっている。

人間には「頭のなかで宇宙のモデルを構築し、さまざまなシナリオの下で何が起こるかを予測する能力」があり、実際にリスクを冒すことなく、「心的シミュレーション」をおこなうことができる(第6章参照)。生命を宿す異星に実際に赴くことはかなわなくても、そこがどんな世界で、それゆえにどんな生物が暮らしていそうかを論理的に考え、実際に体験するかのように頭のなかで処理できるのだ。人間特有のこの能力をおおいに活かし、宇宙のどこかにきっと存在するエイリアンたちの生き方について、思索すること。それは、地球外生命体の研究に役立つデータや材料、科学的知見、観測機器などが徐々に整いつつあり、あれこれ思いめぐらす余地がたっぷりある今こその楽しみかもしれない。

本書をひも解いてみれば、あなたのエイリアン観は空想の域を離れてより地に足の着いたものとなるとともに、まるで映し鏡のように、地球の動物たちに対するあなたの見方も変わることだろう。そして改めて、地球の生命の複雑さと多様性に、そしてこの地球上で、あるいは宇宙で、人間とはいったいどのような存在なのかについて、これまでとは違った角度から思いを馳せることだろう。

最後になったが、地球外生命体だけでなく、あらゆる生命の本質について扱う本書に出会わせてくださり、丁寧に原稿を読み込んでくださった柏書房の二宮恵一氏に、心より感謝を申し上げる。

穴水由紀子

二〇二四年三月

私たちの協力的な行動を形作るうえで、戦争が果たしたかもしれない役割について論じられている。

The Major Transitions in Evolution by John Maynard Smith and Eörs Szathmáry、『進化する階層』J・メイナード・スミス、E・サトマーリ著（長野敬訳、シュプリンガー・フェアラーク東京）
非常に専門的な本であることは間違いないが、地球上の生命進化の過程で起きた革新的な進化の詳細について知りたいなら、この本がお勧め。

Dawn of the Dog: The Genesis of a Natural Species by Janice Koler-Matznick
絡み合った種と種の関係を解きほぐすことがいかに大変なのかを感じさせてくれる有益な本。飼い犬の起源さえ科学的にはわかっていない。この本ではいくつかの興味深い仮説が提唱されている。

The Blind Watchmaker by Richard Dawkins、『盲目の時計職人　自然淘汰は偶然か？』リチャード・ドーキンス著、第1章参照。

Out of the Silent Planet by C. S. Lewis、『沈黙の惑星を離れて　マラカンドラ・火星編』C・S・ルイス著（中村妙子訳、原書房）
'Religion and Rocketry' by C. S. Lewis〔訳注：C・S・ルイス編 *'The world's last night, and other essays'* に所収〕
『沈黙の惑星を離れて　マラカンドラ・火星編』は、『ナルニア国物語　ライオンと魔女と洋服だんす』の著者による魅力的な初期（1938年）のSF小説。科学と宗教に関するルイスの小説とエッセイは一読の価値あり。

Life Concepts from Aristotle to Darwin: On Vegetable Souls by Lucas John Mix
植物に魂はあるのだろうか？　ほかの惑星に生命が存在する可能性を考えるなら、このたぐいの問題を避けては通れない。アリストテレス以降の哲学者たちはこの問題を非常に真剣に考えていたことがわかる。

Wild Animals I Have Known by Ernest Thompson Seton、『シートン動物記』アーネスト・T・シートン著（平沢茂太郎ほか訳、集英社ほか）
シートンの著作のなかでも特にこの本は、動物たちの生活と行動に関する描写が見事。やや擬人化された表現だが、著者は熟練した博物学者であり行動観察者である

The Impact of Discovering Life Beyond Earth edited by Steven J. Dick、第1章参照。

The Blank Slate: The Modern Denial of Human Nature by Steven Pinker、『人間の本性を考える　心は「空白の石版」か』スティーブン・ピンカー著（山下篤子訳、NHK出版）
ピンカーは、人間の本質は物理的な生物学的現象だという主張を確信をもって示している。

Sociobiology: The New Synthesis by E. O. Wilson、『社会生物学』エドワード・O・ウィルソン著（伊藤嘉昭監訳、新思索社）
ウィルソンも同様に、人間の行動は基本的に生物学によって説明できると考えている。

Ultrasociety: How 10,000 Years Of War Made Humans The Greatest Cooperators On Earth by Peter Turchin

物の創造者たち』スティーブン・レビー著（服部圭訳、朝日新聞社）
人工生命という新分野（1992 年当時）への比較的平易な入門書。ここでいう人工生命とは自己複製するコンピューターエージェントのこと（であり、必ずしも物理的なロボットのことではないが、レビーはこれにも言及している）。

The Meme Machine by Susan Blackmore、『ミーム・マシーンとしての私』スーザン・ブラックモア著（垂水雄二訳、草思社）
「ミーム」の概念が世界でどのようにはたらくのか、観念の進化が生物の進化とどのように似ているのかについて書かれた優れた入門書。

Wonderful Life by Stephen J. Gould、『ワンダフル・ライフ　バージェス頁岩と生物進化の物語』スティーヴン・ジェイ・グールド著、第 2 章参照。

Life's Solution by Simon Conway Morris、『進化の運命　孤独な宇宙の必然としての人間』サイモン・コンウェイ＝モリス著、第 2 章参照。

Superintelligence: Paths, Dangers, Strategies by Nick Bostrom、『スーパーインテリジェンス　超絶 AI と人類の命運』ニック・ボストロム著（倉骨彰訳、日本経済新聞出版社）
暴走する AI の潜在的な危険性について非常に包括的に（そしてかなり詳細に）論じられている。やや悲観的な見解かもしれないが、説得力がある。

The Conscious Mind: In Search of a Fundamental Theory by David J. Chalmers、『意識する心　脳と精神の根本理論を求めて』デイヴィッド・J・チャーマーズ著（林一訳、白揚社）
Consciousness Explained by Daniel C. Dennett、『解明される意識』ダニエル・C・デネット著（山口泰司訳、青土社）
ふたりの著者はいずれも、「心」は「体」から切り離されているのかという問題と格闘している。どちらの本も特にやさしい本ではないことに注意。とはいえ、もしこの非常に重要な問題を探求したいなら、これらの本でほとんどこと足りるだろう。

Intelligent Life in the Universe by I. S. Shklovskii and Carl Sagan、第 1 章参照。

第 11 章　私たちが知る人間性

What It's Like to Be a Dog by Gregory Berns、『イヌは何を考えているか　脳科学が明らかにする動物の気持ち』グレゴリー・バーンズ著、第 6 章参照。

Are We Smart Enough to Know How Smart Animals Are? by Frans de Waal、『動物の賢さがわかるほど人間は賢いのか』フランス・ドゥ・ヴァール著、第 6 章参照。

Superintelligence by Nick Bostrom、『スーパーインテリジェンス　超絶 AI と人類の命運』ニック・ボストロム著、第 10 章参照。

第９章　言語――唯一無二のスキル

The Language Instinct by Steven Pinker、『言語を生みだす本能』スティーブン・ピンカー著、第８章参照。

The Language Myth: Why Language Is Not an Instinct by Vyvyan Evans、『言語は本能か　現代言語学の通説を検証する』ビビアン・エバンズ著（辻幸夫ほか訳、開拓社）

『言語を生みだす本能』を書いたピンカーの立場とは対照的。独自の視点をもつ著者による楽しい本。

The Evolution of Language by W. Tecumseh Fitch、第５章参照。

The Diversity of Life by E. O. Wilson、『生命の多様性』エドワード・O・ウィルソン著（大貫昌子・牧野俊一訳、岩波書店）

著名なサイエンスコミュニケーターによる刺激的な概説書。生態学、多様性、地球における生命進化と共存のメカニズムについて書かれている。

Xenolinguistics: Toward a Science of Extraterrestrial Language edited by Douglas Vouch

地球外生命体の言語を認識し、意味を解釈するためのさまざまな方法に関する論文集。

第 10 章　人工知能――宇宙はロボットだらけ？

Crabs on the Island by Anatoly Dneprov、『蟹が島を行く』アナトーリイ・ドニェプロフ著（深見弾ほか訳、早川書房）〔訳注：ダルコ・スーヴィン編『遥かな世界　果しなき海』に所収〕

自己複製ロボットの暴走を描いた、ソ連時代のすばらしく独創的な SF 短編小説。

Endless Forms Most Beautiful: The New Science of Evo Devo and the Making of the Animal Kingdom by Sean B. Carroll、『シマウマの縞　蝶の模様　エボデボ革命が解き明かす生物デザインの起源』ショーン・B・キャロル著（渡辺政隆訳、光文社）

遺伝子が生物の形態をどのように制御し、発達させているのかについて書かれた、非常に影響力のある本。

At Home in the Universe: The Search for the Laws of Self-Organization and Complexity by Stuart Kauffman、『自己組織化と進化の論理　宇宙を貫く複雑系の法則』スチュアート・カウフマン著（米沢富美子監訳、筑摩書房）

ある程度の数学の知識が必要だが、単純系で自発的に進化する構造の奥深いエレガンスが理解できればじゅうぶん読める。

Artificial Life: The Quest for a New Creation by Steven Levy、『人工生命　デジタル生

イリーン・マキシン・ペパーバーグ著（渡辺茂ほか訳、共立出版）
ペパーバーグによるヨウムの言語能力研究に関する決定版。

The Black Cloud by Fred Hoyle、『暗黒星雲』フレッド・ホイル著、第2章参照。

Calculating God by Robert J. Sawyer
銃弾飛び交うスリリングな展開ではなく哲学的な話がメインのハードSFの傑作。地球に到来したエイリアンが神が存在する証拠を集めていることを知り、がんに侵された無神論者の古生物学者がみずからの信念体系に疑念を抱く。

第7章　社会性——協力、競争、ティータイム

The Selfish Gene by Richard Dawkins、『利己的な遺伝子』リチャード・ドーキンス著、第1章参照。

The Private Life of the Rabbit by Ron M. Lockley、『アナウサギの生活』ロナルド・ロックレイ著（立川賢一訳、思索社）
オリールトンの屋敷の敷地内に特別に設けた囲いのなかで、野生のアナウサギの行動を研究した博物学者が、美しく魅力的な筆致で描いた本。アナウサギの社会的行動に関する比類なき洞察は、作家リチャード・アダムズに多大な影響を与えた。アダムスは『ウォーターシップ・ダウンのうさぎたち』に登場するキャラクターたちの主要な情報源としてこの本をあげている。

Evolution and the Theory of Games by John Maynard Smith、『進化とゲーム理論　闘争の論理』ジョン・メイナード＝スミス著（寺本英ほか訳、産業図書）
進化におけるゲーム理論の重要性について書かれたスタンダードな教科書。簡単には読めないが、私がほんの少し触れた内容について詳しく知りたい人にお勧め。

Are Dolphins Really Smart? by Justin Gregg、『「イルカは特別な動物である」はどこまで本当か　動物の知能という難題』ジャスティン・グレッグ著、第6章参照。

Baboon Metaphysics: The Evolution of a Social Mind by Dorothy L. Cheney and Robert M. Seyfarth
霊長類の行動研究の先駆者であるチェイニーとサイファースが執筆。ヒヒの社会生活が生き生きと描かれている。

第8章　情報——太古からある商品

The Cosmic Zoo by Dirk Schulze-Makuch and William Bains、第4章参照。

The Language Instinct: How the Mind Creates Language by Steven Pinker、『言語を生みだす本能』スティーブン・ピンカー著（椋田直子訳、NHK出版）
言語の進化研究における、ふたつの主要な流れのうちのひとつがしっかりと書かれている。面白くてためになる。

Are Dolphins Really Smart?: The Mammal Behind the Myth by Justin Gregg、『「イルカは特別な動物である」はどこまで本当か　動物の知能という難題』ジャスティン・グレッグ著（芦屋雄高訳、九夏社）
人気者だが非常に誤解されているイルカについて、また笑顔の裏に隠されたイルカの生態のさまざまな側面について、包括的に説明されている。

Kinds of Minds: Towards an Understanding of Consciousness by Daniel C. Dennett、『心はどこにあるのか』ダニエル・デネット著（土屋俊訳、筑摩書房）
意識に対して哲学的な観点から厳しく迫っており、多くの点で挑戦しがいのある本。とはいえ、デネットはこれを本職の哲学者よりも首尾よくやり遂げており、読みやすさは失われていない。

Mortal Questions by Thomas Nagel、『コウモリであるとはどのようなことか』トマス・ネーゲル著（永井均訳、勁草書房）
デネットとは逆の見解だが、相当難しい。意識の本質に関する詳細な哲学的議論に興味がある人向け。

The Mismeasure of Man by Stephen J. Gould、『人間の測りまちがい』スティーヴン・J・グールド著（鈴木善次ほか訳、河出書房新社）
グールドがこの本を執筆したのは、人種間の知能の差異に関する主張に「科学的な」妥当性を見出す傾向を非難するためだ。興味深い読み物であり、科学の知識が悪用されうることを思い出させてくれる重要な一冊。

Through a Window: My Thirty Years with the Chimpanzees of Gombe by Jane Goodall、『心の窓　チンパンジーとの三〇年』ジェーン・グドール著（高崎和美ほか訳、どうぶつ社）
史上最も有名な霊長類学者によるすばらしい研究の記録。彼女が研究したチンパンジーたちが、人間である私たち自身の理解を深めてくれる。

The Genius of Birds by Jennifer Ackerman、『鳥！　驚異の知能　道具をつくり、心を読み、確率を理解する』ジェニファー・アッカーマン著（鍛原多惠子訳、講談社）
鳥の行動、特に鳥の知能について気楽に楽しく学べる。

Contact by Carl Sagan、『コンタクト』カール・セーガン著（池央耿ほか訳、新潮社）
著名な天文学者による史上最高のSF小説のひとつ。地球外知的生命体からメッセージを受信するとはどういうことなのかを教えてくれる。

The Impact of Discovering Life Beyond Earth edited by Steven J. Dick、第1章参照。

The Alex Studies: Cognitive and Communicative Abilities of Grey Parrots by Irene Pepperberg、『アレックス・スタディ　オウムは人間の言葉を理解するか』ア

れている。

The Cosmic Zoo: Complex Life on Many Worlds by Dirk Schulze-Makuch and William Bains
シュルツェ＝マクッフとベインズは、地球のような惑星はめったにないという説に対抗し、複雑な生命はほかの惑星でも進化する可能性が高いという興味深いアイデアを探っている。

Restless Creatures by Matt Wilkinson、『脚・ひれ・翼はなぜ進化したのか』マット・ウィルキンソン著、第2章参照。

Life's Solution by Simon Conway Morris、『進化の運命　孤独な宇宙の必然としての人間』サイモン・コンウェイ＝モリス著、第2章参照。

Wonderful Life by Stephen J. Gould、『ワンダフル・ライフ　バージェス頁岩と生物進化の物語』スティーヴン・ジェイ・グールド著、第2章参照。

The Formation of Vegetable Mould, Through the Action of Wworms, With Observations on Their Habits by Charles Darwin、『ミミズによる腐食土の形成』チャールズ・ダーウィン著（渡辺政隆訳、光文社）
ミミズの行動に関する詳細なメモを通して、偉大な科学者の精神に触れることができる。独特で魅力あふれる本。

第5章　コミュニケーションのチャネル

'Possible Worlds' by J. B. S. Haldane、第2章参照。

The Evolution of Language by W. Tecumseh Fitch
動物界全般の言語の本質と進化に関するいくぶん専門的な教科書。軽い読み物ではないが、言語とは何か、言語がなぜ存在するのかに関心がある人は必読。

第6章　知能（それが何であれ）

Are We Smart Enough to Know How Smart Animals Are? by Frans de Waal、『動物の賢さがわかるほど人間は賢いのか』フランス・ドゥ・ヴァール著（松沢哲郎監訳、紀伊國屋書店）
頭脳明晰で説得力のある著者による、動物の意識に関する定番書のひとつ。人間と動物の違いについて私たちが抱くほぼすべての先入観に異議を唱えている。

What It's Like to Be a Dog: And Oother Adventures in Animal Neuroscience by Gregory Berns、『イヌは何を考えているか　脳科学が明らかにする動物の気持ち』グレゴリー・バーンズ著（野中香方子ほか訳、化学同人）
イヌが何を考えているのかを理解するため、イヌをMRIにかけた神経科学者の物語。

性は必ず存在すると思われるかもしれない。

Astrobiology: Understanding Life in the Universe by Charles S. Cockell
宇宙生物学に関する一般向けのわかりやすい教科書。大学1、2年生向けの本だが、専門的な内容に関心のある人なら誰でも面白く読める。

Life in Space: Astrobiology for Everyone by Lucas John Mix
教科書ではないが、平易で明快な入門書。宇宙生物学全般の生物学的・哲学的問題を扱っている。

第3章　動物とは何か、地球外生命体とは何か

Animal, Vegetable, Mineral? How Eighteenth-Century Science Disrupted the Natural Order by Susannah Gibson
生物分類の歴史を楽しく説明したとても読みやすい本。奇妙ですばらしい生物学者がたくさん登場する。

Moby-Dick by Herman Melville、『白鯨』ハーマン・メルヴィル著（八木敏雄訳、岩波文庫）
古典的な海洋小説であり、クジラの生態に関する情報が豊富に含まれているが、そのすべてが科学的に正確というわけではない。

The Garden of Ediacara: Discovering the First Complex Life by Mark a. S. McMenamin
一般読者向けに書かれているが、やや専門的。地質学的な推理小説に興味があるなら、きっと楽しめるだろう。

Life: An Unauthorised Biography by Richard Forty、『生命40億年全史』リチャード・フォーティ著（渡辺政隆訳、草思社）
リチャード・フォーティは作家としてもすばらしく、地球の進化史に関する彼の説明は非常に理解しやすい。

The Origins of Life: From the Birth of Life to the Origin of Language by John Maynard Smith and Eörs Szathmáry、『生命進化8つの謎』ジョン・メイナード＝スミス、エオルシュ・サトマーリ著（長野敬訳、朝日新聞社）
明らかに専門的だが名著。より詳細で、より厳密な分析を求める人向け。

Life's Solution by Simon Conway Morris、『進化の運命　孤独な宇宙の必然としての人間』サイモン・コンウェイ＝モリス著、第2章参照。

第4章　運動――宇宙を走り、滑空する

Rare Earth: Why Complex Life Is Uncommon in the Universe by Peter D. Ward and Donald Brownlee
複雑な生命の進化に適した惑星について、やや悲観的だがきわめて重要な説明がなされている。宇宙生物学と惑星の居住可能性に関する詳しい入門書として優

The Black Cloud by Fred Hoyle、『暗黒星雲』フレッド・ホイル著（鈴木敬信訳、法政大学出版局）

20 世紀最高の天文学者のひとりが書いたおそらく史上最高のハード SF。巨大なガス雲状の地球外知的生命体の発見にまつわる物語だが、この本のたぐいまれな点は、科学者たちが協力して未知の存在を理解していくプロセスを明らかにしていることだ。

Restless Creatures: The Story of Life in Ten Movements by Matt Wilkinson、『脚・ひれ・翼はなぜ進化したのか』マット・ウィルキンソン著（神奈川夏子訳、草思社）

マット・ウィルキンソンは翼竜の飛翔の専門家だが、動物の運動全般を扱うこの本は読み応えがあり、特に本書第 4 章の理解に役立つ。

Life's Solution: Inevitable Humans in a Lonely Universe by Simon Conway Morris、『進化の運命　孤独な宇宙の必然としての人間』サイモン・コンウェイ＝モリス著（遠藤一佳ほか訳、講談社）

包括的でやや専門的。地球上で観察される生物たちの、ほぼすべての形質における収斂進化の証拠を集めた情報の宝庫である。コンウェイ＝モリスはこの収斂が普遍的な性質だと力強く主張しており、これらの議論は私が本書で披露したアイデアの構築に役立っている。

Wonderful Life: The Burgess Shale and the Nature of History by Stephen J. Gould、『ワンダフル・ライフ　バージェス頁岩と生物進化の物語』スティーヴン・ジェイ・グールド著（渡辺政隆訳、早川書房）

ほとんどすべての形質は収斂するというコンウェイ＝モリスの意見とは対照的に、スティーヴン・ジェイ・グールド（コンウェイ＝モリスの仕事仲間）は、進化の結果は予測できないと主張する。両方の本を読んで、ぜひあなた自身の結論を導き出してほしい。

When Life Nearly Died: The Greatest Mass Extinction of All Time by Michael J. Benton

現在の地球環境の変化を考えると少し憂鬱な気持ちにさせられる本だが、だからこそ、このほとんど知られていない時代の地球史を理解することはいっそう重要だ。

The Blind Watchmaker by Richard Dawkins『盲目の時計職人　自然淘汰は偶然か？』リチャード・ドーキンス著、第 1 章参照。

The Red Queen: Sex and the Evolution of Human Nature by Matt Ridley、『赤の女王　性とヒトの進化』マット・リドレー著（長谷川眞理子訳、早川書房）

性の本質、つまり性《セックス》がどのようにおこなわれるかではなく、なぜ進化したのかについて書かれた本で、重要な視点を与えてくれる。ほかの惑星に性が存在するかどうかはわからないが、この本を読んだら、あなたは私が間違っていて、

もっと知りたい人のために

第1章　はじめに

The Planet Factory: Exoplanets and the Search for a Second Earth by Elizabeth Tasker
系外惑星の科学に関する明快で平易な入門書。系外惑星の見つけ方やその姿などを紹介。

Intelligent Life in the Universe by I. S. Shklovskii and Carl Sagan
地球外生命体の本質について論じた本。カール・セーガンらしいひねりの効いた魅力的な表現に、1960年代の雰囲気が漂う。

The Selfish Gene by Richard Dawkins、『利己的な遺伝子』リチャード・ドーキンス著（日高敏隆ほか訳、紀伊國屋書店）
進化生物学の分野におけるおそらく最も有名な一般向け科学書。非常に明瞭かつ要を得ており必読。

The Blind Watchmaker by Richard Dawkins、『盲目の時計職人　自然淘汰は偶然か？』リチャード・ドーキンス著（日高敏隆監修、中嶋康裕ほか訳、早川書房）
自然選択の本質を理解するうえで、『盲目の時計職人』ほど重要な本はほとんどない。地球外生命体の本質を理解したければ、『利己的な遺伝子』よりも包括的なこちらを最初に読むことをお勧めする。

Darwin's Dangerous Idea: Evolution and the Meanings of Life by Daniel Dennett、『ダーウィンの危険な思想　生命の意味と進化』ダニエル・C・デネット著（山口泰司ほか訳、青土社）
厳格な哲学者の立場から論じられた自然選択の概念。より深い理解のためには読む価値があるが、特に読みやすい本ではない。

Are the Planets Inhabited? by Edward Walter Maunder
19世紀から20世紀にかけて、ほかの惑星に生命が存在する可能性について明快かつ科学的に推測した天文学者が書いた本。短く、魅力的で読みやすい。オンラインで無料で読める。

The Impact of Discovering Life Beyond Earth edited by Steven J. Dick
地球外知的生命体探査（SETI）に携わる著名な科学者によるエッセイ集。

第2章　形態vs機能――すべての惑星に共通するものとは？

'Possible Worlds' by J. B. S. Haldane
J・B・Sホールデン（1892～1964年）は「保守的な」生物学者であり、頭の切れる非常に楽しい作家でもある。ユーモアと洞察力を兼ね備えた彼のエッセイは一読の価値あり。

ークの例。A. Barocas, A. Ilany, L. Koren, M. Kam and E. Geffen の論文 'Variance in Centrality within Rock Hyrax Social Networks Predicts Adult Longevity' (2011) PLOS ONE 6 (7): e22375 より転載。

図32　不連続な音節の繰り返しと組み合わせを示すマネシツグミの歌。Dave Gammon による録音。

図33　レオナルド・ダ・ヴィンチの『最後の晩餐』。

図34　1956年の人工植物の記事に添えられたイラスト。© Scientific American, 1956

図35　ブロンクス動物園で飼育されているゾウのハッピーは、鏡に映った自分の姿を見て、自分の頭に付けられたマークを探った。Joshua M. Plotnik らの論文 'Self-recognition in an Asian Elephant' (2006) より転載。

図16　左：今日のカギムシは、液体で満たされた太くて短い脚をもつ。写真提供：Bruno C. Vellutini

図17　右：絶滅したハルキゲニアの想像図。PaleoEquiiによる。

図18　英語で「サンフラワー・シースター」と呼ばれるピクノポディアの管足。写真提供：Jerry Kirkhart

図19　現生の扁形動物であるプラナリアは、地球上で初めて決まった方向に進むようになった動物に似ていると考えられている。著者による。

図20　鳥たちの夜明けのコーラスのスペクトログラム。横軸は時間、縦軸は音高を表している。Phil Riddettによる録音。大英図書館。

図21　視覚情報に幾何学的な制約があることを示す、徐々に小さくなっていく文字群。

図22　電気魚の能動的電気定位。Huffersによる。

図23　各種の電気魚が発生させる電気パルスの変調パターン。Sébastien Lavouéらの論文'Comparable Ages for the Independent Origins of Electrogenesis in African and South American Weakly Electric Fishes'(2012)より転載。

図24　卵生哺乳類のハリモグラ。写真提供：J. J. Harrison

図25　カール・セーガン、フランク・ドレイク、リンダ・セーガンがデザインした探査機パイオニアの銘板。提供：Oona Räisänen (Mysid)

図26　球体の表面を歩くアリ。物理的制約が異なると、数学は違ったものに見えることを示す。著者による。

図27　襲いかかってくる捕食者から逃れる魚の群れ。写真提供：Kris-Mikael Krister

図28　ティラノサウルスvsトリケラトプス。博物画家チャールズ・R・ナイトが描いた象徴的な絵。©Field Museum

図29　左：見張り役のハイラックス。写真提供：著者

図30　右：見張り役のミーアキャット。写真提供：Stephen Temple

図31　動物たちがうまく付き合っていかなければならない複雑な社会的ネットワ

図版リスト

図1　上：イクチオサウルスの骨格（1824年）。William Conybeare による。

図2　下：イルカの骨格（1893年）。画家不詳。

図3　ダーウィンの文通相手だった生物学者セントジョージ・ジャクソン・マイバートによる1871年の著書『種の起源について（On the Genesis of Species）』の挿絵として描かれた始祖鳥の想像図。

図4　ピーター・マーク・ロジェの1834年の著書『自然神学から見た動植物の生理学（Animal and Vegetable Physiology, Considered with Reference to Natural Theology）』で描かれたコウモリの骨格図。

図5　アメリカのワシントンD.C.にあるスミソニアン国立動物園で展示されていた2頭のフクロオオカミの写真。1904年の『スミソニアン・レポート』より。

図6　左：博物画家チャールズ・R・ナイト（1874～1953年）が描いたディメトロドン（左）の想像図。

図7　右：博物画家チャールズ・R・ナイトが描いたアガタウマスの想像図。

図8　おなじみの生物とヒトの共通祖先がどのくらい前に生きていたのかを示す系統樹。著者による。

図9「エディアカラの庭」の生物たちの想像図。Ryan Somma による。

図10　左：オーストラリアで成長する現代のストロマトライト。写真提供：Paul Harrison

図11　右：シアノバクテリアのマットの層が見えるストロマトライトの化石の断面。写真提供：Daderot

図12　カツオノエボシ。写真提供：アメリカ海洋大気庁

図13　ハチドリの図。回転する流体の小さな渦輪が次々に発生し、それらが後方への噴流を作り出し、動物を前方に押し出す。Peter Halasz による。

図14　古代のアンモナイトの復元図。Heinrich Harder（1858～1935年）による。

図15　脚のような長いひれで海底を歩くマモンツキテンジクザメ。写真提供：Strobilomyces

な

に

ね

の

は

ひ

そ

た

ち

す

せ

さ

し

索　引

著者紹介

アリク・カーシェンバウム（Arik Kershenbaum）

動物学者、大学講師、ケンブリッジ大学ガートン・カレッジの研究員。イエローストーン国立公園やウィスコンシン州中央部の森でオオカミを追いかけ、さまざまな種類の遠吠えの意味を明らかにしたほか、紅海のサンゴ礁に生息するイルカのホイッスル、ベトナムのジャングルに生息するテナガザルやガリラヤの山中に生息するハイラックスの鳴き声を解読するなど、動物のコミュニケーションに関するフィールドワークを幅広く行っている。ハイファ大学で博士号、ケンブリッジ大学で上級博士号を取得。

訳者紹介

穴水由紀子（あなみず・ゆきこ）

翻訳家。英国バース大学通訳翻訳修士課程修了。訳書に『世界の植物をめぐる 80 の物語』（柏書房）、『地球をハックして気候危機を解決しよう　人類が生き残るためのイノベーション』（インターシフト）、『タータン事典　チェック模様に秘められたスコットランドの歴史と伝統』、『世界の大河で何が起きているのか　河川の開発と分断がもたらす環境への影響』（以上、一灯舎）など。

まじめにエイリアンの姿《すがた》を想像《そうぞう》してみた

2024 年 4 月 17 日　第 1 刷発行

著者　アリク・カーシェンバウム
翻訳　穴水由紀子

発行者　富澤凡子
発行所　柏書房株式会社
東京都文京区本郷 2-15-13（〒113-0033）
電話（03）3830-1891［営業］
（03）3830-1894［編集］
装丁　加藤愛子（オフィスキントン）
DTP　株式会社キャップス
印刷　壮光舎印刷株式会社
製本　株式会社ブックアート

ISBN978-4-7601-5563-7　C0040